中等职业教育 **机电技术应用** 专业课程改革成果系

PLC控制技术与技能训练

谢华林　主编　项建峰　陆元杰　副主编

清华大学出版社
北京

内容简介

本书根据中等职业教育机电技术专业课程改革成果,以三菱系列的 FX_{2N}—48MR 为例,结合作者多年的教学研究和经验编写。

全书分为 4 个模块、20 个项目。模块 1 介绍了 PLC 的特点、应用、组成及 GX Developer 编程软件的使用等基础知识;模块 2 设置了 PLC 控制三相异步电动机的几种典型制作项目,包括点动控制、连续控制、点连混合控制、正反转控制、顺序控制及丫/△降压启动控制;模块 3 设置了 PLC 在实际生活和工业生产中应用的典型学习项目;模块 4 结合中职学生技能大赛"机电一体化设备的组装与调试"项目内容,设置了变频器、传感器、触摸屏的应用等学习项目,涉及的知识面和技术技能非常广泛。

本书既可作为中等职业学校机电技术应用及其他相关专业的教学用书,也可作为社会人员岗位培训与自学用书。

图书在版编目(CIP)数据

PLC 控制技术与技能训练/谢华林主编.--北京:清华大学出版社,2013(2021.12重印)
中等职业教育机电技术应用专业课程改革成果系列教材
ISBN 978-7-302-31897-2

Ⅰ.①P… Ⅱ.①谢… Ⅲ.①plc 技术—中等专业学校—教材 Ⅳ.①TM571.6

中国版本图书馆 CIP 数据核字(2013)第 074837 号

责任编辑:帅志清
封面设计:傅瑞学
责任校对:袁 芳
责任印制:沈 露

出版发行:清华大学出版社
    网   址:http://www.tup.com.cn, http://www.wqbook.com
    地   址:北京清华大学学研大厦 A 座   邮   编:100084
    社 总 机:010-62770175   邮   购:010-62786544
    投稿与读者服务:010-62776969, c-service@tup.tsinghua.edu.cn
    质量反馈:010-62772015, zhiliang@tup.tsinghua.edu.cn
    课件下载:http://www.tup.com.cn,010-62795764
印 装 者:北京九州迅驰传媒文化有限公司
经   销:全国新华书店
开   本:185mm×260mm   印   张:17.25   字   数:392 千字
版   次:2013 年 9 月第 1 版   印   次:2021 年 12 月第 5 次印刷
定   价:49.00 元

产品编号:050713-02

编审委员会

编委会主任：张　萍

编委会副主任：严国华　林如军

编委会委员：（按姓氏笔画排序）

卫燕萍　方志平　刘　芳　刘　剑　孙　华　庄明华

朱王何　朱国平　严国华　吴海琪　张国军　李建英

李晓男　杨效春　陈　文　陈　冰　陈连勇　周迅阳

林如军　罗　俊　范家柱　查维康　赵　莉　赵焰平

夏宇平　徐　钢　徐志军　徐勇田　徐益清　郭　茜

顾国洪　彭金华　谢华林　潘玉山

　　职业教育是通过课程这座桥梁来实现其教育目的和人才培养目标的，任何一种教育教学的改革最终必定会落实到具体的课程上。课程改革与建设是中等职业教育专业改革与建设的核心，而教材承载着职业教育的办学思想和内涵、课程的实施目标和内容，高质量的教材是中等职业教育培养高质量人才的基础。

　　随着科技的不断进步和新技术、新材料、新工艺的不断涌现，我国的机械制造、汽车制造、电子信息、建材等行业的快速发展为机电技术应用提供了广阔的市场。同时，机电行业的快速发展对从业人员的要求也越来越高。现代企业既需要从事机电技术应用开发设计的高端人才，也需要大量从事机电设备加工、装配、检测、调试和维护保养的高技能机电技术人才。企业不惜重金聘请有经验的高技能机电技术人才已成为当今职业院校机电技术专业毕业生高质量就业的热点。经济社会的发展对高技能机电技术人才的需求定会长盛不衰。

　　《中等职业教育机电技术应用专业课程改革成果系列教材》是由江苏、浙江两省多年从事职业教育的骨干教师合作开发和编写的。本套教材如同职业教育改革浪潮中迸发出来的一朵绚丽浪花，体现了"以就业为导向、以能力为本位"的现代职教思想，践行了"工学结合、校企合作"的技能型人才培养模式，为实现"在做中学、在评价中学"的先进教学方法提供了有效的操作平台，展现了专业基础理论课程综合化、技术类课程理实一体化、技能训练类课程项目化的课程改革经验与成果。本套教材的问世，充分反映了近几年职教师资职业能力的提升和师资队伍建设工作的丰硕成果。

　　职业教育战线上的广大专业教师是职业教育改革的主力军，我们期待着有更多学有所长、实践经验丰富、有思想、善研究的一线专业教师积极投身到专业建设、课程改革的大潮中来，为切实提高职业教育教学质量，办人民满意的职业教育，编写出更多、更好的实用专业教材，为职业教育更美好的明天作出贡献。

张　萍

前言

FOREWORD

 PLC(可编程控制器)是综合了计算机技术、自动化控制技术及通信技术的一种新型、通用的工业自动化控制设备。它具有体积小、组装维护方便、功能强、编程简单、可靠性高、使用灵活、柔性高等特点,广泛应用于工业、农业、交通运输、商业等国民经济各个领域。

 随着社会对掌握 PLC 应用技能型人才需求量的不断增大,中等职业学校相关专业开设此类课程的越来越多。但传统的 PLC 教材大多是偏重理论教学,尤其是功能指令的应用更是如此,这并不适合当前中职学生的学习特点。现在中职学生迫切需要的是一种理论与实践相结合的学习方法,本书就是在这一形势下产生的。

 本书编者结合自己的教学研究成果和经验,根据企业设备 PLC 的应用实际,选取较为典型的实例作为教学项目,力图贯彻"理实一体"的现代职教理念。

 项目中一般设置"学习目标"、"项目情境"、"项目实施要求"、"项目分析"、"知识链接"、"项目实施"、"项目评价"、"项目拓展"和"知识巩固"等栏目,既保证了理论学习的递进性,又具有良好的实践操作性,力图培养学生的自主学习能力、应用操作能力、职业岗位综合能力,为学生毕业后走上工作岗位奠定基础。

 本书共分为 4 个模块(书中的 PLC 均是以三菱系列的 FX_{2N}—48MR 为例)。模块 1 介绍了 PLC 的特点、应用、组成及 GX Developer 编程软件的使用等基础知识;模块 2 设置了 PLC 控制三相异步电动机的几种典型制作项目,包括点动控制、连续控制、点连混合控制、正反转控制、顺序控制及丫/△降压启动控制;模块 3 设置了 PLC 在实际生活和工业生产中应用的典型学习项目;模块 4 结合中职学生技能大赛"机电一体化设备的组装与调试"项目内容,设置了变频器、传感器、触摸屏的应用等学习项目,涉及的知识面和技术技能非常广泛。

 本书参考学时为 108 学时,均在实训室授课,大部分内容可以在网孔板上进行项目实施,不受教学设备的限制,灵活性较强,各学校可以根据专业的需求和学生的实际掌握情况进行取舍。学生学习本课程后,对其他类型 PLC 的学习有较好的帮助。课时分配可参考下表。

模块	项目	项目学时	模块学时	备注
模块 1	项目 1 参观 PLC 的应用领域	2	10	
	项目 2 识读 PLC 铭牌及拆装 PLC	4		
	项目 3 使用 GX Developer 软件编写梯形图并联机调试	4		
模块 2	项目 4 制作三相异步电动机的点动控制系统	4	26	
	项目 5 制作三相异步电动机的连续运转控制系统	4		
	项目 6 制作三相异步电动机的点动与连续混合控制系统	4		
	项目 7 制作三相异步电动机的正反转控制系统	6		
	项目 8 制作三相异步电动机的顺序控制系统	4		
	项目 9 制作三相异步电动机的丫/△降压启动控制系统	4		
模块 3	项目 10 制作十字路口交通灯控制系统	6	46	
	项目 11 制作多种液体混合装置控制系统	6		
	项目 12 制作全自动洗车装置控制系统	6		
	项目 13 制作生产车间的工位显示控制系统	6		
	项目 14 制作自动售货机控制系统	6		
	项目 15 制作 C6140 型普通车床数控化改造控制系统	8		
	项目 16 制作 FS4028A 型普通锯床数控化改造控制系统	8		选做
模块 4	项目 17 制作变频器驱动输送带电机控制系统	6	26	（选做）需在 YL—235A 实训台上实践
	项目 18 制作产品检测与分选控制系统	6		
	项目 19 制作触摸屏的 PLC 控制系统	8		
	项目 20 制作工业机械手的 PLC 控制系统	6		
	合 计	108	108	

本书配套有电子教案、演示文稿、动画素材、图片、模拟仿真实训等数字化教学资源，为教师教学和学生学习提供便利。

本书由浙江省平湖市职业中等专业学校电子电工教研组编写，谢华林担任主编并负责统稿，项建峰、陆元杰任副主编，周丽娇参编。本书由江苏省江阴市中等专业学校方志平主审。在本书的编写过程中，得到了无锡市机电高等职业技术学校张萍副教授、浙江机电学院戴一平教授的支持与帮助，还得到了浙江亚龙、天煌科技集团有限公司的大力支持，在此一并表示衷心的感谢。

由于编者水平有限，书中难免有疏漏之处，恳请读者批评指正。

编 者

目 录

CONTENTS

模块1　PLC 基础知识 ································· 1

项目 1　参观 PLC 的应用领域 ····················· 2

项目 2　识读 PLC 铭牌及拆装 PLC ··················· 8

项目 3　使用 GX Developer 软件编写梯形图并联机调试 ·············· 17

模块 2　PLC 控制三相异步电动机系统的制作技术 ············· 33

项目 4　制作三相异步电动机的点动控制系统 ············· 34

项目 5　制作三相异步电动机的连续运转控制系统 ··········· 40

项目 6　制作三相异步电动机的点动与连续混合控制系统 ········ 46

项目 7　制作三相异步电动机的正反转控制系统 ············ 56

项目 8　制作三相异步电动机的顺序控制系统 ············· 64

项目 9　制作三相异步电动机的丫/△降压启动控制系统 ········· 74

模块 3　PLC 控制技术的综合应用 ··················· 87

项目 10　制作十字路口交通灯控制系统 ·············· 88

项目 11　制作多种液体混合装置控制系统 ············· 100

项目 12　制作全自动洗车装置控制系统 ·············· 111

项目 13　制作生产车间的工位显示控制系统 ············ 121

项目 14　制作自动售货机控制系统 ················ 134

项目 15　制作 C6140 型普通车床数控化改造控制系统 ········ 146

项目 16　制作 FS4028A 型普通锯床数控化改造控制系统 ······· 156

模块 4　PLC、变频器、传感器及触摸屏控制系统的综合应用 ······ 169

项目 17　制作变频器驱动输送带电机控制系统 ··········· 170

项目 18　制作产品检测与分选控制系统 ·············· 184

项目 19　制作触摸屏的 PLC 控制系统 ·············· 199

项目 20　制作工业机械手的 PLC 控制系统 ············ 217

附录 A　FX₂N系列 PLC 基本指令简表 ················· 231

附录 B　FX₂N系列 PLC 特殊辅助继电器功能简表 ················ 232

附录 C　FX₂N系列 PLC 特殊数据寄存器功能简表 ················ 234

附录 D　2010 年全国职业院校技能大赛中职组机电一体化设备的
　　　　组装与调试赛题 ················ 236

附录 E　2011 年全国职业院校技能大赛中职组机电一体化设备的
　　　　组装与调试赛题 ················ 249

参考文献 ················ 265

PLC基础知识

項目 **1**

参观PLC的应用领域

学习目标

1. 了解可编程控制器的产生与发展趋势。
2. 掌握可编程控制器的定义。
3. 理解可编程控制器的特点及应用。
4. 了解 PLC 控制系统与其他控制系统的区别。

项目情境

人类与化工的关系十分密切,在现代生活中,几乎随时随地都离不开化工产品,从衣、食、住、行等物质生活到文化艺术、娱乐等精神生活,都需要化工产品为之服务。图 1.1 所示为化工企业生产设备。但在化工产品的生产过程中,生产工序是非常烦琐的,有些工序涉及一些有害的物质,因此越来越多的生产环节被自动化控制所代替。要实现自动化控制,必须有其控制的"大脑"——控制器。可编程控制器就是一种在工业生产中应用最为广泛的控制器。

图 1.1　化工企业生产设备

项目实施要求

参观化工、机械、电缆等生产企业,观察PLC应用在哪些设备中,能够实现哪些功能,请教企业师傅,了解PLC与原有继电器控制系统之间的区别,以后还需PLC实现何种特殊的功能。如图1.2所示为PLC在自动化控制中的应用。

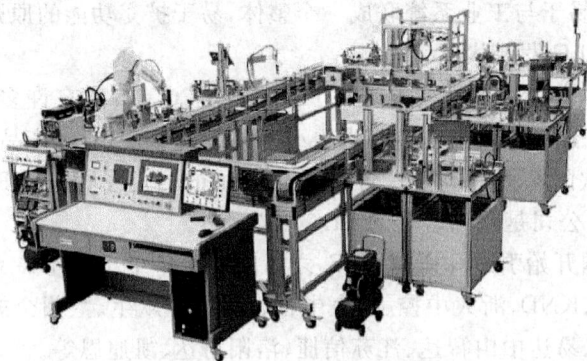

图1.2　自动化控制装置

知识链接

1. 可编程控制器的产生与发展趋势

1) 第一台PLC的产生

20世纪60年代末期,美国的汽车制造工业竞争异常激烈。为了适应生产工艺不断更新,降低成本、缩短新产品的开发周期,1968年美国通用汽车公司(GM)(图1.3所示为美国通用汽车公司标识)提出了研制新型工业控制器的设想,特拟订了十项公开招标的技术要求,简称"GM十条",即:

① 编程简单,可在现场修改程序;

② 维护方便,最好是插件式;

③ 可靠性高于控制柜;

④ 体积小于继电器控制柜;

⑤ 可将数据直接送入管理计算机;

⑥ 在成本上可与继电器控制柜竞争;

⑦ 输入可以是交流电;

⑧ 输出能直接驱动电磁阀;

⑨ 在扩展时,原有系统只要很小变更;

⑩ 用户程序存储器容量至少能扩展到4KB。

图1.3　美国通用汽车公司标识

根据这十项技术要求,1969年美国数字设备公司(DEC公司)首先研制了第一台可编程逻辑控制器(Programmable Logical Controller),简称PLC。

2) 可编程控制器定义

国际电工委员会(IEC)1987 年 2 月颁布的可编程控制器第三稿中定义："可编程控制器是一种数字运算操作的电子系统,专为在工业环境下应用而设计,它采用了可编程的存储器,用来在其内部存储执行逻辑运算、顺序控制、定时、计数和算术运算等操作的指令,并通过数字式和模拟式的输入/输出,控制各种类型机械的生产过程。可编程控制器及其外围设备都按易于与工业系统联成一个整体,易于扩充功能的原则设计。"

3) 相关国家 PLC 发展状况

① 1971 年日本从美国引进技术研制了第一台 PLC。日本有许多 PLC 制造商,如三菱、欧姆龙、松下、富士、日立、东芝等,在世界小型 PLC 市场上,日本产品约占 70% 的份额。

② 1972 年西欧国家研制了第一台 PLC。德国的西门子(SIEMENS)公司、AEG 公司,以及法国的 TE 公司是欧洲著名的 PLC 制造商。

③ 1973 年我国开始引进和研制 PLC,之后的几十年中出现了一系列国产的 PLC 品牌,德维深、和利时、KND、浙大中控、浙大中自、信捷、爱默生、兰州全志、科威、科赛恩、南京冠德、智达、海杰、易达中山智达、江苏信捷、洛阳易达、凯迪恩等。

4) PLC 发展趋势

PLC 在自动化控制中得到了广泛应用,但随着控制要求的不断提高,必须进一步发展。未来 PLC 的发展需要具备以下特征。

(1) 向高速、大容量方向发展

为了提高 PLC 的处理能力,要求 PLC 具有更快的响应速度和更大的存储容量。目前,很多 PLC 的扫描速度可达 0.1 毫秒/千步左右,存储容量最高可达几十兆字节。

(2) 向超大型、超小型两个方向发展

超大型和超小型是今后发展的必然趋势,现已有 I/O 点数达 14336 点的超大型PLC,其使用 32 位微处理器,多 CPU 并行工作和大容量存储器,功能强。小型 PLC 由整体结构向小型模块化结构发展,使配置更加灵活,最小配置的 I/O 点数为 8～16 点,以适应单机及小型自动控制的需要。

(3) 大力开发智能模块与加强联网通信能力

为满足各种自动化控制系统的要求,近年来不断开发出许多功能模块,如高速计数模块、温度控制模块、远程 I/O 模块、通信和人—机接口模块等。图 1.4 所示为 PLC 外观图,图 1.5 所示为智能模块与 PLC 相组合的情形。

图 1.4　PLC 外观图

加强 PLC 联网通信的能力,是 PLC 技术进步的潮流。PLC 的联网通信有两类:一类是 PLC 之间联网通信,各 PLC 生产厂家都有自己的专有联网手段;另一类是 PLC 与计算机之间的联网通信,一般 PLC 都有专用通信模块与计算机通信。为了加强联网通信能力,PLC 生产厂家之间也在协商制订通用的通信标准,以构成更大的网络系统。

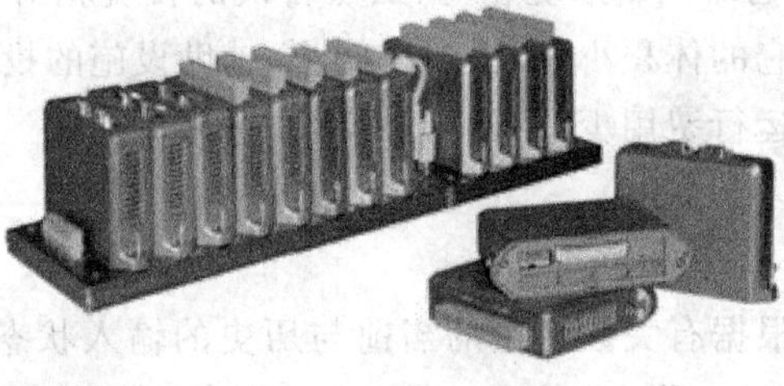

图 1.5 智能模块与 PLC 组合

(4) 增强外部故障的检测与处理能力

在 PLC 控制系统的故障中,内部故障占 20%,它可通过 PLC 本身的软、硬件实现检测、处理;而外部故障占 80%。因此,PLC 生产厂家都致力于研制、发展用于检测外部故障的专用智能模块,进一步提高系统的可靠性。

(5) 编程语言多样化、高级化

在 PLC 系统结构不断发展的同时,PLC 的编程语言也越来越丰富,功能不断提高。除了大多数 PLC 使用的梯形图语言外,为了适应各种控制要求,出现了面向顺序控制的步进编程语言、面向过程控制的流程图语言、与计算机兼容的高级语言(BASIC、C 语言)等。多种编程语言的并存、互补与发展是 PLC 进步的一种趋势。

2. PLC 的特点与应用

1) PLC 的特点

(1) 功能丰富、适应面广

* 逻辑处理功能;
* 数据运算功能;
* 准确定时功能(毫秒级);
* 高速计数功能(几百赫兹);
* 中断处理功能;
* 程序与数据存储功能;
* 联网通信功能;
* 自检测、自诊断功能。

(2) 通用性强、使用方便

在生产工艺改变或生产线设备更新的情况下,不必改变可编程控制器的硬设备,只需改变程序就可满足要求。

(3) 可靠性高、抗干扰能力强

工业生产一般对控制设备的可靠性要求很高,要求它有很强的抗干扰能力,能在恶劣环境中可靠地工作。平均故障间隔时间长,故障修复时间短,这是可编程控制器优于微机控制的一大特点。一般情况下,可编程控制器的平均整机无故障时间可长达几万至几十万小时。

（4）经济合算

PLC控制系统与继电器控制系统相比，虽然首次的投资相对较大，但从长远来看，它还是比较经济合算的。它的体积小，所占用空间小，辅助设施的投入少，系统集成方便，建造周期短，使用时省电，运行费用少，工作可靠，维修费用少。

2）PLC的应用

（1）顺序控制

顺序控制的目的是根据有关数字量的当前与历史的输入状态，产生所要求的数字量输出，使系统按一定的顺序工作，是系统工作最基本的控制。

（2）过程控制

过程控制的目的是根据有关模拟量的当前与历史的输入状态，产生所要求的数字量或模拟量输出，是连续生产过程最常用的控制。

（3）运动控制

运动控制是指对工作对象的位置、速度及加速度进行控制，既可使控制对象作直线控制，也可使控制对象作平面、立体，甚至角度变换等运动。

（4）信息控制

信息控制又称数据处理，是指数据采集、存储、检索、变换、传输及数表处理等。

（5）远程控制

远程控制是指对系统的远程部分的行为及其效果实施检测与控制，通过多种通信接口来实现。

3. PLC控制系统与其他工业控制系统的比较

（1）PLC控制系统与继电器控制系统的比较

PLC控制系统与继电器控制系统相比，有着很多的优点，具体对比如表1.1所示。

表1.1　PLC控制系统与继电器控制系统的比较

项　　目	继电器控制系统	PLC控制系统
控制功能的实现	通过继电器接线	通过编写程序
对工艺变更的适应性	改变继电器接线	修改程序
控制速度	机械触点较慢	电子器件速度快
安装调试	连线多、调试麻烦	安装容易、调试方便
可靠性	触点多、可靠性差	PLC内部无触点、可靠性高
寿命	短	长
可扩展性	难	容易
维护	工作量大、难以维护	简单

（2）PLC控制系统与工业计算机控制系统的比较

PLC控制系统与工业计算机控制系统相比，有着很多的不同，各有优缺点，具体对比如表1.2所示。

表1.2 PLC控制系统与工业计算机控制系统的比较

项 目	工业计算机控制系统	PLC控制系统
工作目的	科学计算、数据管理	工业控制
工作环境	空调房	工业现场
工作方式	中断方式	扫描方式
系统软件	需要强大的系统软件支持	只需简单的监控程序
采用的特殊措施	断电保护	抗干扰、断电保护、自诊断
编程语言	汇编语言、高级语言	梯形图、助记符
对内存的要求	容量大	容量小
对使用者的要求	具有一定的计算机基础	短期培训即可
其他		I/O模块多,容易构成控制系统

项目评价

项目完成之后,按表1.3所示的内容进行评价。"自我评定"由自己填写,"小组评定"由小组组长填写,"教师评定"由任课教师进行总评。优秀的为"A",良好的为"B",合格的为"C",不合格的为"D"。

表1.3 项目完成评价表

序号	评价内容	评 价 细 则	自我评定	小组评定	教师评定
1	工具准备	学习基本工具——书籍、实训报告、笔等			
2	企业参观	① 认真观察PLC的应用场合 ② PLC在设备中所起的作用 ③ PLC未来需实现的功能			
3	收获体会	参观之后的收获			

知识巩固

1. 世界上第一台PLC是( )年研制出来的。

    A. 1968   B. 1969   C. 1971   D. 1973

2. 顺序控制的目的是根据有关( )的当前与历史的输入状态,产生所要求的( )输出,以使系统按一定的顺序工作。

    A. 模拟量、模拟量   B. 模拟量、数字量

    C. 数字量、模拟量   D. 数字量、数字量

3. 可编程控制器一般要求平均故障间隔时间( ),故障修复时间( )。

    A. 长、长   B. 长、短   C. 短、长   D. 短、短

4. PLC的定义是什么?

5. 简述PLC在今后的发展趋势。

6. 简述PLC的主要特点。

识读PLC铭牌及拆装PLC

学习目标

1. 能够正确识读 PLC 的铭牌。
2. 掌握 PLC 的基本组成及各部分的作用。
3. 熟悉 PLC 的编程语言。
4. 了解 PLC 的工作过程。
5. 掌握 FX$_{2N}$系列 PLC 的组成结构。

项目情境

在世界万物之中,每一种事物都是由许许多多的子部分所组成,每一个子部分都有其各自的作用。比如人类,需要眼、耳、鼻等获取信息,需要用大脑思考,需要手脚去执行相应的动作,每一部分都是必不可少的。又比如经常使用的计算机,需要通过键盘、鼠标输入信息,然后通过 CPU 进行处理,最后通过显示器展示信息。PLC 实质上是一台用于工业控制的专业计算机,与一般计算机的结构类似,但有所区别。图 2.1 所示为普通计算机部件。

图 2.1　普通计算机部件

项目实施要求

1. 识读 PLC 铭牌

如图 2.2 所示为 PLC 的铭牌,展示了 PLC 的相关参数。

① 通过铭牌可读出 PLC 的生产厂家;

② 通过铭牌可读出 PLC 的型号;

③ 通过铭牌可读出 PLC 的输入电压等相关要求;

④ 通过铭牌可读出 PLC 的序列号、生产国家等信息。

2. 拆装 PLC

如图 2.3 所示为 PLC 的外形实物图。

图 2.2　PLC 的铭牌

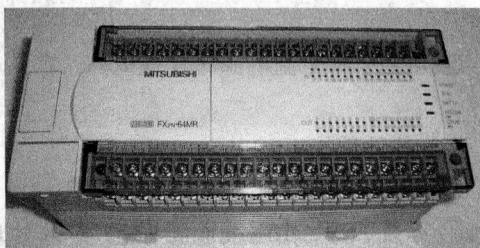

图 2.3　PLC 的外形实物图

拆卸现有的 PLC,观察其内部组成、输入/输出电路的处理方法,然后重新组装。

知识链接

1. PLC 系统的基本组成及各部分的作用

PLC 主要由硬件系统和软件系统两大部分组成。

(1) 硬件系统

PLC 硬件系统主要由中央处理器 CPU、存储器、输入/输出接口电路、通信接口、扩展接口电路和电源等部分组成,其结构示意图如图 2.4 所示。

① 中央处理器 CPU:PLC 的控制中枢(核心),起到总体协调支配作用,主要由运算器、控制器、寄存器组成。

② 存储器:分为系统存储器和用户存储器,用来存放系统程序、用户程序及工作数据。

③ 输入/输出接口电路:连接 PLC 的 CPU 与现场输入、输出装置或其他外部设备之间的接口部件。PLC 通过输入接口可接收从被控对象那里传递过来的各种数据,并以这些数据作为依据控制被控对象;同时,通过输出接口将处理结果传送给受控对象,以实现控制目的。

④ 通信接口:用于与编程器、上位机、其他 PLC 等的连接,实现外部通信。

图 2.4　PLC 的硬件系统组成

⑤ 电源：将交流电源转换成 CPU、存储器所需的直流电源，可向外提供＋24V 直流电源。

（2）软件系统

PLC 软件系统由系统程序和用户程序组成。

① 系统程序：由系统诊断程序、输入处理程序、编译程序、监控程序等组成，由生产厂家直接存放、永久存储的程序和指令，用户不能更改。

② 用户程序：是用户利用 PLC 的编程语言，根据控制要求编写的程序，实现控制功能。

2. PLC 的编程语言

PLC 的编程语言是多种多样的，常用的有梯形图语言、语句表语言、逻辑图语言、功能表图语言及高级语言。

（1）梯形图语言

梯形图语言是应用最为广泛的 PLC 编程语言，它采用图形符号表达方式。例如，用一个转换开关 S 控制一盏灯 L 的亮/灭，用普通线路连接实现功能如图 2.5 所示。

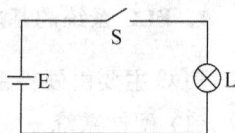

图 2.5　灯 L 控制线路

图 2.6 所示为灯 L 控制的梯形图语言，左、右两边的垂线称为"左右母线"，相当于普通控制线路中的电源，X000 相当于转换开关 S 的常开触点，Y000 相当于负载灯 L，每个都是相互对应的。

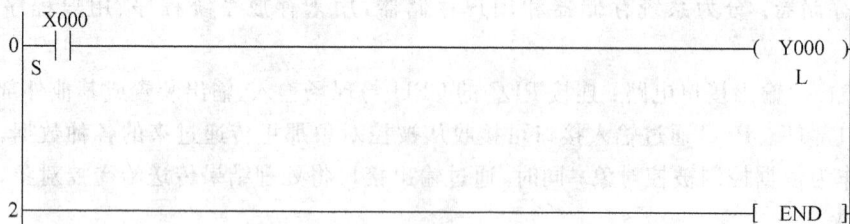

图 2.6　灯 L 控制 PLC 的梯形图语言

（2）语句表语言

语句表语言采用字符表达方式，是一种与汇编语言类似的助记符编程表达方式，同样实现图 2.3 所示灯 L 控制，其编写格式如表 2.1 所示。

表 2.1　PLC 语句表语言编写格式

步序号（地址）	指令（操作码）	数据（操作数）
0	LD	X0
1	OUT	Y0
2	END	

从表 2.1 中可以看出，语句是语句表程序的基本单元，每条语句都是由步序号（地址）、指令（操作码）和数据（操作数）组成的。

（3）逻辑图语言

逻辑图语言是一种类似于数字逻辑电路结构的编程语言。它是由与门、或门、非门、定时器、计数器和触发器等逻辑符号组成的，主要面向对象是具有一定数字电路基础的电气技术人员。

（4）功能表图语言

功能表图语言又称为状态转移图语言，是一种较新的编程方法，非常适用于顺序控制系统。如图 2.7 所示的顺序功能图，它将一个完整的控制过程按顺序分为若干阶段，每个阶段作为一个简单的控制系统，阶段间具有不同的动作，当满足一定条件时，可以相互转换，停止前一阶段的动作，执行下一阶段的动作。

（5）高级语言

PLC 也可以采用高级语言（如 BASIC 语言、C 语言等）进行编程。编程时相对灵活，但对开发人员的要求较高。

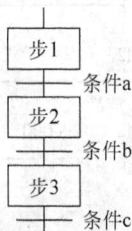

图 2.7　顺序功能图

3. PLC 的工作过程

（1）PLC 的扫描工作过程

当 PLC 运行之后，在系统程序的控制下，PLC 对用户程序逐条解读并执行，直到用户程序结束，返回到程序的起始处，开始新一轮执行，这种周而复始的执行实质上就是按顺序循环扫描的过程。PLC 的扫描过程中除了执行用户的程序外，在每次扫描工作中还要完成内部处理、通信服务等工作。PLC 的整个扫描工作过程如图 2.8 所示。

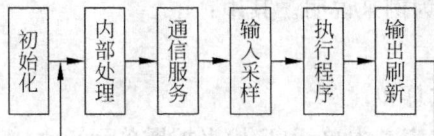

图 2.8　PLC 整个扫描工作过程

执行一次扫描操作所需的时间称为扫描周期，典型值为 $1\sim100\text{ms}$。扫描周期与 CPU 运行速度、PLC 硬件配置、用户程序长短及指令的种类有关。

PLC有两种工作模式,即运行模式RUN和停止模式STOP。当PLC处于停止模式时,只完成内部处理和通信服务;当PLC处于运行模式时,PLC还需执行输入采样、执行程序和输出刷新,以实现相应的控制功能。

(2) PLC的工作流程

PLC实现的控制过程一般为输入采样→执行程序→输出刷新,然后再执行同样的操作,永不停止。PLC的工作流程图如图2.9所示。

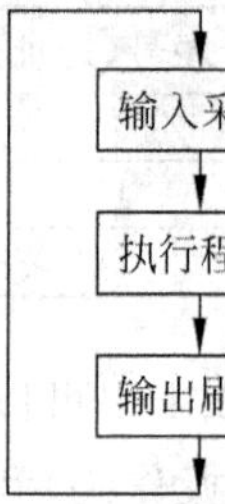

① 输入采样阶段:以扫描工作方式按顺序对所有输入端的输入状态进行采样,并存入输入映像寄存器。此时,输入映像寄存器被刷新,进入程序处理阶段。

② 执行程序阶段:扫描时从零步开始,按自左往右、自上往下的顺序逐条执行,直到执行程序结束指令时,才结束对用户程序的扫描。如图2.10所示为执行程序前、后相关软元件的状态。

图2.9 PLC工作流程图

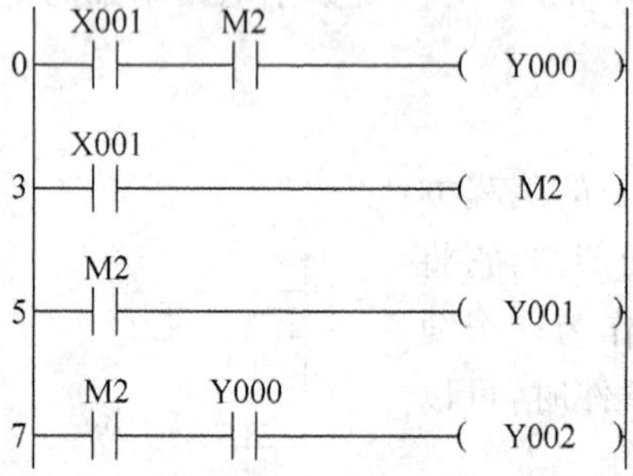

步序号	PLC第一个循环	PLC第二个循环
0	Y0=0(X1=1,M2=0)	Y0=1(X1=1,M2=1)
3	M2=1(X1=1)	M2=1(X1=1)
5	Y1=1(M2=1)	Y1=1(M2=1)
7	Y2=0(M1=1,Y0=0)	Y2=1(M1=1,Y0=1)

图2.10 执行程序前、后相关软元件的状态

③ 输出刷新阶段:将输出映像寄存器中与输出有关的状态转存到输出锁存器中,通过一定方式输出,驱动外部负载。

4. FX$_{2N}$系列PLC

FX$_{2N}$系列的PLC由基本单元、扩展单元、扩展模块、特殊功能模块等组成,属于整体式结构。基本单元由CPU、存储器、I/O电路、电源组成,是PLC的核心;基本指令执行时间0.08μs。

1) FX$_{2N}$系列型号介绍

不同PLC的型号都是由一系列字符串组成,每个字符都有各自的含义。此处以三菱的PLC——FX$_{2N}$—48MR为例来说明。其中:

FX$_{2N}$——PLC的类型;

48——输入、输出点数总和;

M——单元类型,M代表基本单元(E代表扩展单元);

R——输出类型,R代表继电器输出(S代表晶闸管输出,T代表晶体管输出)。

2) FX$_{2N}$—48MR小型PLC结构

FX$_{2N}$—48MR小型PLC的结构分为4个部分,分别是输入接线端、输出接线端、数据通信接口和状态指示栏,如图 2.11 所示。

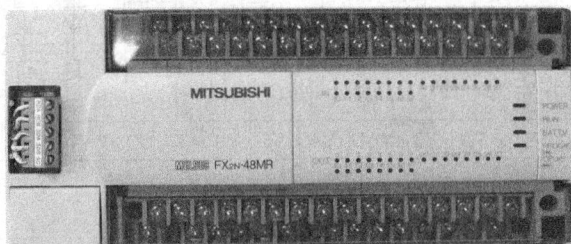

图 2.11　FX$_{2N}$—48MR 小型 PLC

(1) 输入接线端

PLC 输入接线端分为电源输入端、输入公共端(COM)和输入接线端子(X)3 个部分。

① 电源输入端:电源电压为 220V 交流电,为 PLC 提供工作电压。

② 输入公共端和输入接线端子:在 PLC 控制系统中,各种按钮、行程开关和传感器等直接接到它们两者之间。

三菱 FX$_{2N}$系列 PLC 输入电路的连接方式如图 2.12 所示。

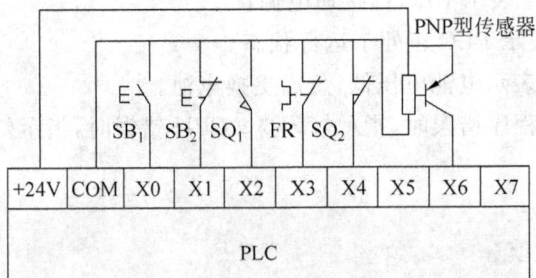

图 2.12　三菱 FX$_{2N}$系列 PLC 输入电路的连接方式

输入电路连接是将输入设备(如按钮、行程开关、转换开关、传感器等)的一端全部连接在一起接到 COM 端,然后将输入设备的另一端分别接到对应的输入端子上,将信号送到 PLC 的内部。

(2) 输出接线端

PLC 输出接线端分为输出公共端(COM)和输出接线端子(Y)两部分。

① 输出公共端:分别由不同的 COM 端子组成一组,可以接不同电压等级的负载。在 PLC 内部,几个输出 COM 端子之间没有联系。当实训用到多个输出接线端子时,需把所有用到的输出 COM 连接起来。

② 输出接线端子:PLC 每一个输出端子在内部都对应有一个完整的电路,每一个输出端子 Y 的得电可以驱动接在 PLC 输出端子上的负载工作。

三菱 FX$_{2N}$系列 PLC 输出电路的连接方式如图 2.13 所示。

(3) 数据通信接口

数据通信接口分为数据接口和通信接口两部分。

① 数据接口:用于 PLC 的程序输入,能够在 RUN 和 STOP 两挡之间切换。

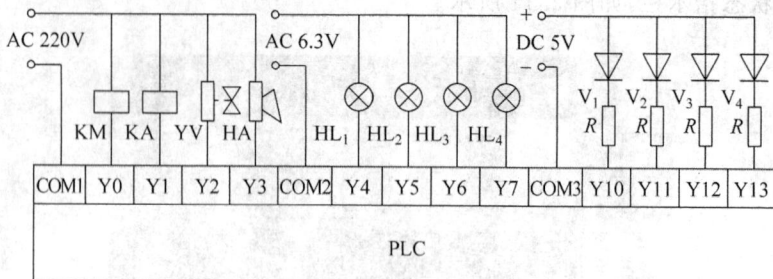

图 2.13　三菱 FX$_{2N}$ 系列 PLC 输出电路的连接方式

② 通信接口：用于 PLC 和计算机及各 PLC 之间的通信。

（4）状态指示栏

状态指示栏分为输入状态指示、输出状态指示和运行状态指示 3 个部分。

① 输入状态指示：当输入端子有信号时，对应的 LED 灯就亮。

② 输出状态指示：当输出端子有信号输出时，对应的 LED 灯就亮。

③ 运行状态指示。

POWER LED 亮：表示 PLC 已接通电源。

RUN LED 亮：表示 PLC 正处于运行状态。

BATT LED 亮：表示电池电压低，急需更换电池。

PROG LED 亮：程序错误时，指示灯闪烁；CPU 错误时，指示灯亮。

📖 项目实施

1. PLC 铭牌的识读

在图 2.14 中，圈出了 5 个需要重点识别的参数，具体如下：

① MITSUBISHI：代表生产 PLC 的厂家为"三菱集团"。

② MODEL FX$_{2N}$—48MR—001：PLC 的型号。"FX$_{2N}$"为三菱 PLC 的一个系列；"48"代表输入/输出的点数为 48 点；"M"代表此模块为 PLC 的基本单元；"R"代表 PLC 的输出类型为继电器输出；"001"代表销售区域为中国或亚洲。

③ AC 85～264V 50/60Hz 50VA：输入电压范围。AC 85～264V 代表输入电压为交流 85～264V 均可，50/60Hz 代表输入频率为 50Hz 或 60Hz，50VA 代表提供的电源容

图 2.14　三菱 PLC 铭牌

量需达到50VA。

④ SERIAL 876948：代表PLC的序列号为876948。此序列号对于每个PLC来说均不相同。

⑤ MADE IN JAPAN：代表产地为日本。

2. PLC的拆装

对 FX_{2N}—48MR—001型PLC进行拆卸时，首先拧松相应螺丝，然后将PLC内部的3个模块取出。3个模块分别为PLC通信接口模块、PLC电源模块和PLC主机模块，如图2.15～图2.17所示。

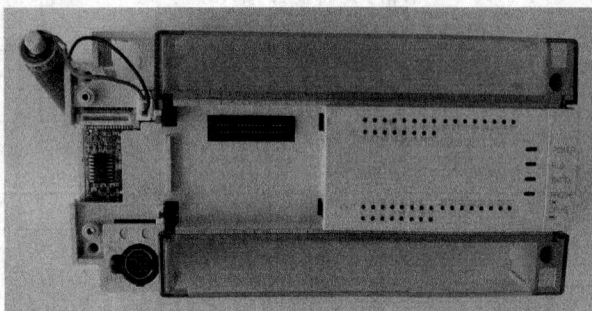

图2.15　PLC通信接口模块

图2.16　PLC电源模块

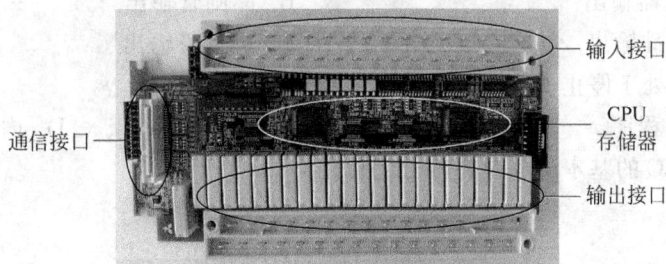

图2.17　PLC主机模块

内部结构观察完毕之后,按照拆卸顺序进行倒序组装,恢复 PLC 的整体结构。

☺ 项目评价

项目完成之后,按表 2.2 中的内容进行评价,"自我评定"由自己填写,"小组评定"由小组组长填写,"教师评定"由任课教师进行总评。优秀的为"A",良好的为"B",合格的为"C",不合格的为"D"。

表 2.2　项目完成评价表

序号	评价内容	评 价 细 则	自我评定	小组评定	教师评定
1	工具准备	学习基本工具——书籍、实训报告、笔、螺丝刀等			
2	铭牌识读	① PLC 的生产厂家 ② PLC 的型号 ③ PLC 的输入电压相关要求 ④ PLC 的序列号、生产国家			
3	PLC 拆卸	按要求正确拆卸			
4	PLC 内部结构观察	① 通信模块 ② 电源模块 ③ 主机模块			
5	PLC 组装	按拆卸顺序的倒序正确组装			
6	3Q7S	① 桌面清理干净 ② 电源关闭,计算机、桌椅摆放整齐			

知识巩固

1. 下列不属于 PLC 的编程语言的是(　　)。
   A. 梯形图语言　　　B. 语句表语言　　　C. 真值表　　　　D. 高级语言
2. 下列不影响 PLC 扫描周期的是(　　)。
   A. CPU 运行速度　　　　　　　　B. 输入/输出点数
   C. PLC 硬件配置　　　　　　　　D. 用户程序长短
3. FX_{2N}—48MT 的输出类型是(　　)。
   A. 继电器输出　　　　　　　　　B. 晶闸管输出
   C. 可控硅输出　　　　　　　　　D. 晶体管输出
4. 当 PLC 处于停止模式(STOP)时,不执行(　　)。
   A. 用户程序　　　B. 初始化　　　C. 通信服务　　　D. 内部处理
5. 简述 PLC 的基本组成及各部分的作用。

项目 **3**

使用GX Developer软件编写
梯形图并联机调试

学习目标

1. 熟悉 GX Developer 编程软件的环境。
2. 学会在 GX Developer 环境中编写梯形图。
3. 能够通过 GX Developer 与 PLC 进行联机调试。

项目情境

在当今高科技时代,无论是生产还是生活,很多操作都将被自动化控制所替代。要实现自动化控制,必须有一个控制核心,PLC 就是一种应用非常广泛的控制核心。但要将相应的控制指令送到控制核心,必须有一个输送的载体。三菱 PLC 可以通过 GX Developer 编程软件来实现。PC 与 PLC 的联机示意图如图 3.1 所示。

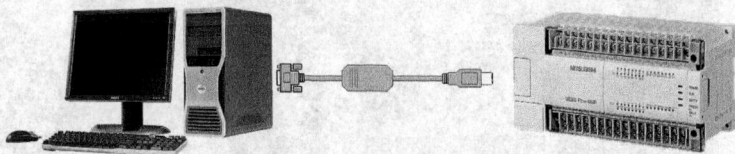

图 3.1 PC 与 PLC 联机示意图

项目实施要求

将图 3.2 所示的 PLC 梯形图通过 GX Developer 编程软件写入三菱 PLC 进行联机调试,然后通过"监视模式"观察相应触点、线圈的状态,最后将 PLC 中的程序重新读出。

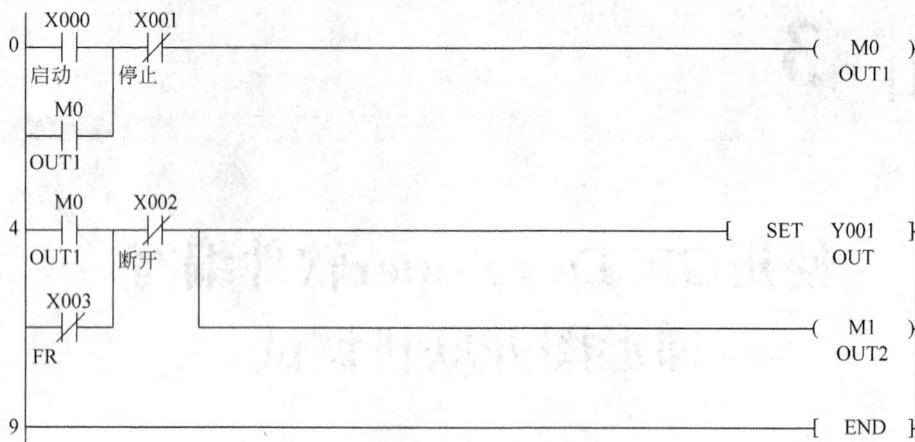

图 3.2　PLC 梯形图

📖 项目实施

1. 打开与关闭 GX Developer

（1）打开 GX Developer

双击桌面图标▓，或依次单击菜单命令"开始"→"所有程序"→"MELSOFT 应用程序"→ ▓ GX Developer，启动 GX Developer 软件。GX Developer 的初始界面如图 3.3 所示。

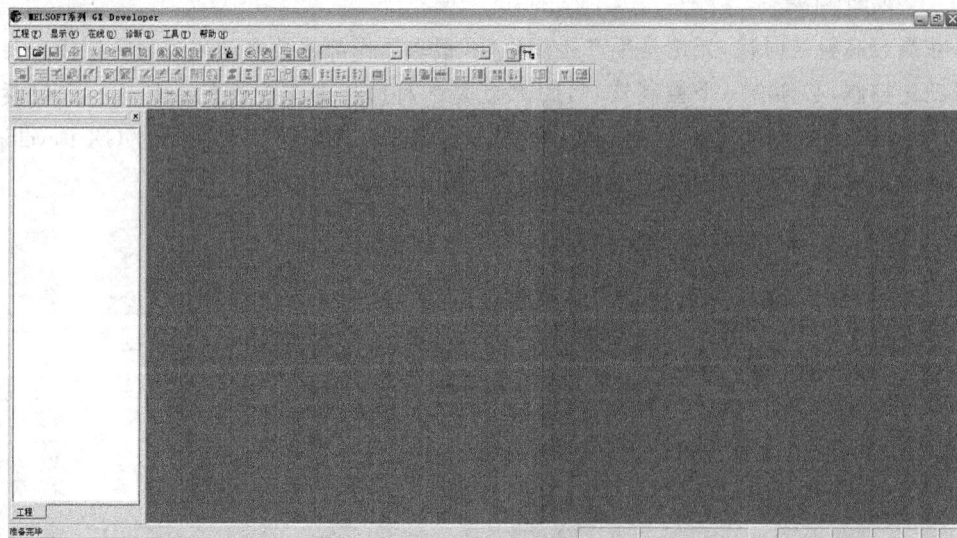

图 3.3　GX Developer 初始界面

（2）关闭 GX Developer

单击右上角▓按钮，或单击系统菜单"工程"中的"GX Developer 关闭（X）"，就可以关闭 GX Developer 编程软件。

2. 创建新工程

GX Developer 编程软件启动之后，就要根据具体要求进行操作。首先创建一个新工程，单击工具栏中的图标 □ ，或单击系统菜单"工程"中的"创建新工程"，就可以启动"创建新工程"对话框，如图 3.4 所示。

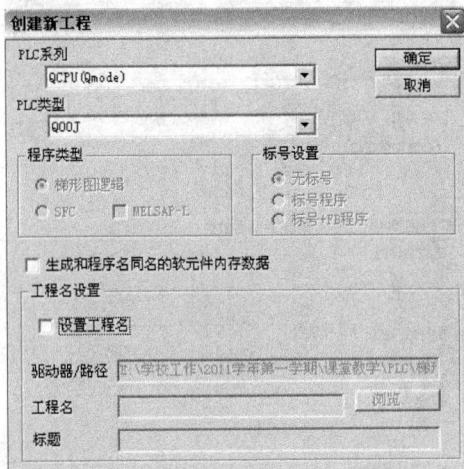

图 3.4　"创建新工程"对话框

在此对话框中，包含"PLC 系列"、"PLC 类型"、"程序类型"、"标号设置"、"生成和程序名同名的软元件内存数据"及"工程名设置"等项目。

本教程中所用为三菱的 FX_{2N}—48MR 型，因此"PLC 系列"选择"FXCPU"，"PLC 类型"选择"FX2N(C)"，"程序类型"选择"梯形图逻辑"，"标号设置"及"生成和程序名同名的软元件内存数据"不必设置，如图 3.5 所示。

图 3.5　FX_{2N}—48MR 型 PLC 参数选择

上述参数设置好了之后,还需完成"工程名设置"参数设置,主要包含"驱动器/路径"和"工程名"。设置时,先在"设置工程名"前面的方框打上"√",下面的内容就可编辑;然后可以在"驱动器/路径"和"工程名"文本框中直接输入相关内容,如图 3.6 所示。

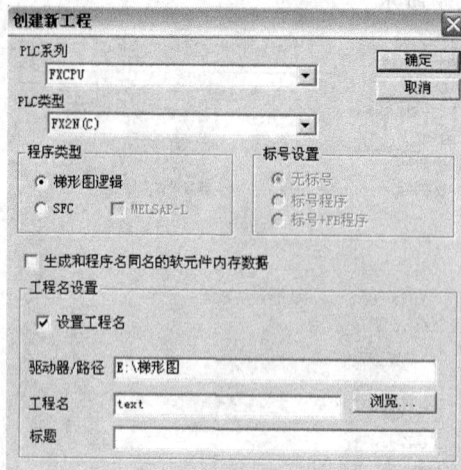

图 3.6 "工程名设置"参数

除了上述方法之外,也可单击 浏览… 按钮,弹出如图 3.7 所示的对话框。"驱动器/路径"可以直接选择,"工程名"需自行输入,然后单击"新建文件"按钮,回到图 3.6 所示界面,单击 确定 按钮,弹出"MELSOFT 系列 GX Developer"提示框,如图 3.8 所示。最后单击 是(Y) 按钮,创建新工程完成,出现如图 3.9 所示界面。

图 3.7 "驱动器/路径"和"工程名"设置

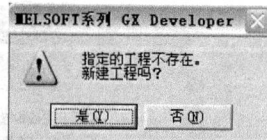

图 3.8 "MELSOFT 系列 GX Developer"提示框

3. 编写梯形图

在图 3.9 所示界面中,工具栏中的很多标签已经可用,下方左侧为"工具数据列表",右侧白色区域为"梯形图编辑界面"。

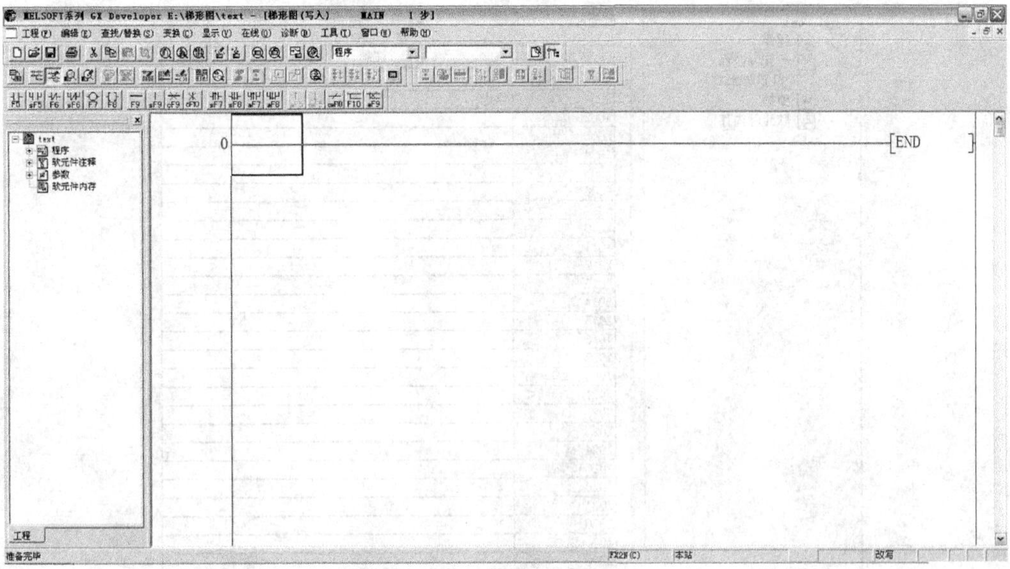

图 3.9　"创建新工程"完成界面

（1）工具数据列表

此列表中包含"程序"、"软元件注释"、"参数"和"软元件内存"四部分。可以逐一单击列表各部分内容前面的"＋"展开列表，里面为具体的列表内容。

"程序"中的内容为"MAIN"，翻译成中文就是"主程序"，单击此项，将弹出主程序编辑界面，也就是梯形图编写界面。新工程创建完毕后，默认的就是此界面。

"参数"中的内容为"COMMENT"，单击此项，弹出如图 3.10 所示界面。此界面主要是对 PLC 内部的软元件进行注释。在梯形图编写过程中，每个软元件都有其相应的作用。如果梯形图步数较多，很容易混淆，因此可以对软元件进行注释，以防出错。图 3.10 中所示只是软元件 X 的注释，要调出其他软元件，只要在界面上方"软元件名"处输入软元件的名称，如"Y000"，然后单击 ▨ 显示 ▨ 按钮，软元件 Y 的注释编辑如图 3.11 所示。其他软元件注释方法一致。

"参数"中的内容为"PLC"参数，单击此项，弹出如图 3.12 所示对话框。在此主要设置 FX_{2N} 系列中不同型号的 PLC 的相关参数。

（2）梯形图编写界面

在梯形图编写界面中输入如图 3.13 所示梯形图，从 1～8 依次编写。

位置 1 内容为 X000 的常开触点。输入时，选择相应的位置，然后单击工具栏中的图标 ▨ ，或按下快捷键 F5，弹出如图 3.14 所示"梯形图输入"对话框。

对话框的左侧就是刚才选定的常开触点，通过下拉箭头可以更改为其他触点，如图 3.15 所示；右侧为软元件输入文本框，此处输入"X0"，如图 3.16 所示，然后单击"确定"按钮。如果输入正确，在梯形图编写界面中就会出现 X000 的常开触点，如图 3.17 所示。

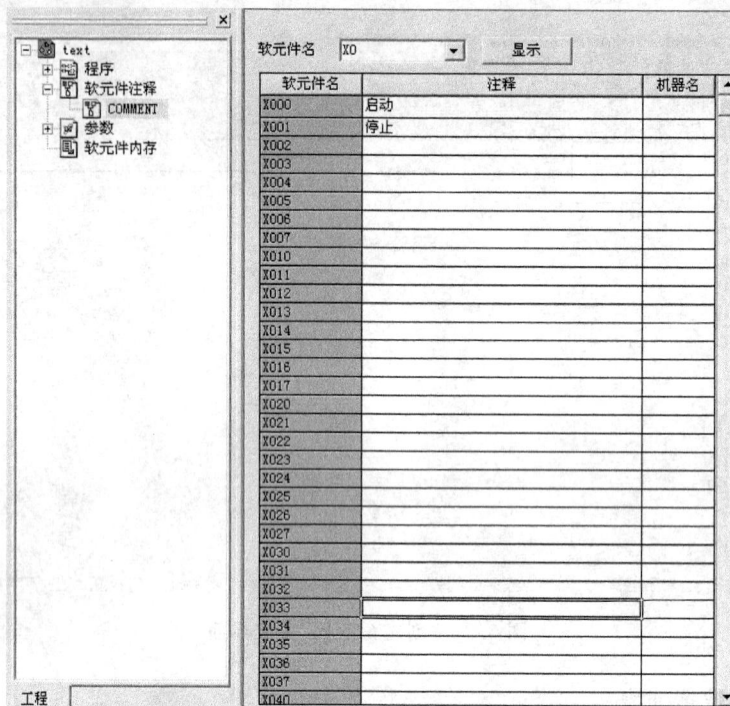

图 3.10　软元件 X 注释

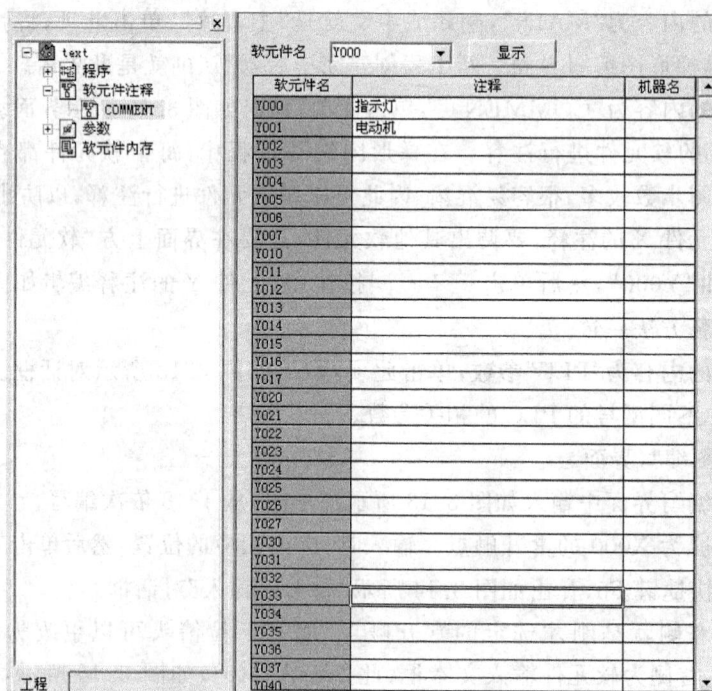

图 3.11　软元件 Y 注释

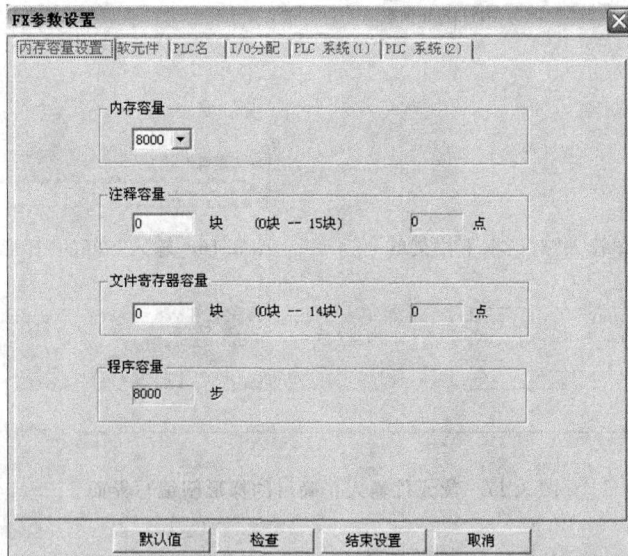

图 3.12　"FX 参数设置"对话框

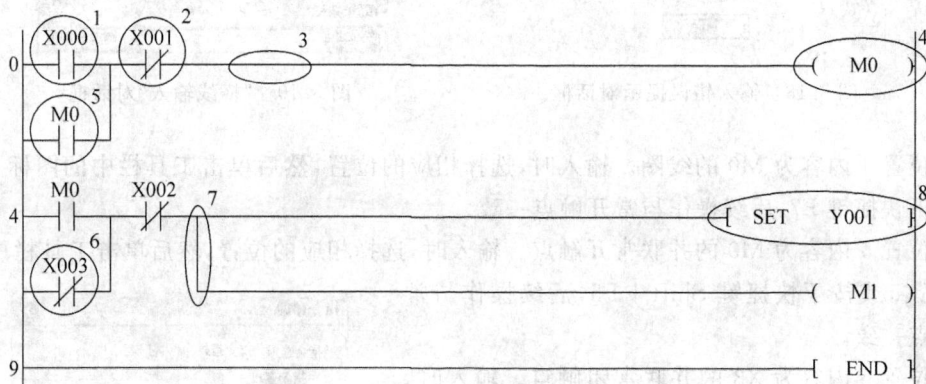

图 3.13　梯形图示例

图 3.14　"梯形图输入"对话框

如果输入的软元件不存在,比如"A0",就会出现如图 3.18 所示提醒对话框。

位置 2 内容为 X1 的常闭触点。输入时,选择相应的位置,然后单击工具栏中的图标

, 或按下快捷键 F6,后续操作与常开触点一致。

位置 3 内容为横向连接线。输入时,选择相应的位置,然后单击工具栏中的图标 ,

或按下快捷键 F9,弹出如图 3.19 所示对话框,最后单击"确定"按钮。

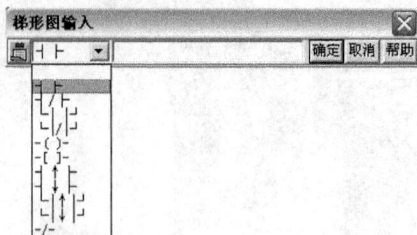

图 3.15　"梯形图输入"对话框下拉菜单

图 3.16　输入"x0"的"梯形图输入"对话框

图 3.17　软元件输入正确后的梯形图编写界面

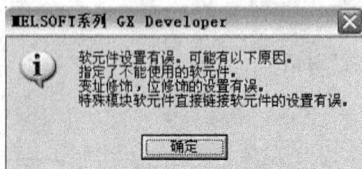

图 3.18　输入错误提示对话框

图 3.19　"横线输入"对话框

位置 4 内容为 M0 的线圈。输入时,选择相应的位置,然后单击工具栏中的图标 ,或按下快捷键 F7,后续操作与常开触点一致。

位置 5 内容为 M0 的并联常开触点。输入时,选择相应的位置,然后单击工具栏中的图标 ,或按下快捷键 Shift＋F5,后续操作与常开触点一致。

位置 6 内容为 X3 的并联常闭触点。输入时,选择相应的位置,然后单击工具栏中的图标 ,或按下快捷键 Shift＋F6,后续操作与常开触点一致。

位置 7 内容为竖向连接线。输入时,将光标移到要输入竖向连接线右上方,然后单击工具栏中的图标 ,或按下快捷键 Shift＋F9,后续操作与横向连接线一致。

位置 8 内容为应用指令"SET Y1"。输入时,选择相应的位置,然后单击工具栏中的图标 ,或按下快捷键 F8,后续操作与常开触点一致。如果输入有误,将弹出如图 3.20 所示对话框。

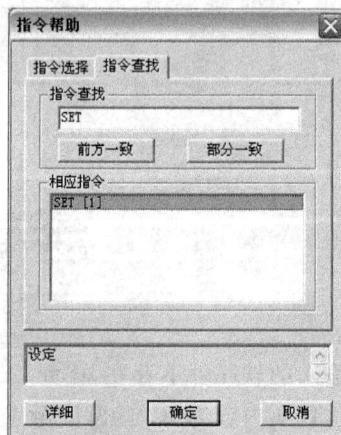

图 3.20　应用指令输入错误提示对话框

到此为止,梯形图中各种触点、线圈及应用指令都输入完毕。

（3）梯形图变换

梯形图编写完成之后，会发现编辑界面变成了灰色，如图3.21所示。

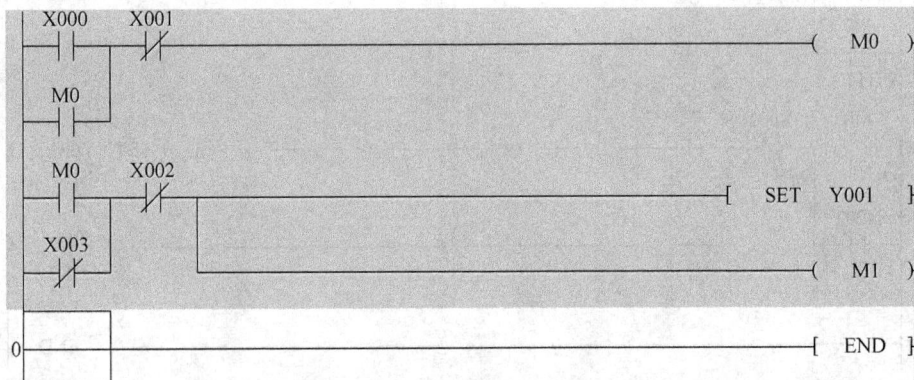

图3.21 梯形图编辑完成之后的效果

在这种情况下是不能将梯形图写入PLC中的，必须对其进行"变换"。单击系统菜单"变换"中的"变换"项或按下快捷键F4，变换之后的效果如图3.22所示。

图3.22 梯形图变换之后的效果

（4）软元件注释显示

在工具数据列表中，如果要对相关软元件进行注释，单击系统菜单"显示"中的"注释显示"项或按下快捷键Ctrl+F5，"注释显示"梯形图效果如图3.23所示。

4. 联机调试

梯形图编写完成之后，需要将其写入PLC中进行实际调试，从而验证梯形图编写是否符合项目要求，也可将PLC内存中原有的程序读出。要完成这些工作，必须保证PC与PLC之间有所连接。

1）数据线的连接

PC与PLC之间通信，需要由一条专用的编程电缆进行连接。三菱PLC编程电缆如图3.24所示。它的一端连接PC的COM口，另一端连接PLC主机的编程口。

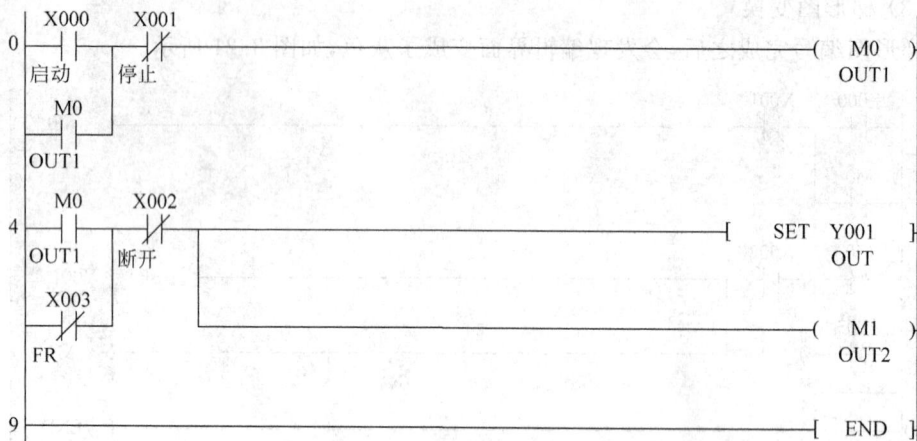

图 3.23 "注释显示"梯形图效果

2) 传输设置

由于编程电缆一端连接的是 PC 的 COM 口,但一台 PC 的串口可能有多个,因此必须根据实际编程电缆的连接选择正确的 COM 口。

单击系统菜单"在线"中的"传输设置",弹出如图 3.25 所示对话框。画圈处为默认的串口号及波特率,可以根据实际情况进行设置。单击其上方的图标,将弹出"PC I/F 串口详细设置"对话框,如图 3.26 所示。

图 3.24 三菱 PLC 编程电缆

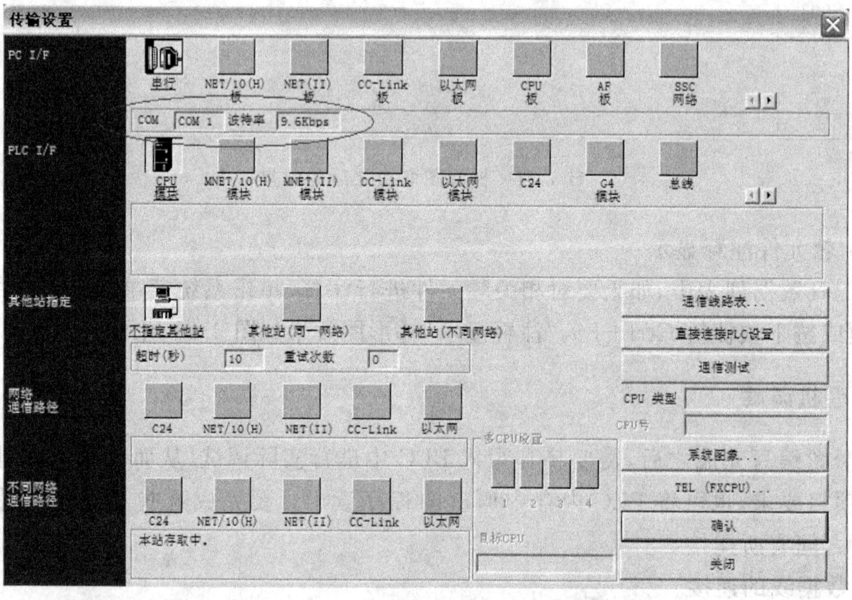

图 3.25 "传输设置"对话框

通过下拉箭头来选择正确的 COM 口和合适的波特率,然后单击"确认"按钮,回到图 3.25 所示对话框。单击"通信测试"按钮,如果设置正确,将弹出如图 3.27 所示提示框;如果设置错误,将弹出如图 3.28 所示对话框,需重新检查、设置。最后单击"确定"按钮,完成传输设置。

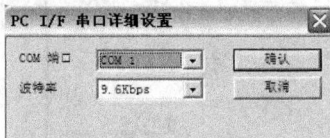

图 3.26　"PC I/F 串口详细设置"对话框　　　　图 3.27　传输设置正确提示框

3) PLC 写入

在"传输设置"中对相关参数设置好之后,就可将程序写入 PLC 中。单击系统菜单中的"在线",出现如图 3.29 所示下拉菜单。选择"PLC 写入",弹出如图 3.30 所示的"PLC 写入"对话框。

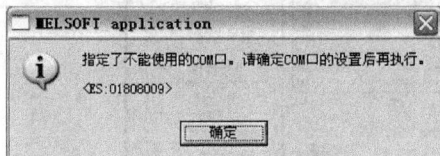

图 3.28　传输设置错误提示框　　　　图 3.29　"在线"下拉菜单

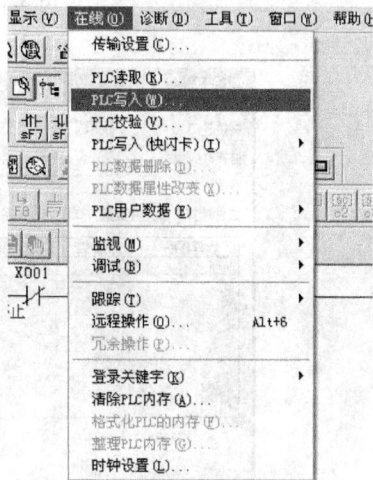

在"PLC 写入"对话框中主要对两项内容进行设置。

(1) 文件选择

单击"文件选择"标签,在白色文本框中列出了可以写入 PLC 的 3 个对象:程序、软元件注释及参数。将需要写入的对象前面的复选框打上"√",在白色文本框上方还设有3 个快捷键:参数+程序、选择所有和取消所有选择。可适当应用,一般情况下只写入"程序"。

(2) 程序范围

在选择好所需写入的文件之后,还需设置写入程序的步数。单击"程序"标签,弹出如图 3.31 所示界面。

在"指定范围"下方的文本框中,默认显示的是"全范围"。如果选择该项,在程序写入

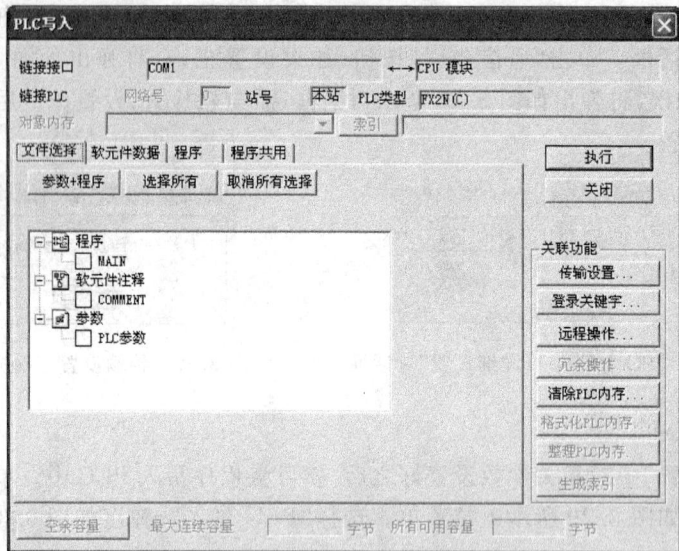

图 3.30　"PLC写入"对话框

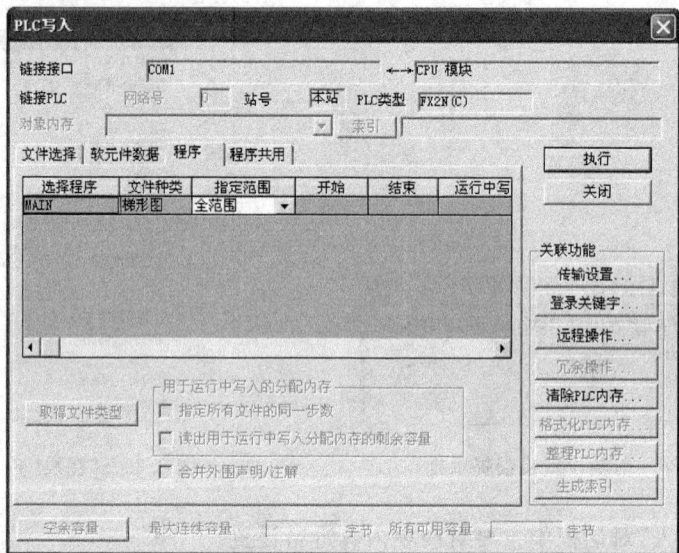

图 3.31　"PLC写入"对话框中的"程序"选项卡

时就会对 PLC 内存全部进行覆盖,写入时间较长。因此一般情况下,单击下拉箭头,选择"步范围",后面的"开始"、"结束"就可进行编辑。"开始"均为"0",不用更改;"结束"需根据具体程序的步数决定。比如,前面实例中的梯形图中,步数为"10",此处需输入"9",也就是步数减 1,具体设置如图 3.32 所示。

输入完毕之后,单击 执行 按钮,依次出现如图 3.33(a)、(b)、(c)、(d)所示提示框,最后单击"确定"按钮,回到"PLC写入"对话框;再单击 关闭 按钮,回到梯形图编辑界面。

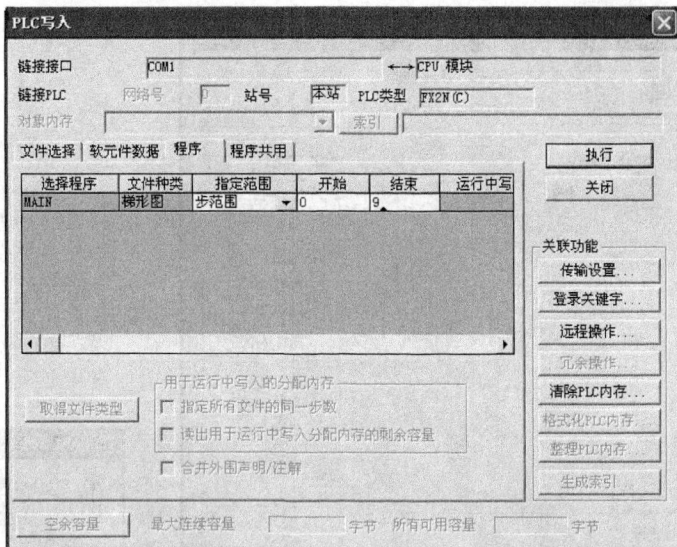

图 3.32　设置后的"PLC 写入"对话框中的"程序"选项卡

(a)　　　　　　　　(b)　　　　　　　　(c)　　　　　　　　(d)

图 3.33　PLC 写入执行过程提示对话框

4) PLC 读出

最后一次写入 PLC 的程序会保存在内存之中,在需要时可以将其读出。单击系统菜单中的"在线",出现如图 3.34 所示下拉菜单。选择"PLC 读取",弹出如图 3.35 所示"选择 PLC 系列"对话框。选择相关 PLC 系列后,单击　确定　按钮,弹出"传输设置"对话框,再单击"确定"按钮,弹出如图 3.36 所示"PLC 读取"对话框。

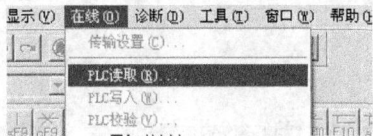

图 3.34　"在线"下拉菜单(局部)　　　　图 3.35　"选择 PLC 系列"对话框

在"PLC 读取"对话框中,所需设置的参数与"PLC 写入"对话框类似。在选择步数时,若不清楚程序步数,可选择"全范围",然后单击　执行　按钮,弹出如图 3.37 所示提示框,再单击　是(Y)　按钮。

最后单击"是"按钮,回到"PLC 读取"对话框;再单击　关闭　按钮,回到梯形图编辑界面,如图 3.38 所示。

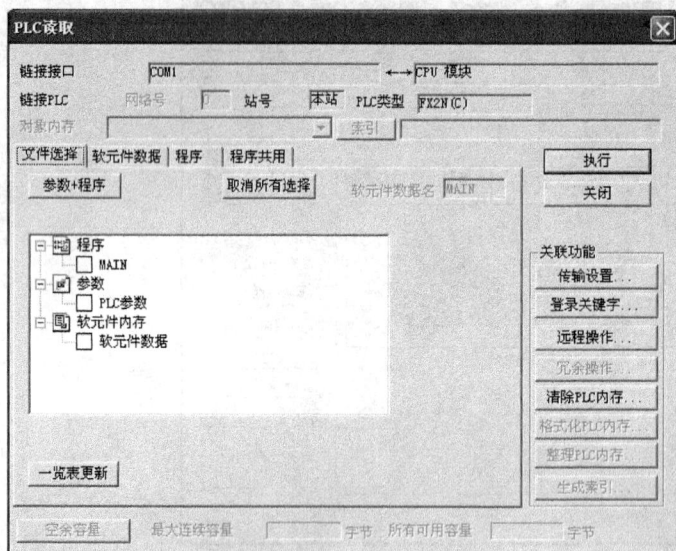

图 3.36　"PLC读取"对话框　　　　　　图 3.37　PLC 读取过程提示框

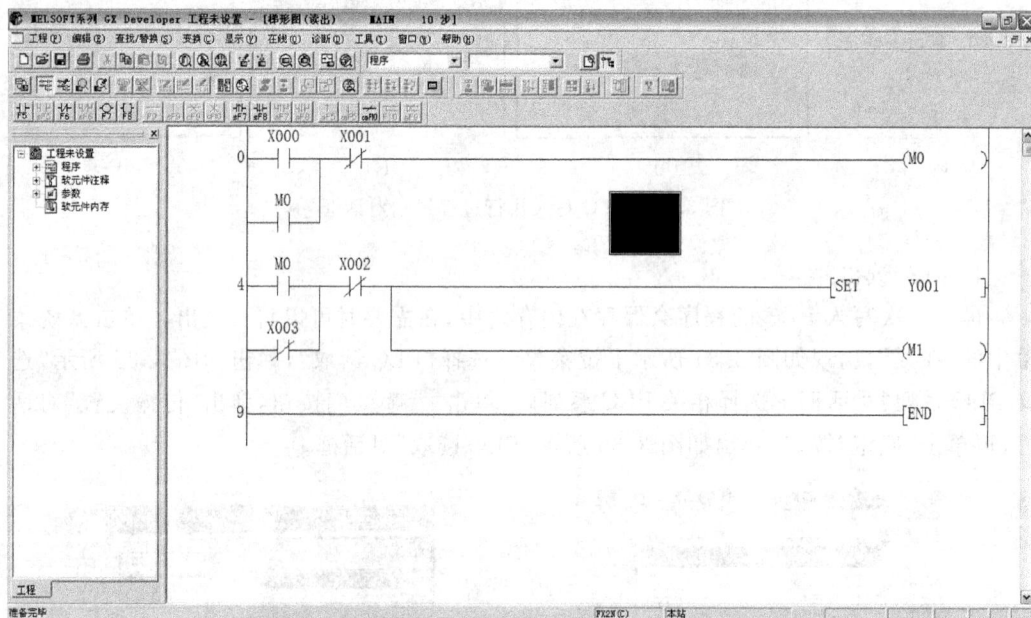

图 3.38　PLC 读取完毕界面

5) 监视模式

在 PLC 程序写入之后,需要对程序进行调试。为了调试方便,单击 ▦▦▦▦▦,切换到监视模式界面,如图 3.39 所示。

图 3.39 监视模式界面

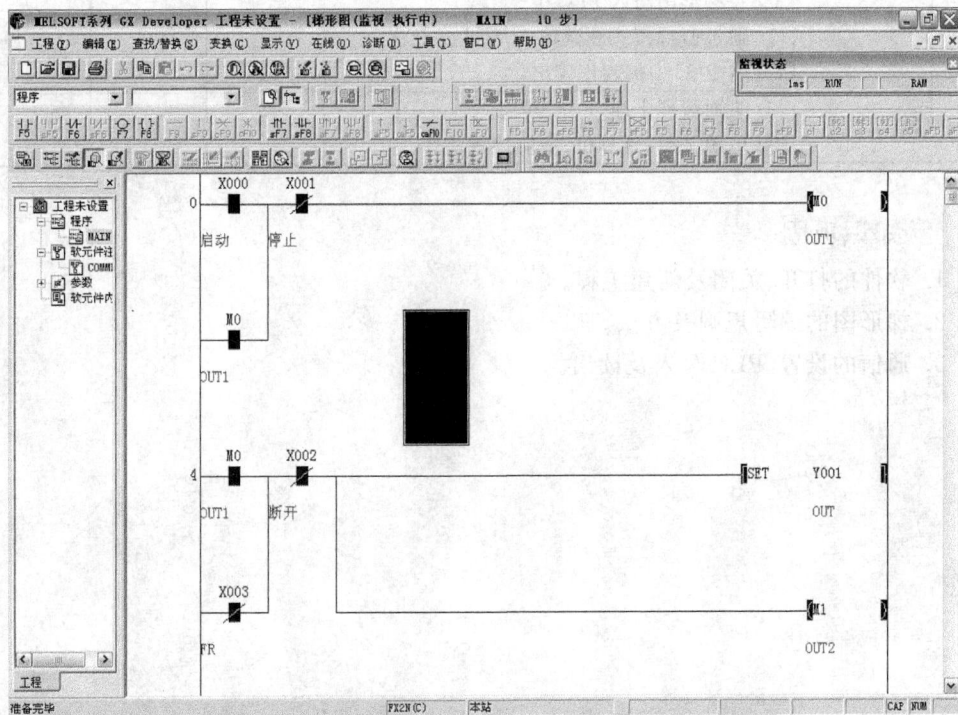

图 3.40 输入信号后的监视模式界面

从图 3.39 中可以发现,当输入元件没有动作时,梯形图中的常开触点没有变化,而常闭触点出现蓝色块,表示此处接通。此时,使 X000 信号输入,界面变为如图 3.40 所示。

X000 常开触点也出现蓝色块,表示此处也已经接通。当 X000、X001 均接通时,M0 也出现蓝色块,表示线圈得电。通过这些标志,就能很好地调试程序,何处接通、何处得电都能够一目了然。

项目评价

项目完成之后,按表 3.1 中的内容进行评价,"自我评定"由自己填写,"小组评定"由小组组长填写,"教师评定"由任课教师进行总评。优秀的为"A",良好的为"B",合格的为"C",不合格的为"D"。

表 3.1 项目完成评价表

序号	评价内容	评 价 细 则	自我评定	小组评定	教师评定
1	工具准备	学习基本工具——书籍、实训报告等			
2	软件的打开与关闭	① 用两种方法打开软件 ② 用两种方法关闭软件			
3	工程创建	正确创建工程,相关参数选择正确			
4	梯形图编写	① 根据要求输入触点、线圈及应用指令 ② 对编写完成的梯形图进行变换 ③ 对软元件进行注释			
5	联机调试	① 正确连接数据线,并对通信参数进行设置 ② 将梯形图写入 PLC 中 ③ 通过监视模式观察输入/输出的状态 ④ 将 PLC 中的程序读出			
6	3Q7S	① 桌面清理干净 ② 电源关闭,计算机、桌椅摆放整齐			

知识巩固

1. 软件的打开、关闭及新建工程。

2. 梯形图的编写规则及方法。

3. 通信的设置、PLC 写入及读出。

PLC控制三相异步电动机系统的制作技术

制作三相异步电动机的点动控制系统

学习目标

1. 巩固 GX Developer 编程软件的使用。
2. 学会正确使用输入继电器 X、输出继电器 Y。
3. 通过编程、调试实现三相异步电动机的点动控制。

项目情境

普通车床在机械加工过程中应用非常广泛,其实物图如图 4.1 所示。它能够对轴、盘、环等多种类型工件进行多种工序加工,常用于加工工件的内外回转表面、端面和各种内外螺纹;采用相应的刀具和附件,还可完成钻孔、扩孔、攻丝和滚花等。在加工时,刀架的移动是必不可少的,一种方法是通过大托板、小托板的转轮来手动移动,但如果移动距离较长,就显得非常麻烦。另一种方法是通过"十"字转换开关选定移动方向之后,按下快速移动按钮,刀架按照预定的方向移动,当快速移动按钮松开时,刀架立即停止,这种移动方法更加方便、简单。

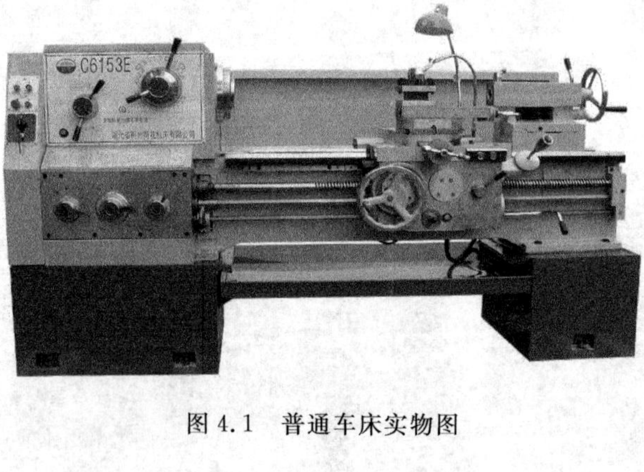

图 4.1 普通车床实物图

项目实施要求

为了实现普通车床刀架快速移动的功能,作为驱动来源的三相异步电动机需要实现点动控制。控制系统示意图如图4.2所示,图中画圈处即为点动控制的控制按钮。

具体控制要求如下:

① 按下按钮 SB,三相异步电动机运转,刀架按预定方向移动。

② 松开按钮 SB,三相异步电动机停转,刀架停止移动。

③ 当三相异步电动机发生过载时,立即停转,刀架停止移动。

图 4.2　普通车床进给快速移动控制系统示意图

项目分析

从项目要求可知,主要完成两个任务:三相异步电动机的点动控制和过载保护。

1. 点动控制

点动控制是指按钮 SB 按下时,三相异步电动机运转;按钮 SB 松开时,三相异步电动机停转。在电气线路连接过程中,一般连接的都是按钮的常开触点,因此在 PLC 内部程序处理时,按钮 SB 未按下时,其常开触点是断开的;当按钮 SB 按下时,其常开触点是闭合的,这样就有一个接通与断开的动作。

根据所学,要实现一台三相异步电动机远距离控制,需由交流接触器的主触点进行接通和断开,主触点又是由其交流接触器线圈是否得电控制的。在 PLC 内部同样具有类似的继电器线圈,只要相对应即可。

2. 过载保护

过载保护是为了防止三相异步电动机出现过载时,导致流过电路的电流过大,最终损坏整个电气线路。一般的电路都采用热继电器来实现,热继电器包含热元件、常开触点和常闭触点。热元件直接串联在主电路中,而常开触点和常闭触点需要根据实际情况连接到控制线路中。

知识链接

PLC 的输入设备有按钮、转换开关、行程开关、传感器等,输出设备也有接触器、电磁阀、指示灯等,在编程过程中,不可能将它们一一区分。在三菱系列 PLC 中,输入设备全部与输入继电器 X 对应,输出设备全部与输出继电器 Y 对应,这样编程就相对简单。

1. 输入继电器 X

输入继电器 X 与输入端相连,它是专门用来接收 PLC 外部开关信号的元件。PLC

通过接口将外部信号状态(接通时为"1",断开时为"0")读入并存储在输入映像寄存器中,程序无法改变其状态。为保证 PLC 内、外逻辑一致,外部通常接常开触点,内部有常开、常闭两种,在编程时可以无数次使用。

三菱 FX_{2N} 系列的输入继电器 X 是以八进制数进行编号,如 X0～X7、X10～X17 等,X7 之后就是 X10。

2. 输出继电器 Y

输出继电器 Y 是 PLC 向外部负载发送信号的窗口。输出继电器 Y 的线圈由程序控制,只有一个主触点连接到输出端子上供外部负载使用,其余常开、常闭触点均供内部程序使用。因此在编程时,输出继电器 Y 线圈只能使用一次,而其常开、常闭触点可无数次使用。

同样,三菱 FX_{2N} 系列的输出继电器 Y 也是以八进制数进行编号,如 Y0～Y7、Y10～Y17 等,Y7 之后就是 Y10。

项目实施

1. 注意事项

① 操作之前,检查工具绝缘性能及相关元器件是否损坏。

② 操作过程中,工具不得随意乱扔,防止安全事故发生。

③ 连接线路时,用力适可而止,不得损坏元器件。

④ 线路连接完毕后,用检测工具(万用表)进行检查,防止线路出现短路现象。

⑤ 调试完毕后,做好 3Q7S 相关工作。

2. 实施过程

(1) PLC 输入/输出地址分配

根据项目要求可知,此处涉及 2 个输入控制对象和 1 个输出控制对象。PLC 对应地址分配如表 4.1 所示。

表 4.1 三相异步电动机点动控制 PLC 输入/输出地址分配表

输 入			输 出		
代号	作用	地址	代号	作用	地址
SB	点动按钮	X000	KM	控制电动机	Y000
FR	过载保护	X001			

(2) 项目控制电气原理图

三相异步电动机点动控制电气原理图如图 4.3 所示。

(3) 元器件清单

根据项目要求和电气原理图可以看出实现三相异步电动机点动控制所需的元器件。选用的元器件清单如表 4.2 所示。

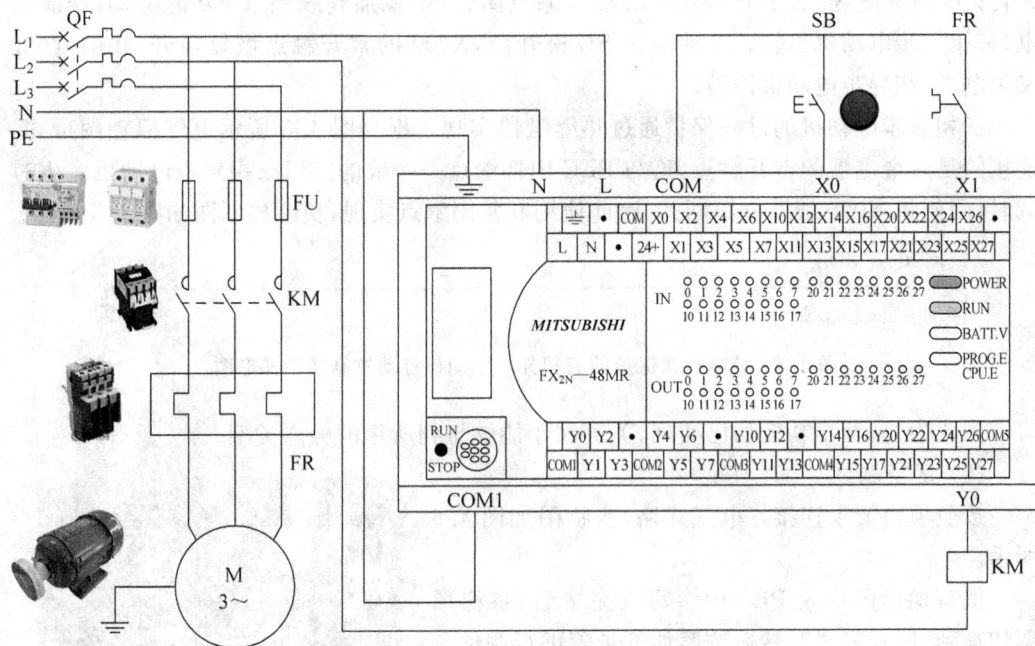

图 4.3　三相异步电动机点动控制电气原理图

表 4.2　三相异步电动机点动控制元器件清单

序号	符号	名　称	型号、规格	单位	数量	备　注
1	QF	断路器	DZ47LE—32 D6	个	1	
2	FU	熔断器	RT18—32	组	1	
3	KM	交流接触器	CJX2—9	个	1	
4	FR	热继电器	JRS1D—25	个	1	
5	M	电动机	WDJ26	台	1	
6	SB	点动按钮	LA68B	个	1	
7	PLC	可编程控制器	FX_{2N}—48MR	台	1	

（4）PLC 梯形图

根据分析,要实现三相异步电动机的点动控制,只要将点动按钮的常开触点与控制的继电器的线圈串联即可,其功能梯形图如图 4.4 所示。

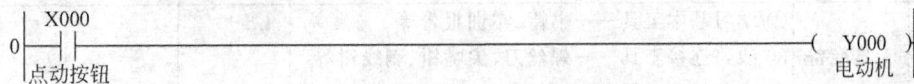

图 4.4　三相异步电动机点动控制功能梯形图

如图 4.4 所示梯形图中,两边的左、右母线相当于电源。当点动按钮 SB 未按下时,X000 的常开触点断开,电源无法加到线圈 Y000 的两端,线圈不得电,三相异步电动机不运转;点动按钮 SB 按下时,X000 的常开触点闭合,电源加到线圈 Y000 的两端,线圈得电,三相异步电动机运转;点动按钮 SB 松开后,X000 的常开触点恢复断开,线圈 Y000 又失电,三相异步电动机停转。

　　三相异步电动机的过载保护通过热继电器实现。根据图 4.3 所示电气原理图可知,连接的是热继电器的常开触点,这与 PLC 内部触点是一致的。当三相异步电动机发生过载时,需要将 Y000 线圈支路断开,因此使用其常闭触点实现,功能梯形图如图 4.5 所示。

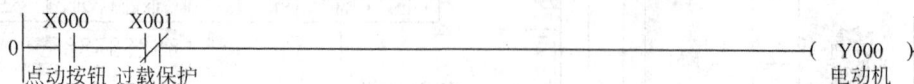

```
      X000    X001
0 ───┤├───────┤/├──────────────────────( Y000 )
   点动按钮  过载保护                        电动机
```

图 4.5　具有过载保护的三相异步电动机点动控制功能梯形图

　　到此为止,两个功能均已实现,关键在于能够想到所用的触点类型。

　　(5) 运行调试

　　按照项目要求连接好电气线路,实物图如图 4.6所示。

　　编写梯形图写入 PLC 中。写入完毕后,将梯形图切换到"监视模式",然后按照如下步骤进行调试。

　　① 观察 PLC 运行指示灯是否点亮。若未亮,将控制开关拨下后重新拨上,并检查电气线路 PLC电源。

　　② 按下点动按钮 SB,三相异步电动机运转;松开点动按钮 SB,三相异步电动机停转。

图 4.6　电气线路连接实物图

　　③ 按动热继电器试验开关,模拟电动机过载,三相异步电动机立即停转。

　　④ 调试过程中,如果没有按照要求实现功能,尝试进一步改进。

项目评价

　　项目完成之后,按表 4.3 中的内容进行评价,"自我评定"由自己填写,"小组评定"由小组组长填写,"教师评定"由任课教师进行总评。优秀的为"A",良好的为"B",合格的为"C",不合格的为"D"。

表 4.3　项目完成评价表

序号	评价内容	评 价 细 则	自我评定	小组评定	教师评定
1	工具准备	① 学习基本工具——书籍、实训报告等 ② 线路连接工具——螺丝刀、尖嘴钳、剥线钳等 ③ 电路检测工具——万用表、验电笔			
2	电气线路	① 电动机控制主电路的连接 ② 根据 PLC 输入/输出地址分配正确连接相关线路 ③ 电动机及 PLC 接地线			

续表

序号	评价内容	评价细则	自我评定	小组评定	教师评定
3	程序编写	① 选择正确的 PLC 的型号 ② 熟练使用梯形图编程软件 ③ 根据项目要求,完成梯形图的编写			
4	程序调试	① 电动机点动控制 ② 电动机过载模拟控制			
5	安全操作	① 在操作过程中,注意安全,尤其是不允许带电 　进行线路连接、更改 ② 线路通电之前用万用表正确检测 ③ 出现故障时,要正确使用仪表进行检测			
6	3Q7S	① 工具摆放整齐 ② 线路板及桌面清理干净 ③ 电源关闭,计算机、桌椅摆放整齐 ④ 线路连接过程中的连接线有无浪费			

项目拓展

当点动控制对象的执行机构运行范围较大时,往往要求能够在两个地方(即两个按钮)进行控制,试在基本控制的基础上进行改进。

知识巩固

1. 输入继电器 X 的触点可以使用(　　)次。

　A. 1　　　　　　　B. 2　　　　　　　C. 10　　　　　　　D. 无数

2. 输出继电器 Y 的线圈可以使用(　　)次。

　A. 1　　　　　　　B. 2　　　　　　　C. 10　　　　　　　D. 无数

3. 在 FX_{2N}—48MR 中,(　　)输入继电器是不存在的。

　A. X0　　　　　　B. X8　　　　　　C. X10　　　　　　D. X27

4. PLC 的输入端能够接输入设备的(　　)。

　A. 常开触点　　　　　　　　　　B. 常闭触点

　C. 线圈　　　　　　　　　　　　D. 常开、常闭触点

5. 下列设备中,能够通过 PLC 程序控制的是(　　)。

　A. 按钮　　　　　　B. 行程开关　　　　　C. 指示灯　　　　　D. 传感器

制作三相异步电动机的连续运转控制系统

1. 巩固三相异步电动机的点动控制。
2. 应用梯形图实现三相异步电动机的连续运转控制。

项目情境

在企业的产品生产过程中,对设备操作往往有这样一个过程:按下一个按钮后,设备持续工作;按下另一个按钮后,设备停止。比如在机械加工过程中应用非常广泛的普通车床,如图 5.1 所示,在选定主轴的旋转方向后,需按下一个绿色的按钮,主轴才可以运转;当绿色按钮松开后,能够保持运转;而要使主轴停转,需按下一个红色的按钮。这就是普通车床主轴电动机的连续运转控制,又称自锁控制。

图 5.1　普通车床实物图

项目实施要求

为了实现普通车床主轴的功能,作为驱动来源的三相异步电动机需要实现连续运转控制。控制系统示意图如图 5.2 所示,图中画圈处即为连续运转控制的控制按钮。具体控制要求如下:

图 5.2　普通车床主轴连续正转控制系统示意图

① 按下启动按钮 SB_1，三相异步电动机启动；松开启动按钮 SB_1，三相异步电动机保持运转。

② 按下停止按钮 SB_2，三相异步电动机停止运转。

③ 三相异步电动机在运转过程中具有过载保护。

项目分析

从项目要求可知，主要完成四个任务：三相异步电动机的启动运转、三相异步电动机的持续运转、三相异步电动机停止运转及三相异步电动机的过载保护。

1. 三相异步电动机的启动运转

三相异步电动机的启动运转就是按下启动按钮 SB_1，电动机能够运转。这与项目 4 的三相异步电动机点动控制是一致的，用启动按钮 SB_1 所连接的输入继电器 X 的常开触点控制。

2. 三相异步电动机的持续运转

三相异步电动机启动之后，启动按钮 SB_1 必然会松开。松开之后，其常开触点立即恢复断开。若要保持运转，必然要在启动按钮两端并联另一条支路，以达到持续接通的效果。线圈得电之后，其对应的常开触点就会闭合，前面也是需要一个闭合的回路来持续接通，使线圈持续得电，用线圈本身的常开触点来控制，因此又称为自锁控制。

3. 三相异步电动机的停止运转

三相异步电动机持续运转之后，要将其停止，必须将线圈支路断开。按下停止按钮 SB_2 后，只有其常开、常闭触点会动作，选择按下后会断开的触点——常闭触点。

4. 三相异步电动机的过载保护

三相异步电动机的过载保护是为了防止三相异步电动机出现过载时流过电路的电流过大，最终损坏整个电气线路，这里的处理与项目 4 中的一致。

项目实施

1. 注意事项

① 操作之前,检查工具绝缘性能及相关元器件是否损坏。

② 操作过程中,工具不得随意乱扔,防止安全事故发生。

③ 连接线路时,用力适可而止,不得损坏元器件。

④ 线路连接完毕后,用检测工具(万用表)进行检查,防止线路出现短路现象。

⑤ 调试完毕后,做好3Q7S相关工作。

2. 实施过程

(1) PLC 输入/输出地址分配

根据项目要求可知,此处涉及 3 个输入对象和 1 个输出控制对象。PLC 对应地址分配如表 5.1 所示。

表 5.1　三相异步电动机连续运转控制 PLC 输入/输出地址分配表

输 入			输 出		
代号	作　用	地址	代号	作　用	地址
SB$_1$	启动按钮	X0	KM	控制电动机	Y0
SB$_2$	停止停止	X1			
FR	过载保护	X2			

(2) PLC 控制电气原理图

PLC 控制电气原理图如图 5.3 所示。

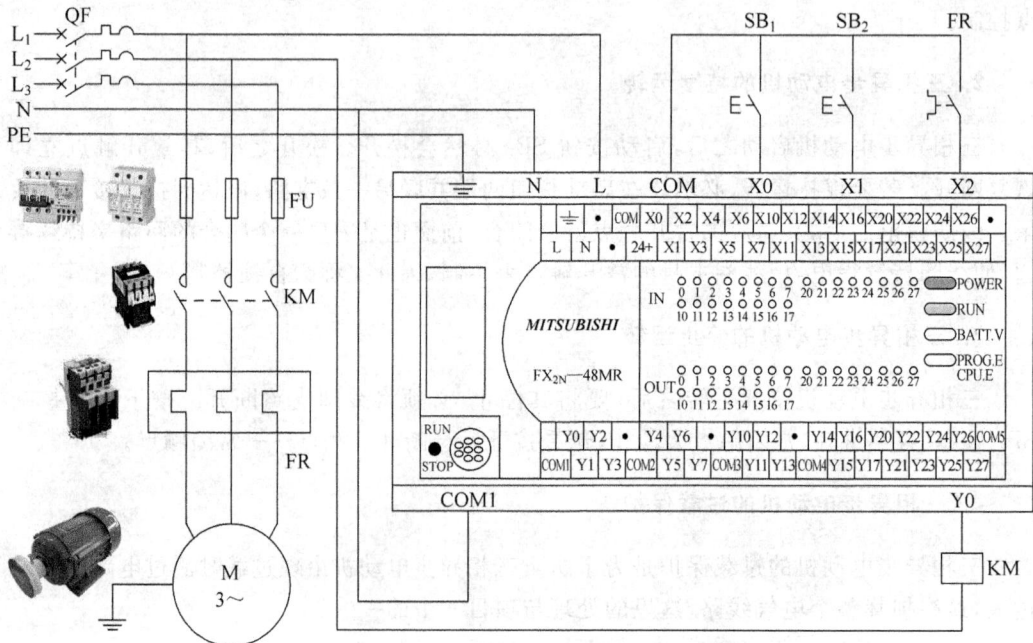

图 5.3　三相异步电动机连续 PLC 控制电气原理图

（3）设备材料表

根据项目要求和电气原理图可以看出实现三相异步电动机连续控制所需的元器件。选用的元器件清单如表5.2所示。

表 5.2 三相异步电动机连续控制元器件清单

序号	符号	名 称	型号、规格	单位	数量	备 注
1	QF	断路器	DZ47LE—32 D6	个	1	
2	FU	熔断器	RT18—32	组	1	
3	KM	交流接触器	CJX2—9	个	1	
4	FR	热继电器	JRS1D—25	个	1	
5	M	电动机	WDJ26	台	1	
6	SB	按钮	LA68B	个	2	
7	PLC	可编程控制器	FX_{2N}—48MR	台	1	

（4）PLC梯形图

根据项目分析的四个任务：三相异步电动机的启动运转、三相异步电动机的持续运转、三相异步电动机的停止运转及三相异步电动机的过载保护，逐一进行编程。

三相异步电动机启动运转应用启动按钮 SB_1 对应输入继电器 X000 的常开触点与控制三相异步电动机的输出继电器 Y000 的线圈串联，功能梯形图如图5.4所示。

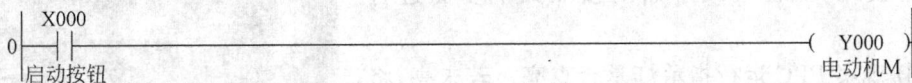

```
    X000                                        ( Y000 )
0 ──┤ ├──────────────────────────────────────   Y000
  启动按钮                                      电动机M
```

图 5.4 三相异步电动机的启动运转功能梯形图

启动运转之后，需使三相异步电动机持续运转。根据分析，需要用输出继电器 Y000 自身的常开触点在启动按钮 X000 触点两端并联一条支路才可实现，其功能梯形图如图5.5所示。

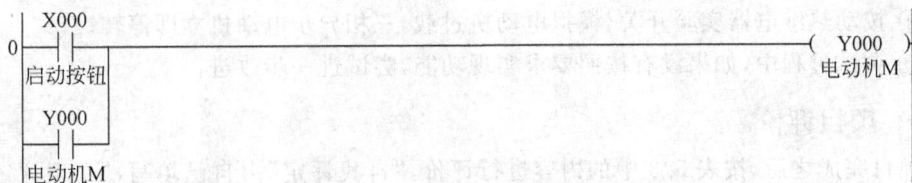

```
    X000                                        ( Y000 )
0 ──┤ ├──────────────────────────────────────   电动机M
  启动按钮
    Y000
  ──┤ ├──
  电动机M
```

图 5.5 三相异步电动机的持续运转功能梯形图

要使三相异步电动机停止运转，根据分析，需要将控制支路断开，而动作的对象是停止按钮 X001，其常闭触点在动作之后会断开，只要将其串入到控制支路即可，其功能梯形图如图5.6所示。

三相异步电动机的过载保护与项目4中的一致，只要将热继电器触点对应的输入继电器 X002 的常闭触点串入控制支路即可，其功能梯形图如图5.7所示。

到此为止，三相异步电动机连续运转控制的功能全部实现。

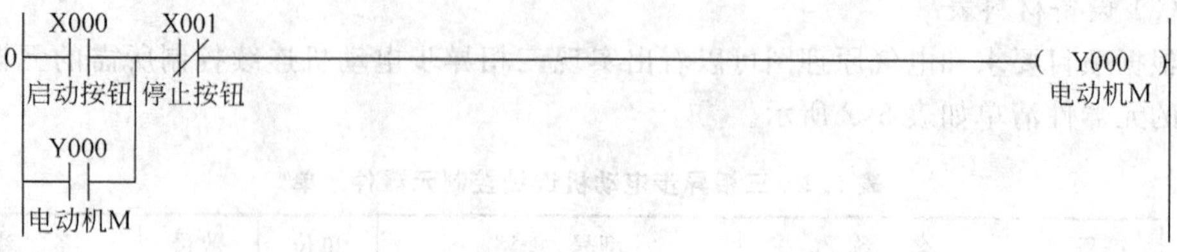

图 5.6　三相异步电动机的停止运转功能梯形图

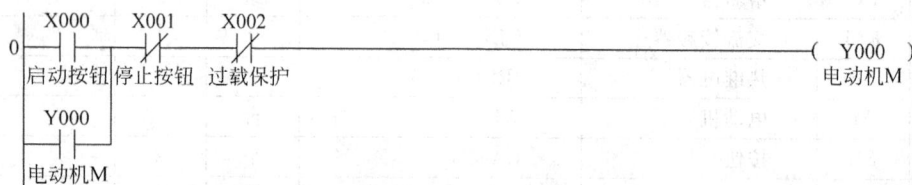

图 5.7　三相异步电动机的过载保护功能梯形图

（5）调试步骤

按照项目要求连接好电气线路，实物图如图 5.8 所示。

编写梯形图并写入 PLC 中。写入完毕后，将梯形图切换到"监视模式"，然后按照如下步骤进行调试。

① 观察 PLC 运行指示灯是否点亮。若未亮，将控制开关拨下后重新拨上，并检查电气线路 PLC 电源。

② 按下启动按钮 SB_1，三相异步电动机运转；松开启动按钮 SB_1，三相异步电动机持续运转。

③ 按下停止按钮 SB_2，三相异步电动机停转。

④ 按动热继电器实验开关，模拟电动机过载，三相异步电动机立即停转。

⑤ 调试过程中，如果没有按照要求实现功能，尝试进一步改进。

图 5.8　电气线路连接实物图

项目评价

项目完成之后，按表 5.3 中的内容进行评价，"自我评定"由自己填写，"小组评定"由小组组长填写，"教师评定"由任课教师进行总评。优秀的为"A"，良好的为"B"，合格的为"C"，不合格的为"D"。

表 5.3　项目完成评价表

序号	评价内容	评 价 细 则	自我评定	小组评定	教师评定
1	工具准备	① 学习基本工具——书籍、实训报告、笔 ② 线路连接工具——螺丝刀、尖嘴钳、剥线钳等 ③ 电路检测工具——万用表、验电笔			

续表

序号	评价内容	评 价 细 则	自我评定	小组评定	教师评定
2	电气线路	① 电动机控制主电路的连接 ② 根据 PLC 输入、输出地址分配正确连接相关 　线路 ③ 电动机及 PLC 接地线			
3	程序编写	① 选择正确的 PLC 的型号 ② 熟练使用梯形图编程软件 ③ 根据项目要求,完成梯形图的正确编写			
4	程序调试	① 电动机连续控制 ② 电动机停止控制 ③ 电动机过载模拟控制			
5	安全操作	① 在操作过程中,注意安全,尤其是不允许带电 　进行线路连接、更改 ② 线路通电之前用万用表正确检测 ③ 出现故障时,要正确使用仪表进行检测			
6	3Q7S	① 工具摆放整齐 ② 线路板及桌面清理干净 ③ 电源关闭,计算机、桌椅摆放整齐 ④ 线路连接过程中的连接线有无浪费			

项目拓展

在一般情况下,输入端接的是输入设备的常开触点,编程按照常规思维即可。但在很多设备中(如停止按钮、热继电器触点)连接的是常闭触点,试着在原来程序的基础上进行更改,以实现相同的功能。

知识巩固

1. 在按钮控制的系统中,如何使继电器线圈一直保持得电?

2. 在传统电气控制系统中,停止按钮及热继电器保护一般选用常闭触点。为什么在 PLC 控制系统中,一般选用常开触点?

3. 当输入连接的是常闭触点时,程序编写时该如何处理?

制作三相异步电动机的点动与连续混合控制系统

学习目标

1. 熟练使用常开触点、常闭触点及线圈编写梯形图。
2. 学会辅助继电器 M 的正确使用。
3. 通过编程、调试,实现三相异步电动机点动与连续的混合控制。

项目情境

随着社会经济的快速发展,城市中建起了越来越多的高楼大厦。在这些大厦的建设过程中,有一种设备必不可少,它将地面的建筑材料运送到相应楼层供建筑工人施工,然后将施工中产生的废料运送到地面进行处理。这就是又高又细的"塔吊"。塔吊在运动过程中有许多动作,它能够按顺时针或逆时针方向转动,能够沿着塔轨前、后动作,更重要的是能够上升或下降。其中,下降时,起初是以一定的速度持续下降,快到达指定位置时,会发现它是一下一下地下降。图 6.1 所示为塔吊效果图。

图 6.1 塔吊效果图

项目实施要求

如图 6.2 所示，左图中画圈处为塔吊的操作控制室，右图所示为塔吊的操作控制面板。控制面板上的上面一排包含升、降转换开关 SA_1，顺、逆转换开关 SA_2，前、后转换开关 SA_3；下面一排主要是控制上升、下降时的连续启动按钮 SB_1、连续停止按钮 SB_2 和点动控制按钮 SB_3。

图 6.2　塔吊控制台操作面板示意图

具体控制要求如下：

① 按下 SB_1，吊钩电动机运转，吊钩下降；松开 SB_1，吊钩电动机保持运转，吊钩持续下降。

② 按下 SB_2，吊钩电动机停转，吊钩停止。

③ 按下 SB_3，吊钩电动机运转，吊钩下降；松开 SB_3，吊钩电动机停转（包含在连续运转过程中按下 SB_3），吊钩停止。

④ 吊钩电动机在运行过程中具有过载保护性能。

项目分析

从项目要求可知，最终要完成的是将电动机的点动控制和连续控制相结合。两个独立的控制，在项目 4 和项目 5 中已经讲解得非常清楚，带过载保护的电动机点动控制的梯形图如图 6.3 所示，带过载保护的电动机连续控制的梯形图如图 6.4 所示。

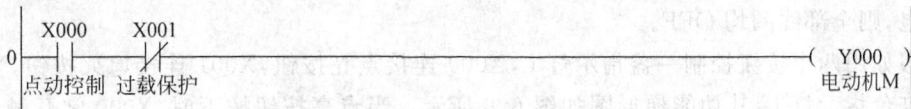

图 6.3　三相异步电动机点动控制梯形图

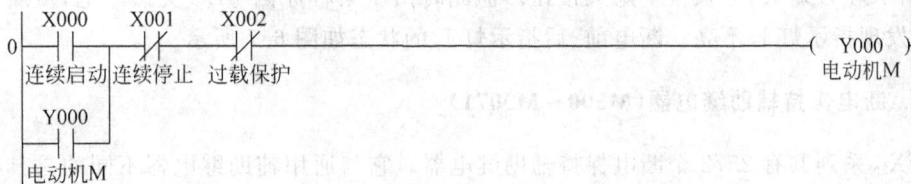

图 6.4　三相异步电动机连续控制梯形图

　　既然是要将它们结合,那编程的时候是否只要将输入对象的地址重新定义,然后直接相结合就可以呢? 其梯形图如图 6.5 所示。

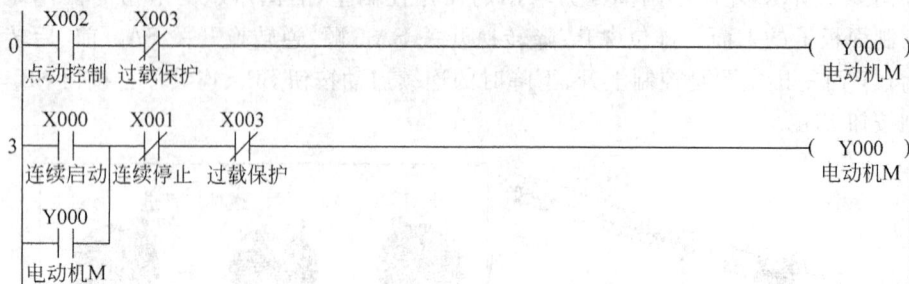

图 6.5　三相异步电动机点动控制和连续控制直接结合

　　将图 6.5 所示的梯形图输入 PLC,再切换到监视模式,按下点动控制(X002),虽然触点全部接通了,但发现后面的电动机 M(Y000)并没有得电;同样地,按下连续启动(X000),后面的电动机 M(Y000)也没有得电;同时按下点动控制(X002)和连续启动(X000),后面的电动机 M(Y000)终于得电了。

　　从以上三种现象可以得出结论:当梯形图中出现两个相同的输出继电器线圈(如Y000),其中一条支路触点接通,另一条支路触点断开时,后面的线圈无法得电。要使线圈得电,必须使两条支路上的触点同时接通。

🛠 知识链接

　　辅助继电器 M 是 PLC 中数量最多的一种继电器,其作用、特性与输出继电器 Y 相似,唯一不同的是不能直接驱动外部负载,必须通过输出继电器 Y 的外部触点驱动。辅助继电器的常开与常闭触点在 PLC 内部编程时可无限次使用。辅助继电器采用十进制数编号。

　　辅助继电器 M 分为通用辅助继电器、断电保持辅助继电器和特殊辅助继电器。

1. 通用辅助继电器(M0~M499)

　　FX$_{2N}$系列共有 500 点通用辅助继电器。通用辅助继电器在 PLC 运行时,如果电源突然断电,则全部线圈均 OFF。

　　假如用两个按钮控制一盏指示灯 L,X000 连接点亮按钮,X001 连接熄灭按钮,Y000连接红色指示灯 L,其功能梯形图如图 6.6 所示。当点亮按钮按下时,X000 常开触点闭合,辅助继电器线圈 M0 得电,通过其常开触点驱动 Y000 的输出,使指示灯 L 点亮;如果要使指示灯 L 熄灭,必须按下熄灭按钮。但此时由于某种原因 PLC 突然断电,重新上电之后,发现指示灯 L 不亮。断电前、后指示灯 L 的状态如图 6.7 所示。

2. 断电保持辅助继电器(M500~M3071)

　　FX$_{2N}$系列共有 2572 个断电保持辅助继电器。它与通用辅助继电器不同的是具有断电保护功能。在 PLC 运行过程中,不管什么原因使电源断电,断电保持继电器仍能保持

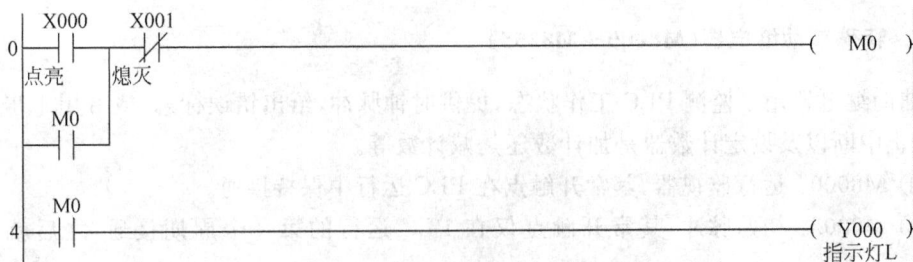

图 6.6　辅助继电器 M0 应用

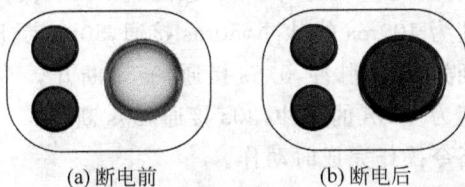

(a) 断电前　　　(b) 断电后

图 6.7　辅助继电器 M0 控制的指示灯 L 断电前、后状态

原来的状态。断电保持辅助继电器是由 PLC 内的锂电池支持的。

　　假如用两个按钮控制一盏指示灯 L,X000 连接点亮按钮,X001 连接熄灭按钮,Y000 连接红色指示灯 L,其功能梯形图如图 6.8 所示。当点亮按钮按下时,X000 常开触点闭合,辅助继电器线圈 M500 得电,通过其常开触点驱动 Y000 的输出,使指示灯 L 点亮;如果要使指示灯 L 熄灭,必须按下熄灭按钮。但在点亮的过程中,由于某种原因 PLC 突然断电,重新上电之后,发现指示灯 L 继续点亮。断电前、后指示灯状态如图 6.9 所示。

图 6.8　辅助继电器 M500 应用

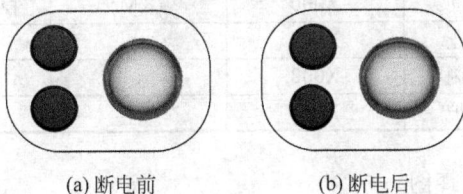

(a) 断电前　　　(b) 断电后

图 6.9　辅助继电器 M500 控制的指示灯 L 断电前、后状态

3. 特殊辅助继电器（M8000～M8255）

辅助继电器用于监测 PLC 工作状态，提供时钟脉冲，给出错误标志，或者用于步进顺控、禁止中断以及设定计数器是加计数还是减计数等。

① M8000：运行监视器，其常开触点在 PLC 运行中保持接通。

② M8002：初始脉冲，其常开触点仅在 PLC 运行的第一个周期接通，之后就一直断开。

③ M8005：锂电池电压下降到规定值时，其常开触点接通，提醒人们更换锂电池。

④ M8011：产生周期为 10ms 的脉冲，5ms 接通，5ms 断开。

⑤ M8012：产生周期为 100ms 的脉冲，50ms 接通，50ms 断开。

⑥ M8013：产生周期为 1s 的脉冲，0.5s 接通，0.5s 断开。

⑦ M8014：产生周期为 1min 的脉冲，30s 接通，30s 断开。

⑧ M8029：当应用指令操作完成时动作。

📖 项目实施

1. 注意事项

① 操作之前，检查工具绝缘性能及相关元器件是否损坏。

② 操作过程中，工具不得随意乱扔，防止安全事故发生。

③ 连接线路时，用力适可而止，不得损坏元器件。

④ 线路连接完毕后，用检测工具（万用表）进行检查，防止线路短路现象。

⑤ 调试完毕后，做好 3Q7S 相关工作。

2. 实施过程

（1）PLC 输入/输出地址分配

根据项目要求，此处涉及 4 个输入控制对象和 1 个输出控制对象。PLC 对应地址分配如表 6.1 所示。

表 6.1　三相异步电动机点动与连续混合控制 PLC 输入/输出地址分配表

输　　入			输　　出		
代号	作　用	地址	代号	作　用	地址
SB₁	连续启动	X000	KM	控制电动机	Y000
SB₂	连续停止	X001			
SB₃	点动控制	X002			
FR	过载保护	X003			

（2）项目控制电气原理图

三相异步电动机点动与连续混合控制电气原理图如图 6.10 所示。

（3）元器件清单

根据项目要求和电气原理图可以看出实现三相异步电动机点动与连续混合控制所需

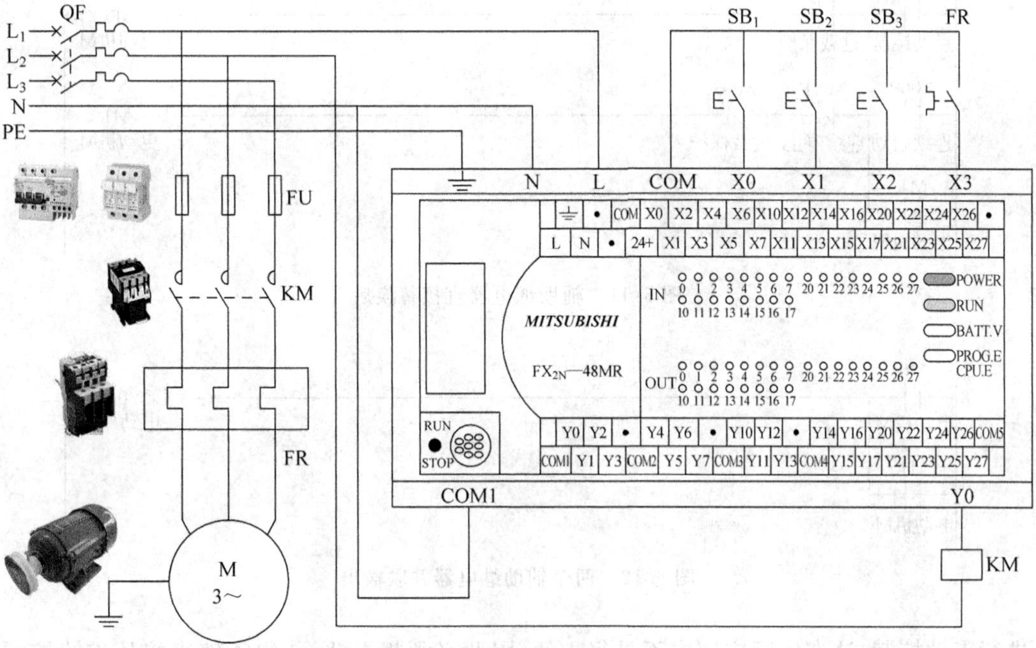

图 6.10 三相异步电动机点动与连续混合控制电气原理图

的元器件。选择的元器件清单如表 6.2 所示。

表 6.2 三相异步电动机点动与连续混合控制元器件清单

序号	符号	名 称	型号、规格	单位	数量	备 注
1	QF	断路器	DZ47LE—32 D6	个	1	
2	FU	熔断器	RT18—32	组	1	
3	KM	交流接触器	CJX2—9	个	1	
4	FR	热继电器	JRS1D—25	个	1	
5	M	电动机	WDJ26	台	1	
6	SB	按钮	LA68B	个	3	
7	PLC	可编程控制器	FX$_{2N}$—48MR	台	1	

(4) PLC 梯形图

根据分析,图 6.5 所示的梯形图无法实现电动机点动与连续混合控制,必须加以改进。因为辅助继电器的功能与输出继电器类似,因此必须从辅助继电器入手。当两处同时涉及同一个继电器线圈时,可采用多个辅助继电器来中转,此处就可以这样解决:直接将原来的输出继电器线圈用不同的辅助继电器代替。替换后的梯形图如图 6.11 所示。

输出继电器线圈被辅助继电器线圈替换之后,必须经过处理,才能最终驱动输出线圈 Y000。从项目要求得知,只要 X000 或 X002 其中有一个按钮动作,输出线圈 Y000 就要动作,因此很容易想到两者应是并联的关系,其梯形图如图 6.12 所示。

结合图 6.11 和图 6.12 所示的梯形图,貌似项目要求已经完成,但有一点没有考虑到,就是电动机从连续控制切换到点动控制,必须先按下停止按钮使电动机停止后,才能

图 6.11　辅助继电器直接替换后

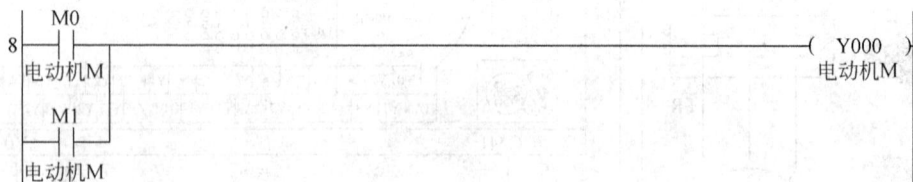

图 6.12　两个辅助继电器并联输出

进行点动控制,这在实际应用中不是很方便,因此必须想办法,使得能够直接从连续控制切换到点动控制。其实要能够直接切换过来,只要按下点动按钮,使辅助继电器 M0 得电的同时,辅助继电器 M1 失电。因此大家想想看,按下点动按钮,什么是断开的? 这时自然而然想到用点动按钮 X002 的常闭触点即可。在此电路中,还有电动机的过载保护,不管是点动还是连续控制,只要电动机发生过载,电动机必须停止。由于输入电路中连接的是热继电器 FR 的常开触点,也就是当电动机过载时,通过连杆使该触点闭合,因此只要在两条支路中添加 X003 的常闭触点即可。三相异步电动机点动与连续混合控制的完整梯形图如图 6.13 所示。

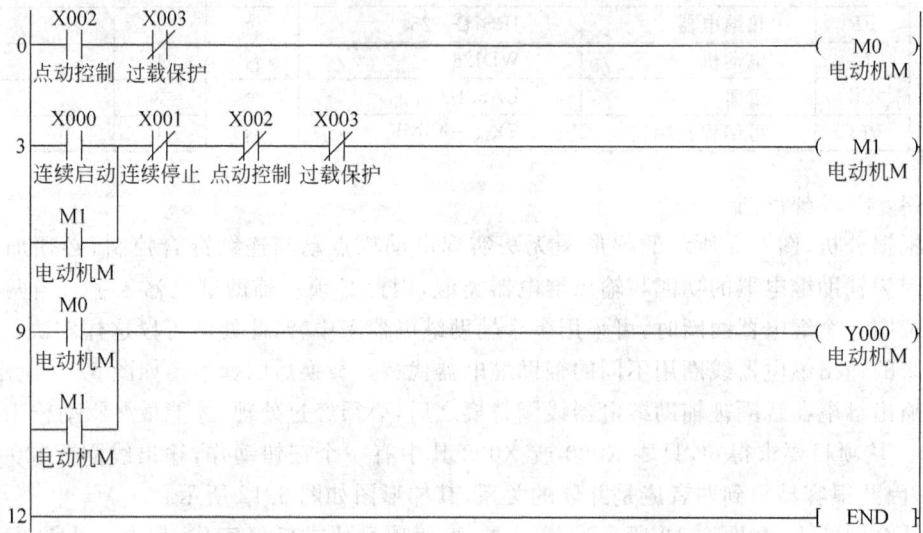

图 6.13　三相异步电动机点动与连续控制完整梯形图

（5）调试步骤

按照项目要求连接好电气线路，实物图如图 6.14 所示。

编写梯形图并写入 PLC 中后，将梯形图切换到"监视模式"，然后按照如下步骤进行调试。

① 观察 PLC 运行指示灯是否点亮；若未亮，将控制开关拨下后重新拨上，并检查电气线路 PLC 电源。

② 按下点动按钮 SB_2，吊钩电动机运转；松开点动按钮 SB_2，吊钩电动机停转。

③ 按下连续按钮 SB_1，吊钩电动机运转；松开连续按钮 SB_1，吊钩电动机保持运转。

图 6.14 电气线路连接实物图

④ 按下停止按钮 SB_3，吊钩电动机停转。

⑤ 在吊钩电动机连续运转的过程中，按下点动按钮 SB_2，吊钩电动机保持运转，松开点动按钮 SB_2，吊钩电动机停转。

⑥ 按动热继电器试验开关，模拟电动机过载，吊钩电动机立即停转。

⑦ 调试过程中，如果没有按照要求实现功能，尝试进一步改进。

项目评价

项目完成之后，按表 6.3 中的内容进行评价，"自我评定"由自己填写，"小组评定"由小组组长填写，"教师评定"由任课教师进行总评。优秀的为"A"，良好的为"B"，合格的为"C"，不合格的为"D"。

表 6.3 项目完成评价表

序号	评价内容	评 价 细 则	自我评定	小组评定	教师评定
1	工具准备	① 学习基本工具——书籍、实训报告、笔 ② 线路连接工具——螺丝刀、尖嘴钳、剥线钳等 ③ 电路检测工具——万用表、验电笔			
2	电气线路	① 电动机控制主电路的连接 ② 根据 PLC 输入/输出地址分配正确连接相关线路 ③ 电动机及 PLC 接地线			
3	程序编写	① 选择正确的 PLC 的型号 ② 熟练使用梯形图编程软件 ③ 根据项目要求，完成梯形图的正确编写			
4	程序调试	① 电动机点动控制 ② 电动机连续启动与停止 ③ 电动机从连续直接切换到点动控制 ④ 电动机过载模拟控制			

续表

序号	评价内容	评 价 细 则	自我评定	小组评定	教师评定
5	安全操作	① 在操作过程中,注意安全,尤其是不允许带电 进行线路连接、更改 ② 线路通电之前用万用表正确检测 ③ 出现故障时,要正确使用仪表进行检测			
6	3Q7S	① 工具摆放整齐 ② 线路板及桌面清理干净 ③ 电源关闭、计算机、桌椅摆放整齐 ④ 线路连接过程中的连接线有无浪费			

项目拓展

工作人员每天从地面爬到塔吊塔顶的控制操作室,相对来说是非常吃力的。有时可能就是将一件货物移动一小段的距离,如果还是要到控制操作室中进行操作就会相当麻烦,可以对现有的设备进行改进,使得在地面也能够对塔吊进行控制。

塔吊控制操作室中的面板保持不变,增加一个地面的控制面板,如图6.15所示。

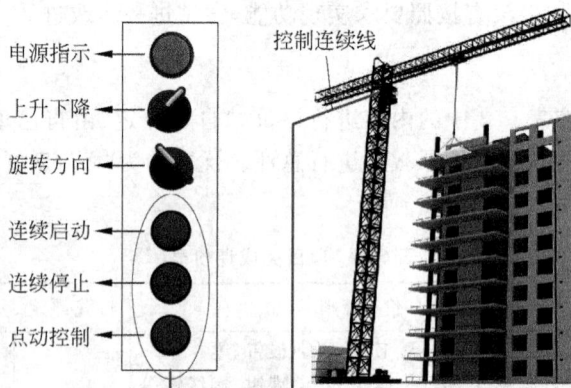

图 6.15 塔吊地面控制器面板示意图

有了地面控制器之后,建筑人员工作起来就方便很多了。同学们试着对前面的功能进行改进,以达到相应的要求。

知识巩固

1. 辅助继电器 M 采用(　　)数进行编号。

    A. 二进制　　　　　　　　　　　　B. 八进制

    C. 十进制　　　　　　　　　　　　D. 十六进制

2. 能够产生周期为 1s 的脉冲的特殊辅助继电器是(　　)。

    A. M8011　　　　　　　　　　　　B. M8012

    C. M8013　　　　　　　　　　　　D. M8014

3. 断电保持辅助继电器 M 的状态保持是通过（　　）实现的。

    A. 电容

    B. 锂电池

    C. 蓄电池

    D. 发电机

4. 辅助继电器 M 的线圈在梯形图中能够使用（　　）。

    A. 1 次

    B. 2 次

    C. 无数次

    D. 不一定

5. 两地控制时，启动与停止分别是如何处理的？

6. 同一个输出继电器一般不在同一个梯形图程序中多次重复输出，为什么？

制作三相异步电动机的正反转控制系统

学习目标

1. 了解三相异步电动机正反转控制应用的场合。
2. 熟悉三相异步电动机改变旋转方向的方法。
3. 通过编程、调试,实现三相异步电动机的正反转控制。

项目情境

在现代建筑的建设过程中,混凝土是必不可少的。在大量使用时,是从混凝土搅拌场直接将搅拌好的混凝土运送过来;少量使用时,从搅拌场运送显得较为麻烦。因此,在建筑工地上,可以看到一种简单的混凝土搅拌机,如图 7.1 所示。建筑工人将混凝土所需配料通过料斗装置放入拌筒中,然后使拌筒转动,开始搅拌;搅拌完成之后,使拌筒反转,将混凝土放出。

图 7.1 简易混凝土搅拌机

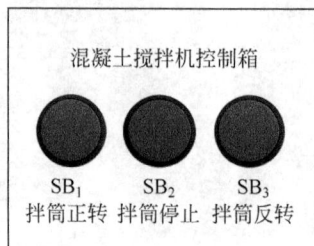

项目实施要求

混凝土搅拌机的拌筒运转部分是通过三相异步电动机控制的,控制其正、反转需要 3 个按钮,分别为"拌筒正转"按钮 SB_1、"拌筒停止"按钮 SB_2 和"拌筒反转"按钮 SB_3。混凝土搅拌机控制箱的拌筒控制部分示意图如图 7.2 所示。

混凝土搅拌机控制箱

SB_1	SB_2	SB_3
拌筒正转	拌筒停止	拌筒反转

图 7.2 混凝土搅拌机控制箱的拌筒控制部分示意图

　　具体控制要求如下：

① 按下"拌筒正转"按钮 SB_1，拌筒正转。

② 按下"拌筒停止"按钮 SB_2，拌筒停转。

③ 按下"拌筒反转"按钮 SB_3，拌筒反转。

④ 在拌筒正转过程中，按下"拌筒反转"按钮 SB_3，拌筒立即反转。

⑤ 在拌筒反转过程中，按下"拌筒正转"按钮 SB_1，拌筒立即正转。

⑥ 带动拌筒运转的三相异步电动机具有过载保护装置。

项目分析

　　根据项目要求可知，控制混凝土搅拌机拌筒的三相异步电动机需实现正、反转控制，而在"电力拖动"课程中已经学习了使三相异步电动机改变旋转方向的方法，主要是通过改变送给三相异步电动机的电源相序来实现。三相异步电动机正反转控制的主电路如图 7.3 所示。

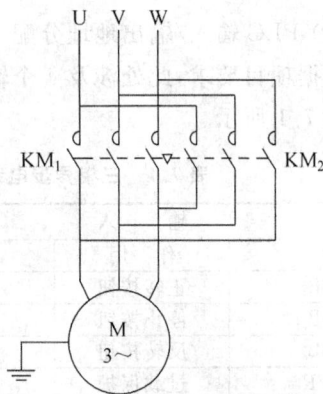

图 7.3　三相异步电动机正反转控制主电路

　　三相电源供电的初始相序是 U、V、W，当交流接触器 KM_1 主触点闭合时，三相异步电动机连接到的相序也是 U、V、W；而当交流接触器 KM_2 主触点闭合时，三相异步电动机连接到的相序变成了 W、V、U，此时 U 与 W 进行了交换，三相异步电动机会按相反的方向旋转。因此，要使三相异步电动机实现正、反转，只要让各自的交流接触器线圈得电即可。

　　此项目中，当按下"拌筒正转"按钮 SB_1 后，拌筒要持续正转；当按下"拌筒反转"按钮 SB_3 后，拌筒也要持续反转，这与项目 5 的控制是类似的，只不过是用两个按钮分别控制两个方向。

　　拌筒运转之后，不管是处于哪个方向，按下"拌筒停止"按钮 SB_2，拌筒马上停止，因此这个停止按钮在两个控制对象中同时用到。

　　在操作的过程中，不小心将"拌筒正转"按钮 SB_1 和"拌筒反转"按钮 SB_3 同时按下，也就是交流接触器 KM_1 和 KM_2 同时得电，各自的主触点同时闭合，就会出现电源 U 相与 W 相短路，从而出现事故。解决的方法就是在任何时刻只能一个交流接触器线圈得电，即 KM_1 得电时，KM_2 强制不能得电；KM_2 得电时，KM_1 强制不能得电。

　　项目中还要求拌筒在正转过程中，按下"拌筒反转"按钮 SB_3，拌筒立即反转，不需要按"拌筒停止"按钮 SB_2。这就需要按下"拌筒反转"按钮 SB_3 接通反转交流接触器线圈的同时断开正转交流接触器的线圈。

　　三相异步电动机的过载保护在项目 4 至项目 6 中已多次使用，只要将热继电器的常闭触点串入控制支路中即可。

项目实施

1. 注意事项

① 操作之前,检查工具绝缘性能及相关元器件是否损坏。

② 操作过程中,工具不得随意乱扔,防止安全事故发生。

③ 连接线路时,用力适可而止,不得损坏元器件。

④ 线路连接完毕后,用检测工具(万用表)进行检查,防止线路出现短路现象。

⑤ 调试完毕后,做好3Q7S相关工作。

2. 实施过程

(1) PLC 输入/输出地址分配

根据项目要求,此处涉及4个输入控制对象和2个输出控制对象。PLC对应地址分配如表7.1所示。

表 7.1　三相异步电动机正反转控制 PLC 输入/输出地址分配表

输入			输出		
代号	作用	地址	代号	作用	地址
SB$_1$	正转按钮	X000	KM$_1$	拌筒正转	Y000
SB$_2$	停止按钮	X001	KM$_2$	拌筒反转	Y001
SB$_3$	反转按钮	X002			
FR	过载保护	X003			

(2) 项目控制电气原理图

三相异步电动机正反转控制电气原理图如图7.4所示。

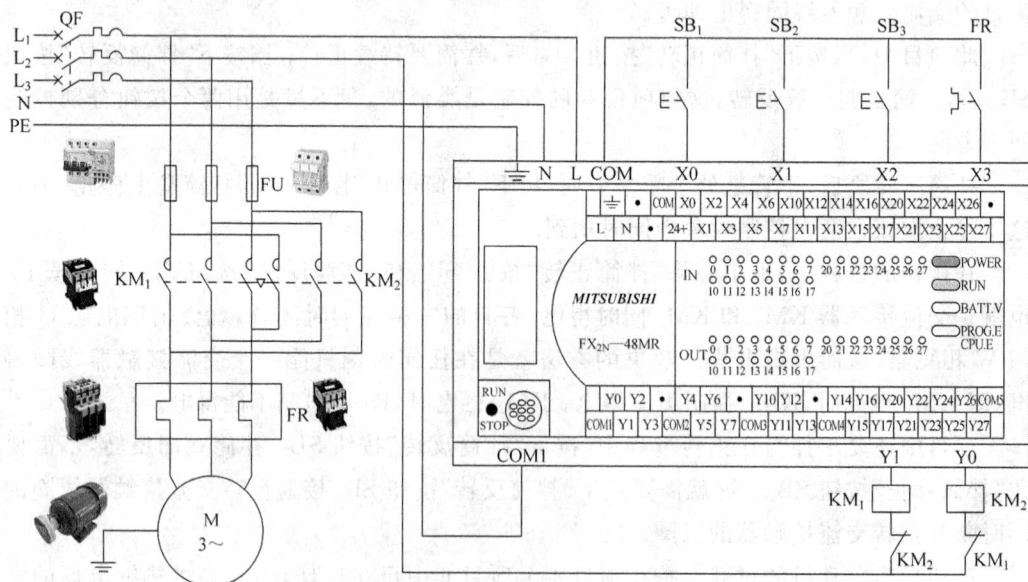

图 7.4　三相异步电动机正反转控制电气原理图

（3）元器件清单

根据项目要求和电气原理图可以看出实现三相异步电动机正反转控制所需的元器件。选用的元器件清单如表7.2所示。

表7.2　三相异步电动机正反转控制元器件清单

序号	符号	名　称	型号、规格	单位	数量	备　注
1	QF	断路器	DZ47LE—32 D6	个	1	
2	FU	熔断器	RT18—32	组	1	
3	KM	交流接触器	CJX2—9	个	2	
4	FR	热继电器	JRS1D—25	个	1	
5	M	电动机	WDJ26	台	1	
6	SB	按钮	LA68B	个	3	
7	PLC	可编程控制器	FX_{2N}—48MR	台	1	

（4）PLC梯形图

根据项目分析，首先要完成按下正转按钮或反转按钮后，三相异步电动机能够持续正转或反转，这与项目5的控制是一致的，其功能梯形图如图7.5所示。

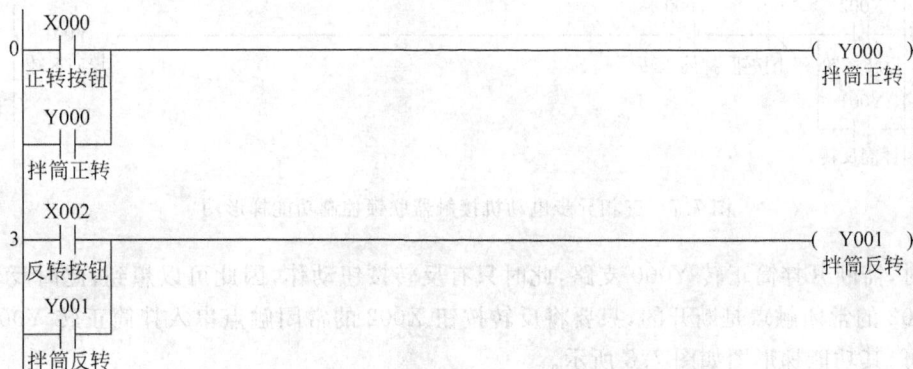

图7.5　三相异步电动机持续运转控制功能梯形图

当拌筒能够持续正转和反转之后，按下停止按钮时，拌筒能够停止。此时只要将停止按钮的常闭触点串联到控制支路中，由于两个方向采用同一个停止按钮，因此两条控制支路都需串入。停止功能梯形图如图7.6所示。

考虑到一些新的操作人员对设备操作不熟悉，在按下正转按钮使拌筒正转后，又按下反转按钮，使两个交流接触器同时得电，导致电源U相与W相短路的事故，必须对两条支路进行限制。要使拌筒正转Y000得电时，拌筒反转Y001不能得电，最简单的方法就是在拌筒反转Y001支路中串入拌筒正转Y000的常闭触点。只要拌筒正转Y000得电，其常闭触点立即断开，此时即使反转按钮按下，拌筒反转的整条支路也不会接通。与拌筒反转限制拌筒正转类似，功能梯形图如图7.7所示。

为了操作方便，拌筒正转将混凝土搅拌完成之后，直接将拌筒反转使混凝土放出，而不必先按"停止"按钮。根据项目分析，按下反转按钮X002使拌筒反转，Y001支路接通

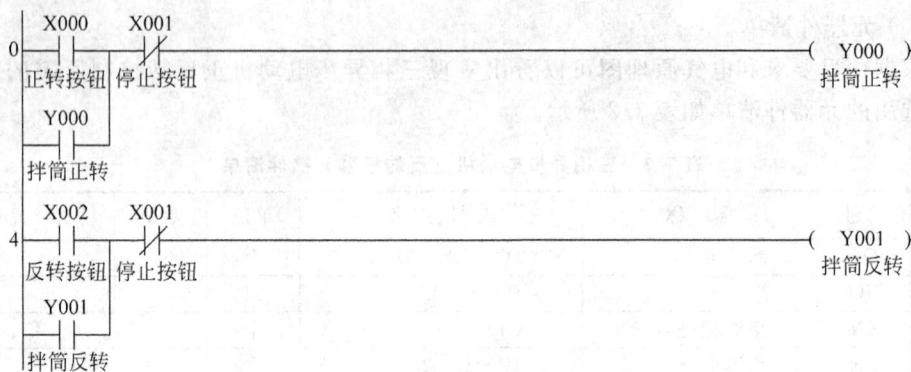

图 7.6   三相异步电动机停止控制功能梯形图

图 7.7   三相异步电动机接触器联锁控制功能梯形图

的同时,需断开拌筒正转 Y000 支路,此时只有反转按钮动作,因此可以想到,此时反转按钮 X002 的常闭触点是断开的,只要将反转按钮 X002 的常闭触点串入拌筒正转 Y000 支路即可,其功能梯形图如图 7.8 所示。

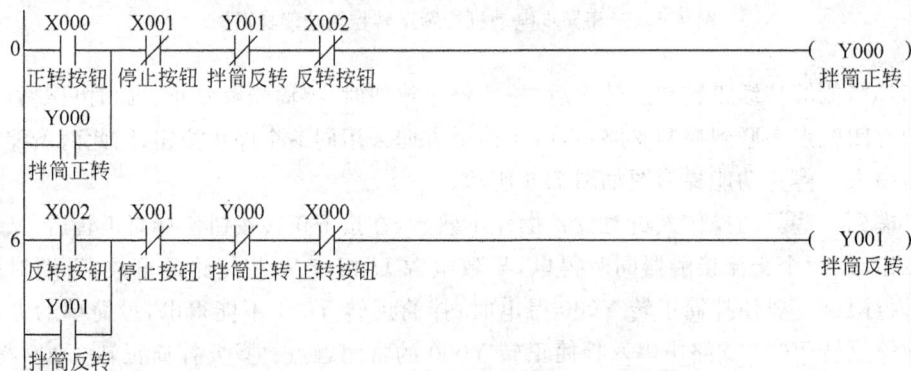

图 7.8   三相异步电动机双重联锁控制功能梯形图

三相异步电动机的过载保护非常简单,只要在控制支路中串入热继电器的 X003 常闭触点即可,只不过此项目需在两条支路中同时串入,功能梯形图如图 7.9 所示。

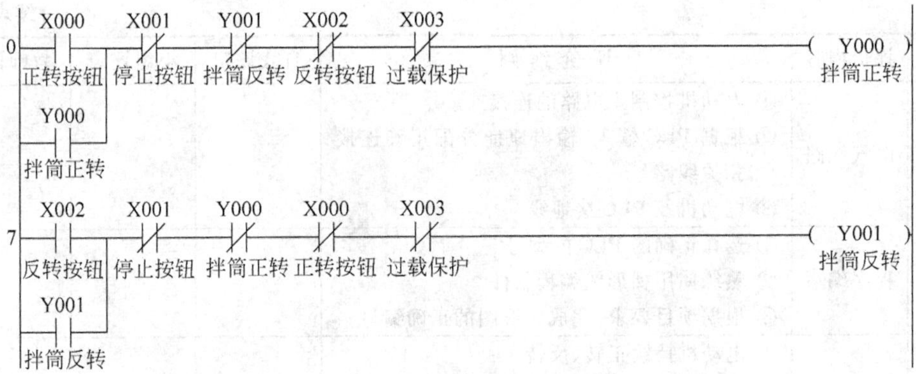

图 7.9 三相异步电动机过载保护功能梯形图

（5）调试步骤

按照项目要求连接好电气线路，实物图如图 7.10 所示。

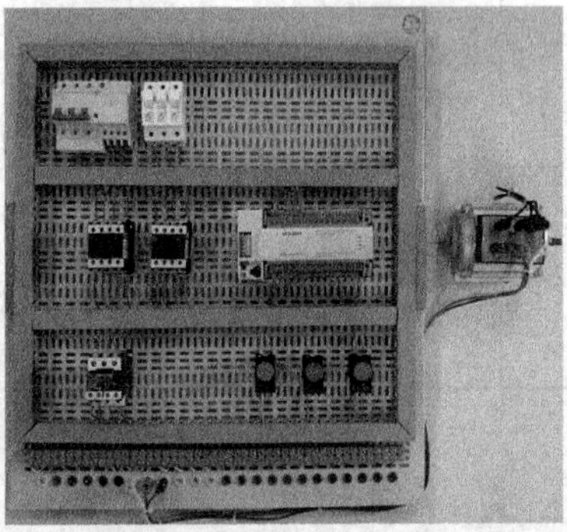

编写梯形图并写入 PLC 中。写入完毕后，将梯形图切换到"监视模式"，然后按照如下步骤进行调试。

① 观察 PLC 运行指示灯是否点亮；若未亮，将控制开关拨下后重新拨上，并检查电气线路 PLC 电源。

② 按下"拌筒正转"按钮 SB_1，拌筒正转。

③ 按下"拌筒反转"按钮 SB_3，拌筒反转。

④ 按下"拌筒停止"按钮 SB_2，拌筒停转。

图 7.10 电气线路连接实物图

⑤ 在拌筒正转过程中，直接按"拌筒反转"按钮，拌筒立即反转。

⑥ 按动热继电器实验开关，模拟电动机过载，拌筒立即停转。

⑦ 调试过程中，如果没有按照要求实现功能，尝试进一步改进。

项目评价

项目完成之后，按表 7.3 中的内容进行评价，"自我评定"由自己填写，"小组评定"由小组组长填写，"教师评定"由任课教师进行总评。优秀的为"A"，良好的为"B"，合格的为"C"，不合格的为"D"。

表 7.3 项目完成评价表

序号	评价内容	评 价 细 则	自我评定	小组评定	教师评定
1	工具准备	① 学习基本工具——书籍、实训报告 ② 线路连接工具——螺丝刀、尖嘴钳、剥线钳等 ③ 电路检测工具——万用表、验电笔			

序号	评价内容	评价细则	自我评定	小组评定	教师评定
2	电气线路	① 电动机控制主电路的连接 ② 根据 PLC 输入、输出地址分配正确连接相关线路 ③ 电动机及 PLC 接地线			
3	程序编写	① 选择正确的 PLC 的型号 ② 熟练使用梯形图编程软件 ③ 根据项目要求,完成梯形图的正确编写			
4	程序调试	① 电动机持续正转、反转 ② 电动机正转、反转直接切换 ③ 电动机的停转 ④ 电动机过载模拟控制			
5	安全操作	① 在操作过程中,注意安全,尤其是不允许带电进行线路连接、更改 ② 线路通电之前用万用表正确检测 ③ 出现故障时,要正确使用仪表进行检测			
6	3Q7S	① 工具摆放整齐 ② 线路板及桌面清理干净 ③ 电源关闭,计算机、桌椅摆放整齐 ④ 线路连接过程中的连接线有无浪费			

项目拓展

对于混凝土搅拌机,除了其拌筒需要正反转控制之外,料斗也需要上升、下降,实际上也是通过三相异步电动机的正反转实现的,只不过它的停止是通过行程开关自动实现的。控制系统示意图如图 7.11 所示。

图 7.11　混凝土搅拌机控制箱示意图

按下"料斗上升"按钮 SB$_4$,料斗上升;到达最上方时,料斗自动停止,将配料送入拌筒中;送入完成之后,按下"料斗下降"按钮 SB$_5$,料斗下降,回到初始位置时,料斗自动停止。

知识巩固

1. 当送入三相异步电动机的电源相序为 U、V、W 时,电动机正转,下列送入电源相序中,还能使电动机正转的是(　　)。

A. W、V、U　　　　　B. V、U、W　　　　　C. V、W、U　　　　　D. U、W、V

2. 为了防止误操作,控制三相异步电动机正反转的两个交流接触器必须具有(　　)功能。

A. 自锁　　　　　　B. 联锁　　　　　　C. 都需要　　　　　　D. 都不需要

3. 为了能够使三相异步电动机正反转能够直接切换,最好的控制方法是(　　)。

A. 接触器联锁　　　　　　　　　　B. 按钮联锁

C. 接触器自锁　　　　　　　　　　D. 按钮、接触器双重联锁

制作三相异步电动机的顺序控制系统

学习目标

1. 熟练使用常开触点、常闭触点及线圈编写梯形图。
2. 掌握常用的顺序控制方法。
3. 通过编程、调试,实现 3 台三相异步电动机的顺序控制。

项目情境

在现代生产企业中,越来越多地融入了自动化生产设备,这些设备的投入使得企业具有更为快捷的生产效率。在企业生产运输过程中,传统的人工搬运改为自动化的输送带流水输送,如图 8.1 所示。流水输送带通常由若干节构成,每一节输送带都由独立的电机带动,并且每一节输送带的启动与停止都具有一定的顺序性。通常,输送带在启动过程中从最后一节开始启动,即顺启;在停止过程中刚好相反,从第一节开始停止,即逆停;从而使得货物在运输的过程中确保没有货物滞留在输送带上。

图 8.1 多节输送带机构

项目实施要求

在某企业生产运输过程中,用三节输送带将 A 处的货物输送到 B 处,每节输送带单独由三相异步电动机提供动力,每台电动机各配有启动和停止按钮。三节输送带机构操作控制系统示意图如图 8.2 所示。

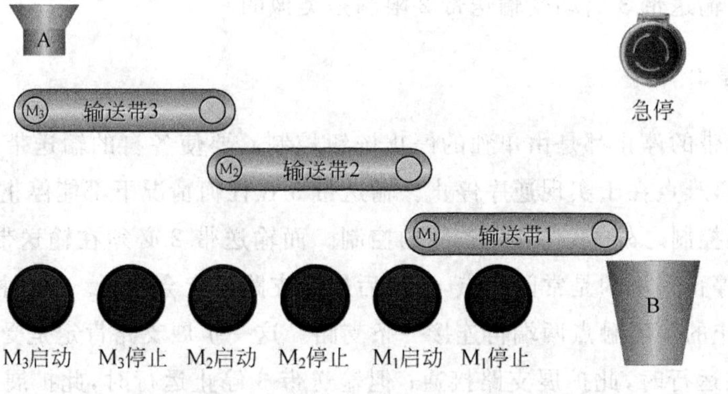

图 8.2　三节输送带机构操作控制示意图

具体控制要求如下：

① 按下"M_1 启动"按钮，输送带 1 开始工作；然后按下"M_2 启动"按钮，输送带 2 开始工作；最后按下"M_3 启动"按钮，输送带 3 开始工作。

② 若输送带 1 未启动前，按下"M_2 启动"或"M_3 启动"按钮，输送带 2 或输送带 3 无法启动。同理，输送带 2 未启动前，按下 "M_3 启动"按钮，输送带 3 也无法启动，从而达到"输送带 1"→"输送带 2"→"输送带 3"顺序启动的目的。

③ 按下"M_3 停止"按钮，输送带 3 停止工作；然后按下"M_2 停止"按钮，输送带 2 停止工作；最后按下"M_1 停止"按钮，输送带 1 停止工作。

④ 若输送带 3 未停止前，按下"M_2 停止"或"M_1 停止"按钮，输送带 2 或输送带 1 无法停止。同理，输送带 2 未停止前，按下 "M_1 停止"按钮，输送带 1 也无法停止，从而达到"输送带 3"→"输送带 2"→"输送带 1"逆序停止的目的。

⑤ 三节输送带都具有独立的过载保护功能，当输送带机构中的任意一节输送带出现过载现象时，整个输送带机构——三节输送带同时停止。

⑥ 装置设有急停开关，当出现意外情况时，按下急停开关，三节输送带立即停止。

项目分析

从项目要求可知，主要完成的内容包括三节输送带的顺序启动、逆序停止、过载保护及急停控制。

1. 顺序启动

三节输送带的启动都是由单独的启动按钮控制，并且启动后需连续运转。这种控制十分简单，难点在于实现顺序控制。输送带 1 在任何情况下都能启动，因此除了受自己的启动按钮控制外，不受其他条件控制。而输送带 2 必须在输送带 1 启动的条件下才能启动，这就需要找到这一限制条件。输送带 1 启动后，其控制线圈得电，对应的常开、常闭触点动作，而输送带 2 的控制支路上必须有一个输送带 1 的条件。输送带 1 未启动，这一条件断开；输送带 1 启动，这一条件就接通，这就可以应用控制输送带 1 的输出继电器的常开触点实现。输送带 3 启动受输送带 2 限制是类似的。

2. 逆序停止

三节输送带的停止都是由单独的停止按钮控制。要使各自的输送带立即停止，实现起来较为容易，难点在于实现逆序停止。输送带 3 在任何情况下都能停止，因此除了受自己的停止按钮控制之外，不受其他条件的控制。而输送带 2 必须在输送带 3 停止的条件下才能启动，停止采用的是常闭触点，按下后控制支路肯定会断开。要使控制支路保持接通，必须在停止的常闭触点两端再连接一条支路。这一扩展支路肯定是受输送带 3 控制。输送带 3 还在运行时，此扩展支路接通；但输送带 3 停止运行时，此扩展支路就断开，这可以采用输送带 3 输出继电器的常开触点实现。输送带 1 停止受输送带 2 限制是类似的。

3. 过载保护

过载保护在三相异步电动机控制中应用非常多，不同的是这里有 3 台电动机，只要 1 台发生过载，3 台电动机全部停止，因此要把 3 个热继电器触点串联。

4. 急停控制

急停是为了在意外情况发生时，输送带能够立即停止，这与过载保护类似。不同的是急停开关在硬件上一般只有常闭触点，因此 PLC 梯形图编程时要用相反的思维，原来使用常开触点的用常闭触点，原来用常闭触点的用常开触点。

📖 项目实施

1. 注意事项

① 操作之前，检查工具绝缘性能及相关元器件是否损坏。
② 操作过程中，工具不得随意乱扔，防止安全事故发生。
③ 连接线路时，用力适可而止，不得损坏元器件。
④ 线路连接完毕后，用检测工具（万用表）进行检查，防止线路短路。
⑤ 调试完毕后，做好 3Q7S 相关工作。

2. 实施过程

1) PLC 输入/输出地址分配

根据项目要求，此处涉及 10 个输入对象和 3 个输出控制对象。PLC 对应的地址分配如表 8.1 所示。

表 8.1　电动机点动与连续混合控制 PLC 输入/输出地址分配表

输　入						输　出		
代号	作　用	地址	代号	作　用	地址	代号	作　用	地址
SB_1	输送带 1 启动	X000	SB_6	输送带 3 停止	X005	KM_1	控制输送带 1	Y000
SB_2	输送带 2 启动	X001	FR_1	输送带 1 过载	X006	KM_2	控制输送带 2	Y001
SB_3	输送带 3 启动	X002	FR_2	输送带 2 过载	X007	KM_3	控制输送带 3	Y002
SB_4	输送带 1 停止	X003	FR_3	输送带 3 过载	X010			
SB_5	输送带 2 停止	X004	SB_7	紧急停止	X011			

2）项目控制电气原理图

三相异步电动机顺序控制电气原理图如图 8.3 所示。

3）元器件清单

根据项目要求和电气原理图可以看出实现三相异步电动机顺序控制所需的元器件。选用的元器件清单如表 8.2 所示。

表 8.2　三相异步电动机顺序控制元器件清单

序号	符号	名　称	型号、规格	单位	数量	备　注
1	QF	断路器	DZ47LE—32 D6	个	1	
2	FU	熔断器	RT18—32	组	3	
3	KM	交流接触器	CJX2—9	个	3	
4	FR	热继电器	JRS1D—25	个	3	
5	M	电动机	WDJ26	台	3	
6	SB	按钮开关	LA68B	个	6	
7	SB	急停开关	LA68B	个	1	
8	PLC	可编程控制器	FX_{2N}—48MR	台	1	

4）PLC 梯形图

根据项目分析,按顺序启动、逆序停止、过载保护及急停控制 4 个方面编写梯形图。

（1）顺序启动

三节输送带的直接启动就是一个连续运转控制,功能梯形图如图 8.4 所示。

根据项目分析,要实现三节输送之间的顺序控制,输送带 1 不受其他条件控制,输送带 2 受输送带 1 对应的输出继电器的常开触点控制,输送带 3 受输送带 2 对应的输出继电器的常开触点控制,即在输送带 2 控制支路中串入 Y000 的常开触点,在输送带 3 控制支路中串入 Y001 的常开触点,其功能梯形图如图 8.5 所示。

（2）逆序停止

要使三节输送带逆序停止,必须每节都有停止的条件,这通过各自的停止按钮实现。直接停止功能梯形图如图 8.6 所示。

输送带能够直接停止之后,还要实现逆序停止。输送带 3 在任何情况下都能停止,因此不受其他条件控制。根据项目分析,输送带 2 受输送带 3 对应的输出继电器的常开触点控制,输送带 1 受输送带 2 对应的输出继电器的常开触点控制,即在输送带 2 停止触点

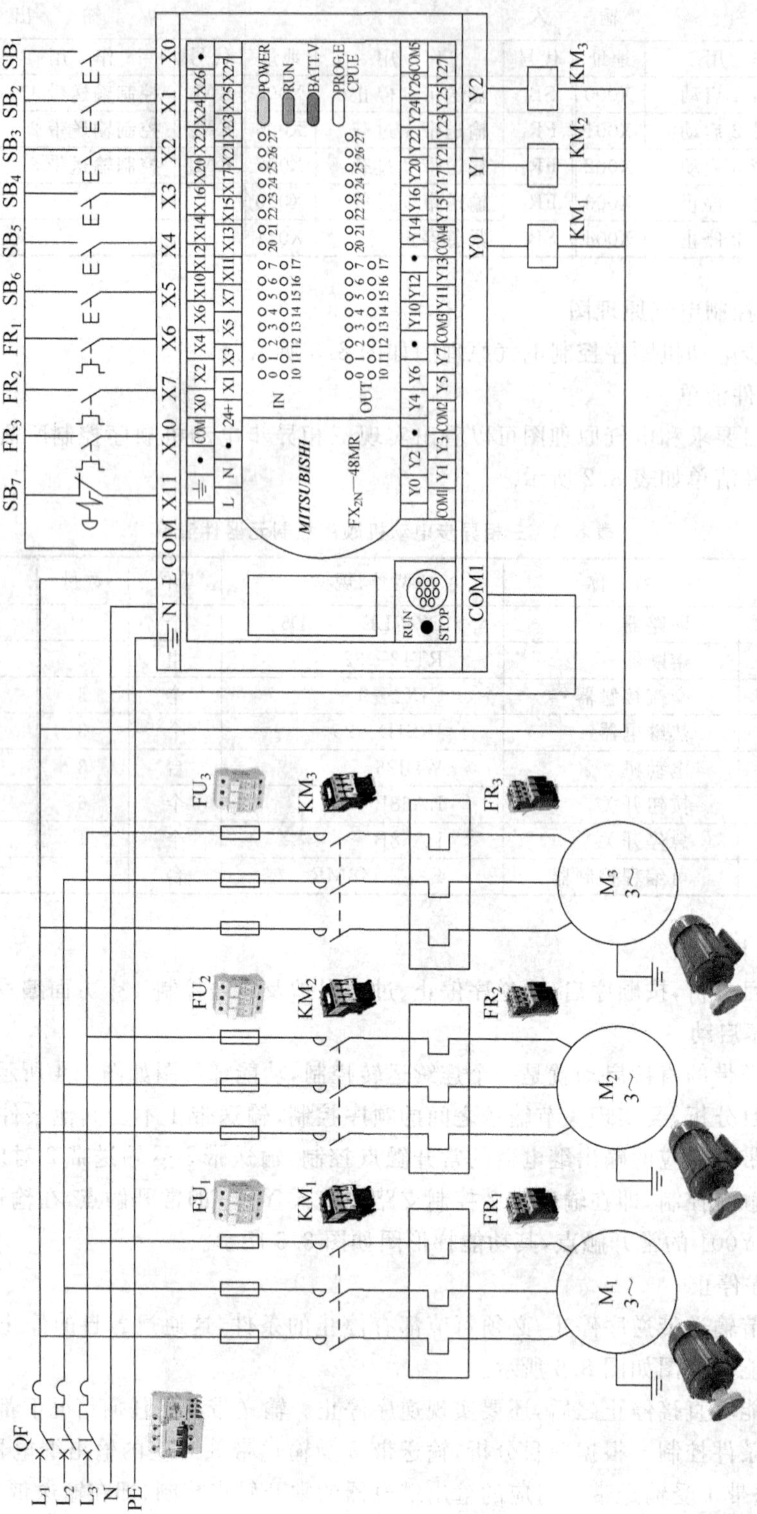

图 8.3　三相异步电动机顺序控制电气原理图

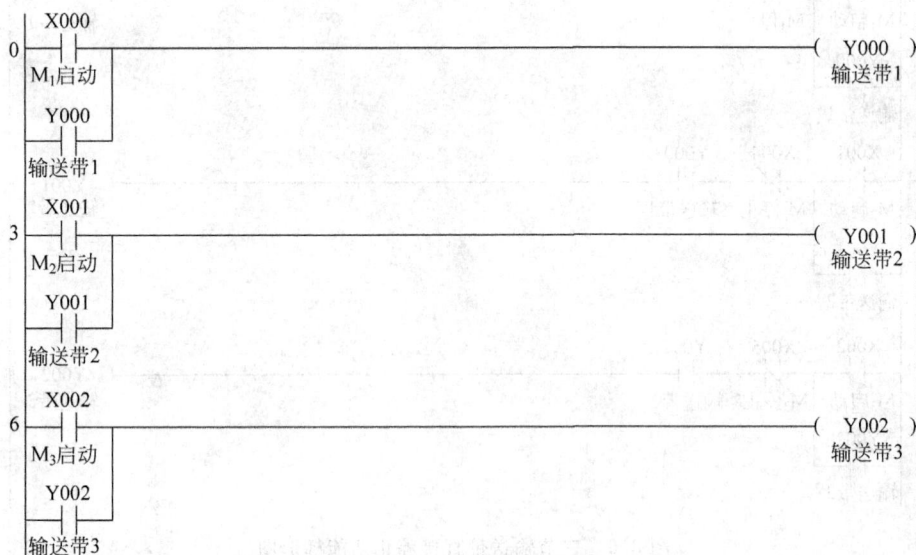

图 8.4　三节输送带直接启动功能梯形图

图 8.5　三节输送带顺序启动功能梯形图

两端并联 Y002 的常开触点,在输送带 1 停止触点两端并联 Y001 的常开触点,其功能梯形图如图 8.7 所示。

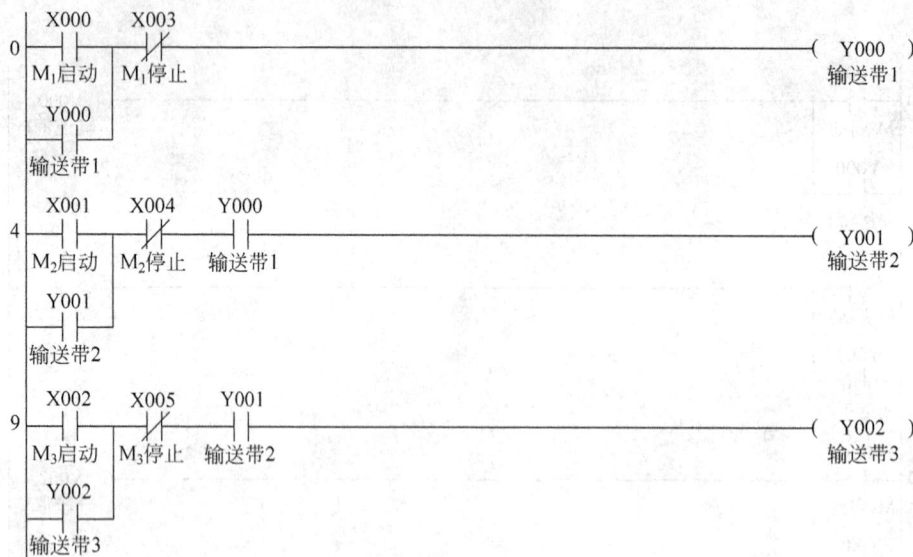

图 8.6　三节输送带直接停止功能梯形图

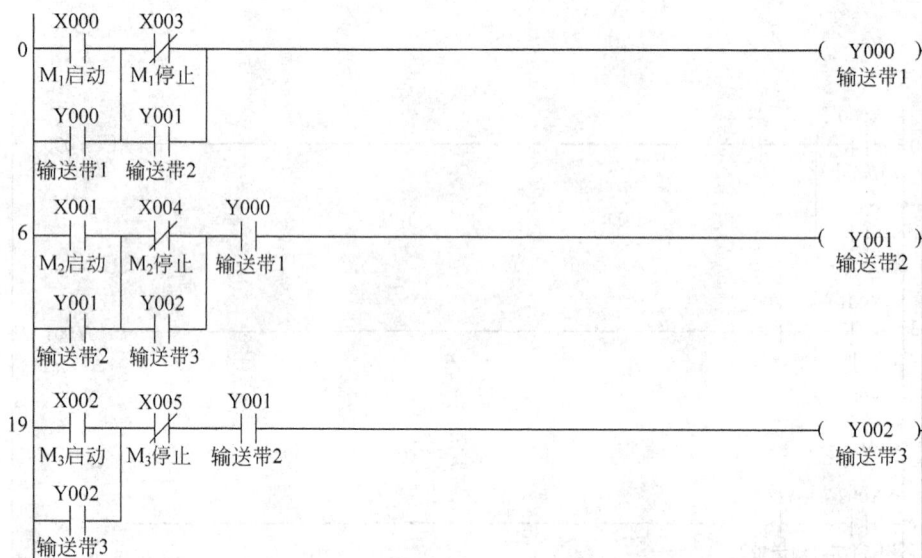

图 8.7　三节输送带逆序停止功能梯形图

（3）过载保护

三节输送带中的任意节发生过载时，三节均立即停止，因此只要将 3 个热继电器的常闭触点分别串入 3 条控制支路中即可，其功能梯形图如图 8.8 所示。

（4）急停控制

三节输送带具有急停保护功能，当按下急停开关时，输送带全部停止。在 PLC 的外

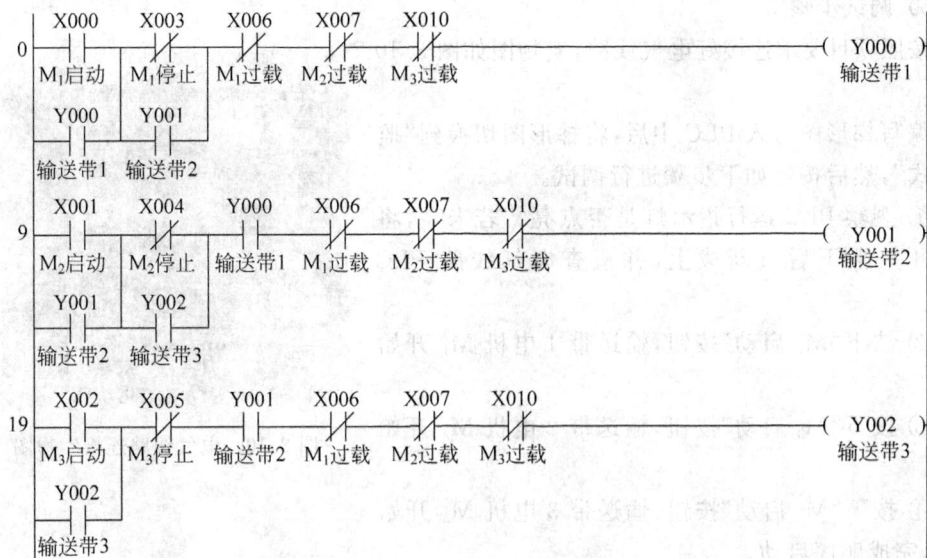

图 8.8 三节输送带过载保护功能梯形图

部按钮采用的是常闭触点,所以在程序中需串接一个 X011 的常开触点,其功能梯形图如图 8.9 所示。

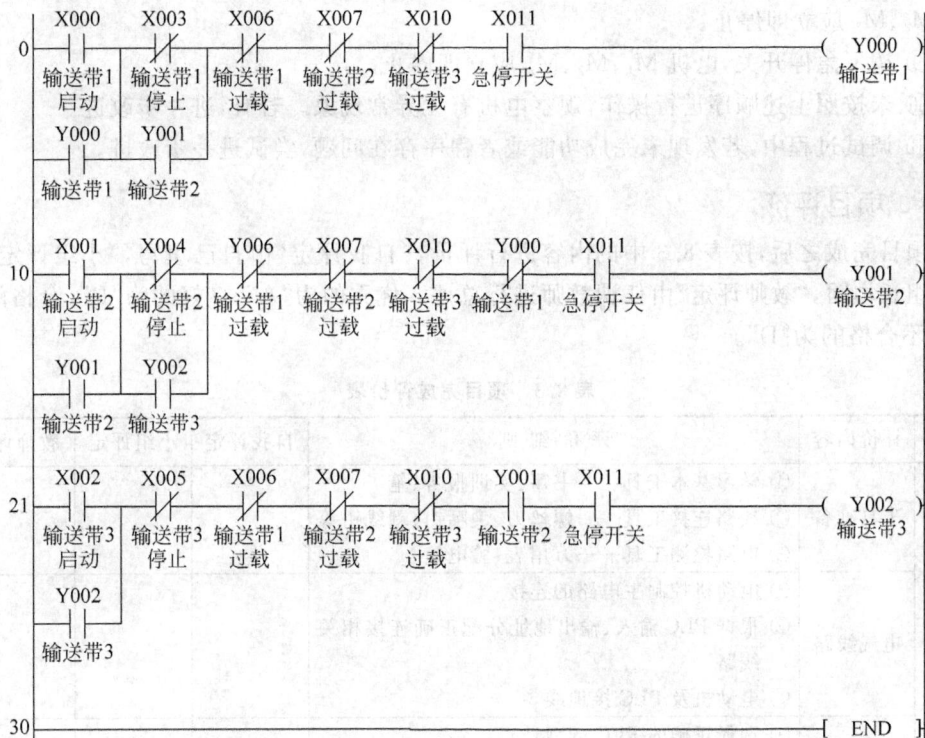

图 8.9 带急停的三节输送带顺序控制功能梯形图

5) 调试步骤

按照项目要求连接好电气线路,实物图如图 8.10
所示。

编写梯形图写入 PLC 中后,将梯形图切换到"监
视模式",然后按照如下步骤进行调试。

① 观察 PLC 运行指示灯是否点亮。若未亮,将
控制开关拨下后重新拨上,并检查电气线路 PLC
电源。

② 按下"M_1 启动"按钮,输送带 1 电机 M_1 开始
运行。

③ 按下"M_2 启动"按钮,输送带 2 电机 M_2 开始
运行。

图 8.10　电气线路连接实物图

④ 按下"M_3 启动"按钮,输送带 3 电机 M_3 开始
运行,完成顺序启动。

⑤ 启动完毕后按下"M_3 停止"按钮,输送带 3 电机 M_3 停止运行。

⑥ 按下"M_2 停止"按钮,输送带 2 电机 M_2 停止运行。

⑦ 按下"M_1 停止"按钮,输送带 1 电机 M_1 停止运行,完成逆序停止。

⑧ 模拟输送带过载现象,对 FR_1、FR_2、FR_3 任意一个或者多个热继电器操作,电机
M_1、M_2、M_3 应立即停止。

⑨ 按下急停开关,电机 M_1、M_2、M_3 应立即停止。

⑩ 未按照上述顺序进行操作,观察电机有无异常现象。若有,进一步改进。

⑪ 调试过程中,若发现未完成功能或者程序存在问题,尝试进一步改进。

项目评价

项目完成之后,按表 8.3 中的内容进行评价,"自我评定"由自己填写,"小组评定"由
小组组长填写,"教师评定"由任课教师进行总评。优秀的为"A",良好的为"B",合格的为
"C",不合格的为"D"。

表 8.3　项目完成评价表

序号	评价内容	评价细则	自我评定	小组评定	教师评定
1	工具准备	① 学习基本工具——书籍、实训报告、笔 ② 线路连接工具——螺丝刀、尖嘴钳、剥线钳等 ③ 电路检测工具——万用表、验电笔			
2	电气线路	① 电动机控制主电路的连接 ② 根据 PLC 输入、输出地址分配正确连接相关线路 ③ 电动机及 PLC 接地线			
3	程序编写	① 选择正确的 PLC 的型号 ② 熟练使用梯形图编程软件 ③ 根据项目要求,完成梯形图的正确编写			

续表

序号	评价内容	评 价 细 则	自我评定	小组评定	教师评定
4	程序调试	① 3台电动机的顺序启动 ② 3台电动机的逆序停止 ③ 3台电动机的过载保护功能 ④ 急停开关的功能			
5	安全操作	① 在操作过程中,注意安全,尤其是不允许带电进行线路连接、更改 ② 线路通电之前用万用表正确检测 ③ 出现故障时,要正确使用仪表进行检测			
6	3Q7S	① 工具摆放整齐 ② 线路板及桌面清理干净 ③ 电源关闭,计算机、桌椅摆放整齐 ④ 线路连接过程中的连接线有无浪费			

项目拓展

　　输送带在开启和关闭过程中做到了按照一定的顺序来动作,因此输送带上货物的滞留问题得以解决。但是输送带机构较长,输送带节数较多,启动或者关闭间隔也比较长,工人在操作的时候费时费力、极不方便。如何改进程序,使输送带能够自动顺序启动以及自动逆序停止?

知识巩固

　　1. 顺序控制一般分为哪几类?

　　2. 列举现代企业生产或者日常生活中应用到顺序控制的例子。

　　3. 顺序启动、逆序停止功能如何实现?

　　4. 除了通过程序实现顺序启动外,有无其他方式实现该功能?

项目 **9**

制作三相异步电动机的丫/△降压启动控制系统

学习目标

1. 理解、掌握 PLC 的基本逻辑指令的应用。
2. 学会 PLC 定时器 T 的正确使用。
3. 通过编程、调试，实现三相异步电动机的丫/△降压启动控制。

项目情境

平时生活中所接触到的各类金属，如铁、铜、金、银等都是从矿石中提炼出来的。要从矿石中提炼到相应的金属，必须经过一系列复杂的加工过程，第一步就是要对开采到的矿石进行粉碎。粉碎矿石一般采用三相异步电动机带动粉碎机构，如图 9.1 所示，电动机的功率要相当大。但大功率的三相异步电动机直接启动时的电流是工作时额定电流的 4～7 倍，熔断器的选定电流值一般为额定电流的 1.5～2.5 倍，如果在启动时不加任何处理，必定会使熔断器熔断，无法保证粉碎机构正常运行。为了解决启动电流过大的问题，可以采用"三相异步电动机以星形连接的方式低速启动，过一段时间后再切换为以三角形连接的方式正常运转"的方式，这就是三相异步电动机的丫/△降压启动。

图 9.1　矿石粉碎机

项目实施要求

如图 9.2 所示为矿石粉碎机执行机构电动机及操作面板示意图。操作面板主要包含启动按钮 SB_1 和停止按钮 SB_2。

具体控制要求如下：

① 按下启动按钮 SB_1，三相异步电动机以星形（丫）连接方式运转。

② 经过 3s 之后，三相异步电动机切换为三角形（△）连接方式运转。

图 9.2　矿石粉碎机执行机构电动机及操作面板示意图

③ 按下停止按钮 SB_2,三相异步电动机停止。

④ 三相异步电动机具有过载保护功能。

项目分析

从项目要求可以看出,需要通过操作启动按钮 SB_1 和停止按钮 SB_2 来控制三相异步电动机的运转与停止,这与项目 5 十分相似,其功能梯形图如图 9.3 所示。

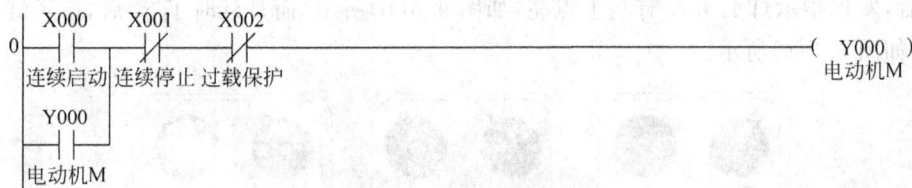

图 9.3　三相异步电动机连续运转控制功能梯形图

此项目与连续运转控制不同的是,启动按钮 SB_1 按下瞬间,三相异步电动机是以星形(Y)连接方式运转,经过 3s 后要切换为以三角形(△)连接方式运转。根据以前所学的 Y/△降压启动的继电器控制电路,星形连接还是三角形连接,是由主电路决定的,使相应的交流接触器工作即可,关键还需解决如何延迟 3s 时间。

知识链接

PLC 中的定时器 T 是一种用来精确定时的软继电器,它有无限对常开、常闭延时触点。

FX_{2N} 系列 PLC 中的定时器分为通用定时器、积算定时器两种。它们是通过对一定周期的时钟脉冲进行累计而实现定时的,时钟脉冲周期(俗称"时基")有 1ms、10ms、100ms 三种,定时时间＝时基×设定值,当计数达到设定值时,触点动作。设定值可用常数 K、H 或数据寄存器 D 的内容来设置。

1. 通用定时器

通用定时器的特点是不具备断电的保持功能,即当定时器线圈支路断开或停电时,定时器立即复位。通用定时器有 100ms 和 10ms 两种。

① 100ms 通用定时器(T0～T199):共 200 点,这类定时器是对 100ms 时钟累积计

数(即时基为100ms),设定值为1~32767,定时器定时范围为0.1~3276.7s。

② 10ms通用定时器(T200~T245):共46点,这类定时器是对10ms时钟累积计数(即时基为10ms),设定值为1~32767,定时器定时范围为0.01~327.67s。

假如用一个控制开关SA控制一盏红色指示灯L,X000连接控制开关SA,Y000连接红色指示灯L。控制开关SA打到右边后,延时5s(采用100ms通用定时器T0,由于定时时间＝时基×设定值,因此此处设定值应为"K50"),红色指示灯L点亮;控制开关SA打回左边,红色指示灯L熄灭。其功能梯形图如图9.4所示。

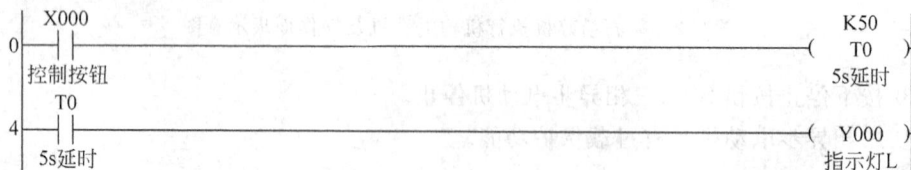

图9.4　通用定时器T0的应用

当控制开关SA打在左边时,指示灯L熄灭,如图9.5(a)所示;当控制开关SA打到右边后,发现指示灯L并没有马上点亮,如图9.5(b)所示,而是延时了5s后,指示灯L才点亮,如图9.5(c)所示。

(a) SA左边　　　　(b) SA右边,5s未到　　　(c) SA右边,5s已到

图9.5　控制开关SA处于不同位置及定时时间到达前、后的指示灯L状态

将编程软件GX Developer切换到"监视模式",控制开关SA打在左边时,发现定时器T0下方出现数值"0",其梯形图如图9.6所示。

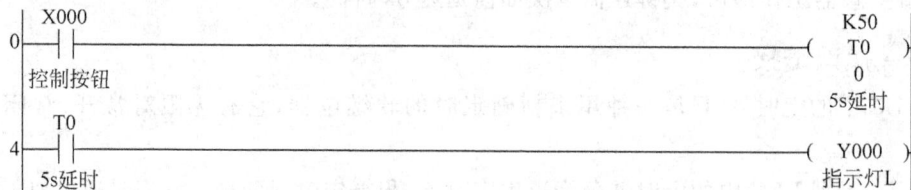

图9.6　当控制开关打到左边时,梯形图"监视模式"

将控制开关打到右边,发现刚才T0下方的数值开始增加,如图9.7所示。

数值一直增加,当增加到"50"时,数值不再增加,同时T0的常开触点闭合,Y000线圈得电,如图9.8所示。

指示灯L点亮之后,将控制开关SA打到左边(即X000常开触点断开),此时发现T0线圈失电,T0下方的数值立即恢复成"0",T0常开触点断开,Y000线圈也同时失电,指示灯L熄灭,如图9.9所示。

图 9.7　当控制开关打到右边,5s 时间未到时,梯形图"监视模式"

图 9.8　当控制开关打到右边,5s 时间已到时,梯形图"监视模式"

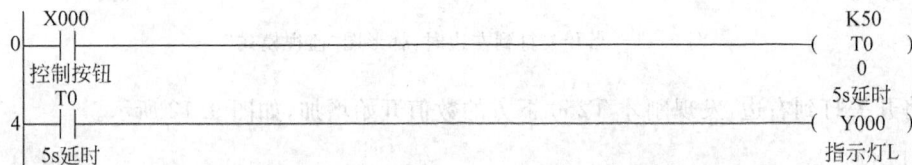

图 9.9　当控制开关从右边切换回左边时,梯形图"监视模式"

在图 9.7 中,定时器 T0 的定时时间还未到 5s 时,如果将控制开关 SA 打到左边,发现定时器 T0 线圈马上失电,T0 下方的数值同时恢复成"0",如图 9.9 所示。

因此在使用通用定时器时,要使定时时间准确,必须保证定时器线圈始终得电。

2. 积算定时器

积算定时器具有计数累积的功能。在定时过程中如果断电或定时器线圈失电,积算定时器将保持当前的计数值(当前值),通电或定时器线圈得电后继续累积,即其当前值具有保持功能,只有将积算定时器复位,当前值才变为 0。

① 1ms 积算定时器(T246~T249):共 4 点,是对 1ms 时钟脉冲进行累积计数的,定时的时间范围为 0.001~32.767s。

② 100ms 积算定时器(T250~T255):共 6 点,是对 100ms 时钟脉冲进行累积计数的,定时的时间范围为 0.1~3276.7s。

假如用一个开关 SA 和一个按钮 SB 控制一盏红色指示灯 L,X000 接开关 SA,X001 接按钮 SB,Y000 接红色指示灯 L。开关 SA 打到右边后,延时 5s(采用 100ms 积算定时器 T250,由于定时时间 T＝时基×设定值,因此此处设定值应为"K50"),红色指示灯点亮;按下按钮 SB,指示灯熄灭。其功能梯形图如图 9.10 所示。

将编程软件 GX Developer 切换到"监视模式",开关 SA 打在左边时,发现定时器 T250 下方出现数值"0",梯形图如图 9.11 所示。

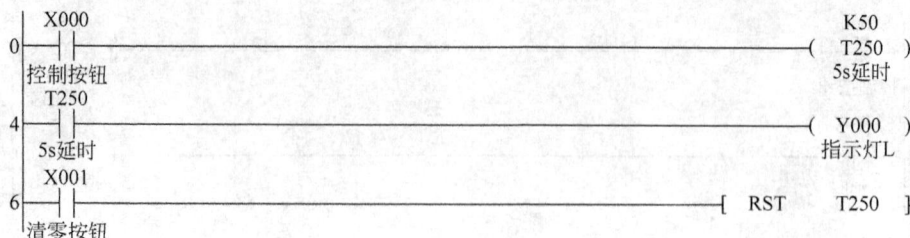

图 9.10 积算定时器 T250 的应用

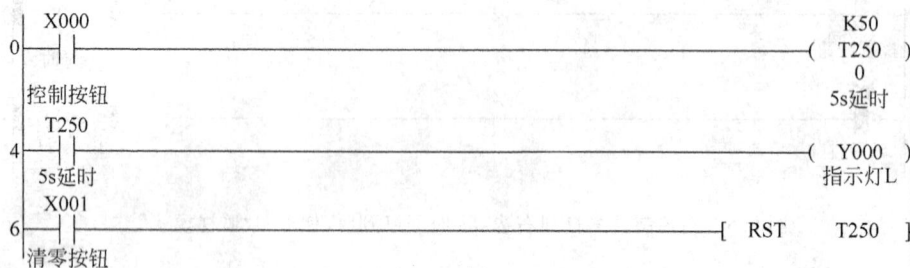

图 9.11 当开关打到左边时,梯形图"监视模式"

将开关打到右边,发现刚才 T250 下方的数值开始增加,如图 9.12 所示。

图 9.12 当开关打到右边,5s 时间未到时,梯形图"监视模式"

数值一直增加,增加到"50"时,数值不再增加,同时 T250 的常开触点闭合,Y000 线圈得电,如图 9.13 所示。

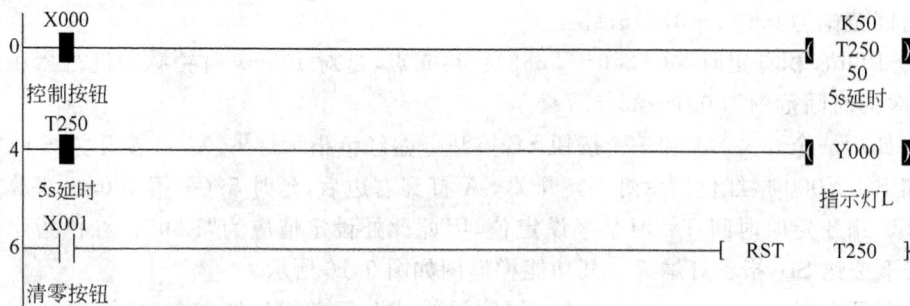

图 9.13 当开关打到右边,5s 时间已到时,梯形图"监视模式"

指示灯 L 点亮之后,将开关 SA 打到左边(即 X000 常开触点断开),此时发现 T250 线圈失电,T250 下方的数值却保持在"50",T250 常开触点并未断开,如图 9.14 所示。

图 9.14 当开关从右边切换回左边时,梯形图"监视模式"

通用定时器只要将线圈前面的支路断开,定时器就会清零;而积算定时器前面的支路断开了也无法清零,这里必须采用清零指令"RST"才行。因此按下按钮 SB,执行"RST T250",发现 T250 下方的数值变成了"0",如图 9.15 所示。

图 9.15 按下按钮 SB 后,梯形图"监视模式"

定时器 T250 的定时时间还未到 5s 时,如果将开关 SA 打到左边,发现定时器 T250 线圈马上失电,但 T250 下方的数值保持在当前值,如图 9.16 所示。

图 9.16 当时间未到 5s 时,开关打到左边,梯形图"监视模式"

重新将开关 SA 打向右边时,定时器 T250 接着前面的数值继续增加,直到"50"为止。

项目实施

1. 注意事项

① 操作之前,检查工具绝缘性能及相关元器件是否损坏。

② 操作过程中,工具不得随意乱扔,防止安全事故发生。

③ 连接线路时,用力适可而止,不得损坏元器件。

④ 线路连接完毕后,用检测工具(万用表)进行检查,防止线路短路现象。

⑤ 调试完毕后,做好3Q7S相关工作。

2. 实施过程

(1) PLC输入/输出地址分配

根据项目要求,此处涉及3个输入对象和3个输出控制对象。PLC对应的地址分配如表9.1所示。

表9.1　三相异步电动机丫/△降压启动控制 PLC 输入/输出地址分配表

输　入			输　出		
代　号	作　用	地　址	代　号	作　用	地　址
SB$_1$	启动按钮	X000	KM	总控接触器	Y000
SB$_2$	停止按钮	X001	KM丫	星形连接	Y001
FR	过载保护	X002	KM△	三角形连接	Y002

(2) 项目控制电气原理图

三相异步电动机丫/△降压启动控制电气原理图如图9.17所示。

(3) 元器件清单

根据项目要求和电气原理图可以看出实现三相异步电动机丫/△降压启动控制所需的元器件。选择的元器件清单如表9.2所示。

表9.2　三相异步电动机丫/△降压启动控制元器件清单

序号	符号	名　称	型号、规格	单位	数量	备　注
1	QF	断路器	DZ47LE—32 D6	个	1	
2	FU	熔断器	RT18—32	组	1	
3	KM	交流接触器	CJX2—9	个	3	
4	FR	热继电器	JRS1D—25	个	1	
5	M	电动机	WDJ26	台	1	
6	SB$_1$	按钮	LA68B	个	2	
7	PLC	可编程控制器	FX$_{2N}$—48MR	台	1	

(4) PLC梯形图

根据项目要求和电气原理图可知,要实现三相异步电动机的丫/△降压启动控制,按下启动按钮SB$_1$后,首先必须让总控接触器KM的主触点始终闭合,直到按下停止按钮

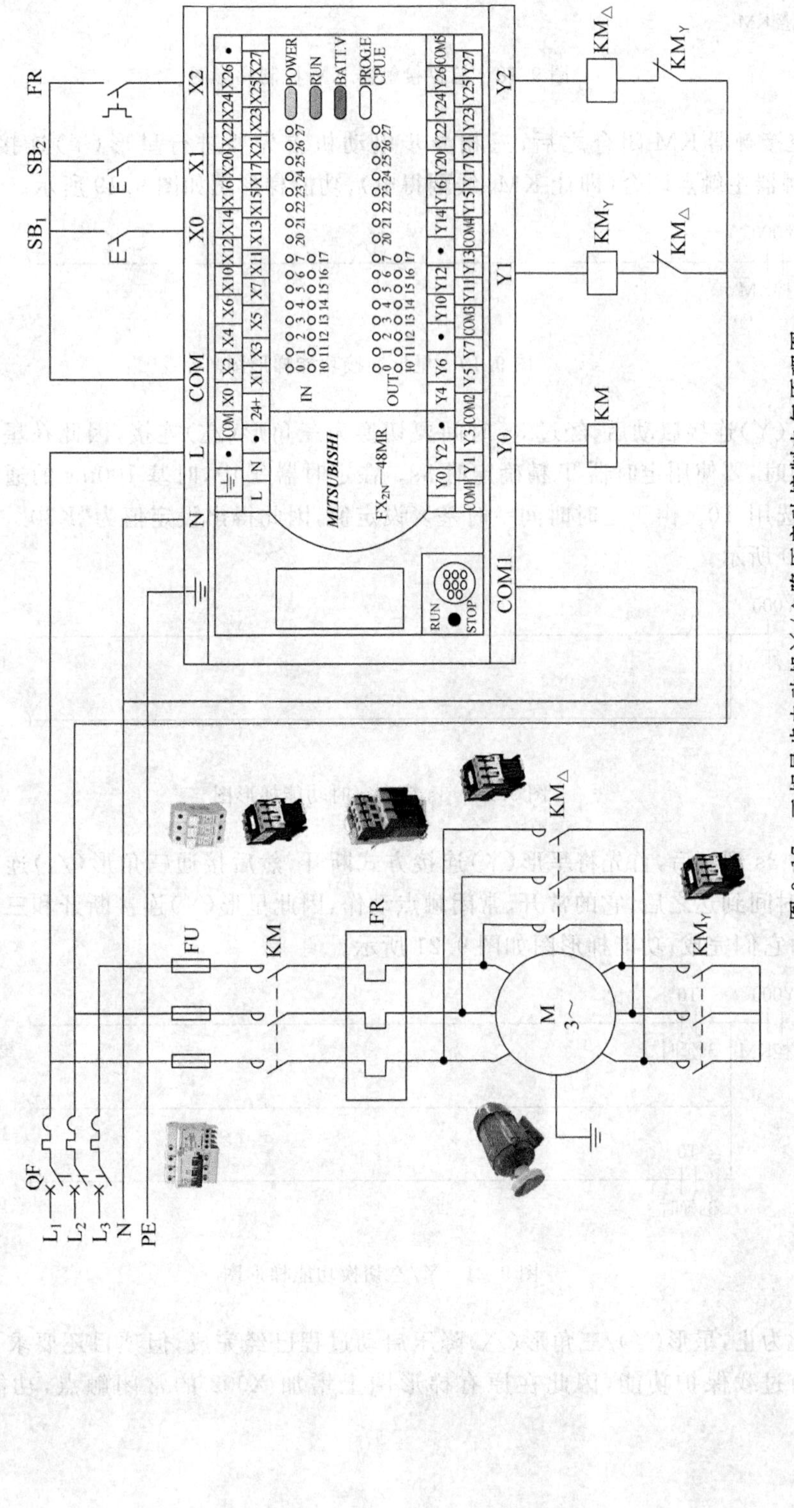

图 9.17 三相异步电动机Y/△降压启动控制电气原理图

SB₂ 时才能断开。实现这一功能相对简单,功能梯形图如图 9.18 所示。

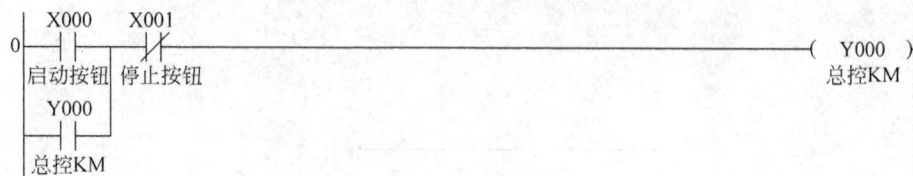

图 9.18　总控接触器 KM 控制梯形图

总控接触器 KM 闭合之后,三相异步电动机首先要进行星形(丫)连接,因此要使 KM$_丫$接触器主触点闭合(即让 KM$_丫$线圈得电),功能梯形图如图 9.19 所示。

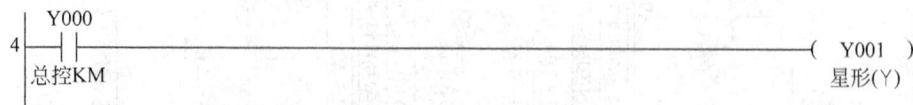

图 9.19　星形连接功能梯形图

星形(丫)连接启动后,经过 3s 时间要切换为三角形(△)连接,因此在星形(丫)连接启动的同时,要使用定时器 T 精确定时 3s。在定时器 T 中,时基 100ms 的通用定时器最多,这里选用 T0。由于定时时间＝时基×设定值,因此得出设定值为"K30",功能梯形图如图 9.20 所示。

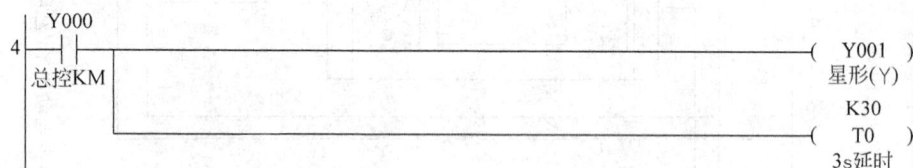

图 9.20　3s 精确定时功能梯形图

定时 3s 到之后,首先将星形(丫)连接方式断开,然后接通三角形(△)连接。定时器 T0 定时时间到达之后,它的常开、常闭触点动作,因此星形(丫)连接断开和三角形(△)连接接通由它们完成,功能梯形图如图 9.21 所示。

图 9.21　丫/△切换功能梯形图

到此为止,星形(丫)/三角形(△)降压启动过程已经完成,但项目还要求三相异步电动机具有过载保护功能,因此在原有梯形图上增加 X002 的常闭触点,功能梯形图如

图 9.22 所示。

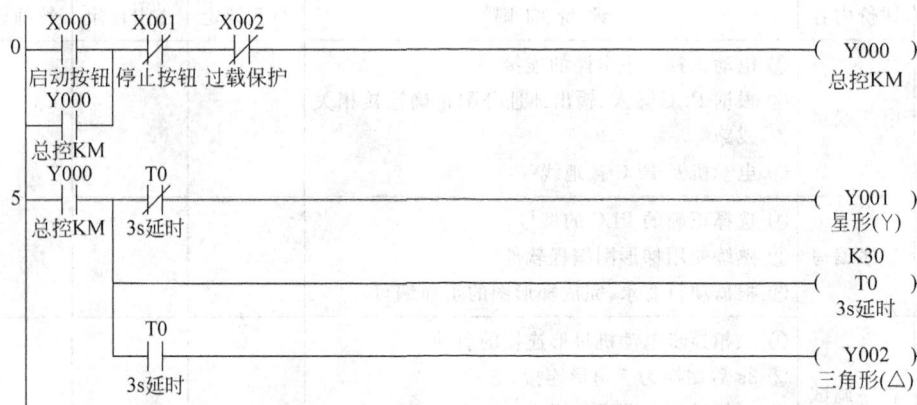

图 9.22 Y/△降压启动完整梯形图

(5)调试步骤

按照项目要求连接好电气线路,实物图如图 9.23 所示。

编写梯形图写入 PLC 中后,将梯形图切换到"监视模式",然后按照如下步骤进行调试。

① 观察 PLC 运行指示灯是否点亮。若未亮,将控制开关拨下后重新拨上,并检查电气线路 PLC 电源。

② 按下启动按钮 SB₁,三相异步电动机以星形(Y)连接低速运转。

③ 经过 3s 时间,三相异步电动机切换为三角形(△)连接高速运转。

图 9.23 电气线路连接实物图

④ 按下停止按钮 SB₂,三相异步电动机停转。

⑤ 按动热继电器试验开关,模拟三相异步电动机过载,三相异步电动机立即停转。

⑥ 调试过程中,如果没有按照要求实现功能,尝试进一步改进。

项目评价

项目完成之后,按表 9.3 中的内容进行评价,"自我评定"由自己填写,"小组评定"由小组组长填写,"教师评定"由任课教师进行总评。优秀的为"A",良好的为"B",合格的为"C",不合格的为"D"。

表 9.3 项目完成评价表

序号	评价内容	评价细则	自我评定	小组评定	教师评定
1	工具准备	① 学习基本工具——书籍、实训报告、笔 ② 线路连接工具——螺丝刀、尖嘴钳、剥线钳等 ③ 电路检测工具——万用表、验电笔			

续表

序号	评价内容	评 价 细 则	自我评定	小组评定	教师评定
2	电气线路	① 电动机控制主电路的连接 ② 根据 PLC 输入、输出地址分配正确连接相关线路 ③ 电动机及 PLC 接地线			
3	程序编写	① 选择正确的 PLC 的型号 ② 熟练使用梯形图编程软件 ③ 根据项目要求,完成梯形图的正确编写			
4	程序调试	① 三相异步电动机星形连接的启动 ② 3s 后切换为三角形连接 ③ 三相异步电动机的停止 ④ 三相异步电动机过载模拟控制			
5	安全操作	① 在操作过程中,注意安全,尤其是不允许带电进行线路连接、更改 ② 线路通电之前用万用表正确检测 ③ 出现故障时,要正确使用仪表进行检测			
6	3Q7S	① 工具摆放整齐 ② 线路板及桌面清理干净 ③ 电源关闭,计算机、桌椅摆放整齐 ④ 线路连接过程中的连接线有无浪费			

项目拓展

在三相异步电动机控制电路中,操作面板上除了操作按钮之外,还有一些指示灯,主要用来指示三相异步电动机的运行状态。因此在原来项目功能的基础上添加两个指示灯,一个用来指示三相异步电动机的星形(丫)连接运行状态,另一个用来指示三相异步电动机的三角形(△)连接运行状态,操作面板示意图如图 9.24 所示。

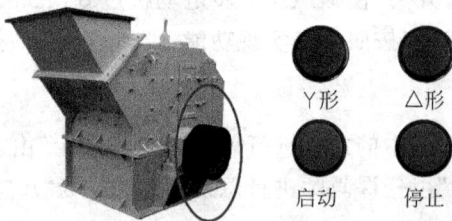

图 9.24　丫/△降压启动控制改进型操作面板示意图

知识巩固

1. 下列定时器 T 的定时时基为 10ms 的是( )。

A. T0　　　　　　　B. T199　　　　　　C. T200　　　　　　D. T250

2. 当 T10 的设定值为 K20 时,定时时间为( )s。

A. 0.2   B. 2   C. 20   D. 200

3. 当 T210 的设定值为 K330 时,定时时间为( )s。

A. 0.33   B. 12   C. 33   D. 330

4. 下列定时器 T 中,线圈失电后定时时间不会复位的是( )。

A. T0   B. T200   C. T299   D. T248

模块3

PLC控制技术的综合应用

项目 **10**

制作十字路口交通灯控制系统

学习目标

1. 巩固 PLC 基本编程指令、定时器 T 的正确使用。
2. 学会应用主控指令 MC、MCR 进行编程。
3. 通过编程、调试，实现十字路口交通灯的控制。

项目情境

随着社会经济的发展，城市交通问题越来越引起人们的关注。人、车、路三者关系的协调，已成为交通管理部门需要解决的重要问题之一。人们通过思考，发明了交通信号灯，如图 10.1 所示。它成为交通信号指挥中的重要组成部分，是道路交通的基本语言。交通信号灯由红灯（表示禁止通行）、绿灯（表示允许通行）、黄灯（表示警示）组成，广泛用于公路交叉路口，弯道、桥梁等存有安全隐患的危险路段，指挥司机或行人交通，促进交通畅通，避免交通事故和意外事故的发生。

图 10.1　十字路口交通灯

项目实施要求

如图 10.2 所示为十字路口交通灯控制示意图,主要由红灯、黄灯、绿灯进行控制。

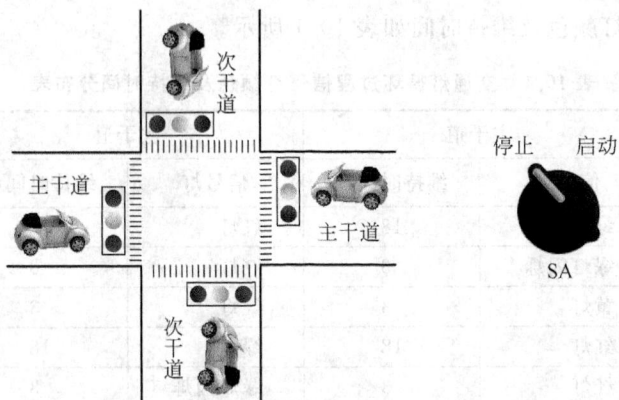

图 10.2　十字路口交通灯控制示意图

具体控制要求如下:

① 采用转换开关 SA 控制系统的启动与停止。当转换开关 SA 转到左边时,系统停止;当转换开关 SA 转到右边时,系统启动。

② 系统启动后,按下列规律循环:首先,主干道绿灯亮(车辆可通行),次干道红灯亮(车辆禁止通行);经过 18s 后,主干道的绿灯开始闪烁,3s 后绿灯熄灭,黄灯亮(车辆减速停车);再过 3s,红灯亮,同时次干道的红灯熄灭,绿灯亮;次干道的绿灯维持 18s 后,开始闪烁,3s 后绿灯熄灭,黄灯亮(车辆减速停车);再过 3s,红灯亮,同时主干道的红灯熄灭,绿灯亮。不断循环,使主干道与次干道的车辆轮流通行,防止交通事故的发生。

项目分析

根据项目要求,将其分成两部分:系统的启动与停止、交通灯的循环工作。

1. 系统的启动与停止

此项目中系统的启动与停止是通过一个转换开关 SA 来实现的。若接到电路中的是转换开关的常开触点,当打到左边时,常开触点断开;当打到右边时,常开触点闭合。因此,这里应用常开触点来区分系统启动还是停止。

在项目 7 中,停止按钮既可以使电动机正转时停止,也可以使电动机反转时停止。为了实现这一功能,必须在正转和反转支路中都串入停止的常闭触点。在此项目中,也可以采用这种在每条支路中串入转换开关常开触点的方法来实现系统的启动与停止。但是,这一系统中共有 6 个控制对象(主干道的绿灯、黄灯、红灯,次干道的绿灯、黄灯、红灯),它们有各自的控制条件,因此支路至少有 6 条。如果还是按照这种方法控制,就显得非常麻烦,还需寻找其他解决方法。

2. 交通灯的循环工作

通过分析交通灯的循环规律可知,整个循环过程分为 6 个时段,用 6 个定时器来实现,每时段的信号灯颜色及维持时间如表 10.1 所示。

表 10.1　交通灯循环过程信号灯颜色及维持时间分布表

时段	主干道		次干道		定时器
	信号灯	维持时间/s	信号灯	维持时间/s	
1	绿灯	18	红灯	18	T_1
2	绿灯闪烁	3	红灯	3	T_2
3	黄灯	3	红灯	3	T_3
4	红灯	18	绿灯	18	T_4
5	红灯	3	绿灯闪烁	3	T_5
6	红灯	3	黄灯	3	T_6

根据表 10.1 所列的工作时段,最直接的编程方法是通过 6 个定时器 $T_1 \sim T_6$ 分别控制时段 1～6 的相应对象,每个时段 2 个输出控制对象。这种方法看起来简单明了,但是不难发现,其中的红灯被多个时段控制,如果直接输出,会出现多线圈现象。这在三菱 PLC 编程规则中是不允许的,必须借助辅助继电器 M 进行中转。但辅助继电器 M 应用一多,在编程时容易混淆,应尽量避免。

在表 10.1 中不难发现,主干道的红灯在时段 4、5、6 和次干道的红灯在时段 1、2、3 都是处于常亮状态,因此可以合并,这样就不需要再用辅助继电器 M 中转,编程时就更加清晰。合并后的每时段的信号灯颜色及维持时间如表 10.2 所示。

表 10.2　合并后的交通灯循环过程信号灯颜色及维持时间分布表

时段	主干道		次干道		定时器
	信号灯	维持时间/s	信号灯	维持时间/s	
1	绿灯	18			T_1
2	绿灯闪烁	3	红灯	24	T_2
3	黄灯	3			T_3
4			绿灯	18	T_4
5	红灯	24	绿灯闪烁	3	T_5
6			黄灯	3	T_6

通过这一分析,每个控制对象的条件变得非常清晰,只要按照相应的控制条件使相应的指示灯动作,就能够轻而易举地解决问题了。

🚜 知识链接

在编程时常会出现这样的情况:多个线圈同时受一个或一组触点控制。如果在每个线圈的控制电路中都串入同样的触点,将占用很多存储单元,而且很麻烦。使用主控指令就可以解决这一问题。MC、MCR 指令的目标元件为 Y 和 M,但不能用特殊辅助继电器。MC 占 3 个程序步,MCR 占 2 个程序步。

　　MC(主控指令)用于公共串联触点的连接,执行 MC 后,左母线移到 MC 触点的后面。MCR(主控复位指令)是 MC 指令的复位指令,即利用 MCR 指令恢复原左母线的位置。MC 和 MCR 指令的执行流程图如图 10.3 所示。

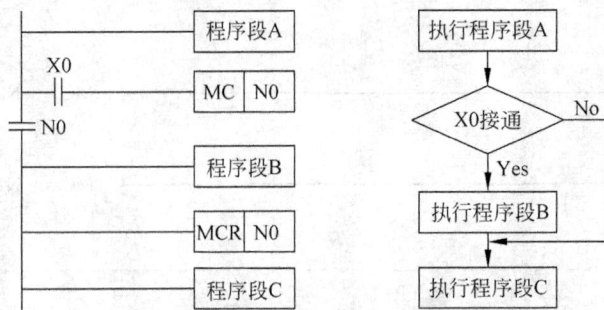

图 10.3　MC 和 MCR 指令的执行流程

　　程序运行后,梯形图从上往下执行。先执行"程序段 A",当输入继电器 X000 的常开触点断开时,"程序段 B"不执行,直接跳过去执行"程序段 C";当输入继电器 X000 的常开触点闭合时,"程序段 B"执行,之后再执行"程序段 C"。也就是说,在主控指令 MC 与 MCR 之间的程序段受输入继电器 X000 常开触点控制。MC 和 MCR 指令梯形图如图 10.4 所示。

图 10.4　MC 和 MCR 指令梯形图

　　在图 10.4 中,当 X000 常开触点闭合后,输出继电器线圈 Y000 得电;当 X001 常开触点断开时,即使 X002、X003 的常开触点闭合,输出继电器线圈 Y001 也不得电,定时器 T0 也不得电;而当 X006 常开触点闭合后,输出继电器线圈 Y003 得电。当 X001 常开触点闭合时,Y001、T0 按照各自的条件动作,如果此时 X001 常开触点又断开,Y001 线圈立即失电,定时器 T0 计时清零。

在 MC、MCR 指令后面的 N0 表示嵌套等级,在无嵌套结构中 N0 的使用次数无限制;而嵌套时,嵌套级数最多为 8 级,编号按 N0→N1→N2→N3→N4→N5→N6→N7 顺序增大,每级的返回用对应的 MCR 指令从编号大的嵌套级开始复位,具体使用如图 10.5 所示。

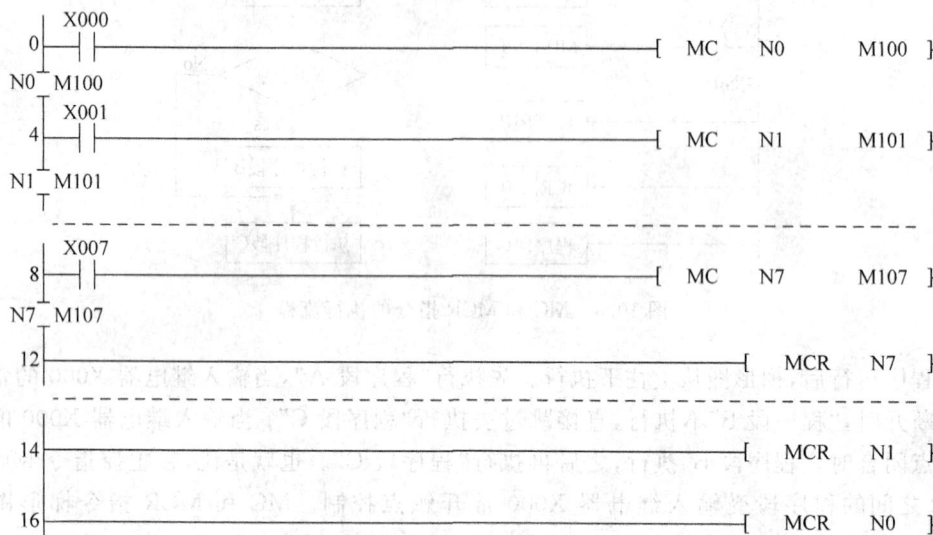

图 10.5　MC 和 MCR 嵌套使用梯形图

项目实施

1. 注意事项

① 操作之前,检查工具绝缘性能及相关元器件是否损坏。
② 操作过程中,工具不得随意乱扔,防止安全事故发生。
③ 连接线路时,用力适可而止,不得损坏元器件。
④ 线路连接完毕后,用检测工具(万用表)进行检查,防止线路出现短路现象。
⑤ 调试完毕后,做好 3Q7S 相关工作。

2. 实施过程

1) PLC 输入/输出地址分配

根据项目要求,此处涉及 1 个输入控制对象和 6 个输出控制对象。PLC 对应的地址分配如表 10.3 所示。

表 10.3　十字路口交通灯 PLC 输入/输出地址分配表

输　入			输　出					
代号	作用	地址	代号	作　用	地址	代号	作　用	地址
SA	启停	X000	R_1	主干道红灯	Y000	R_2	次干道红灯	Y003
			Y_1	主干道黄灯	Y001	Y_2	次干道黄灯	Y004
			G_1	主干道绿灯	Y002	G_2	次干道绿灯	Y005

2）项目控制电气原理图

十字路口交通灯控制电气原理图如图 10.6 所示。

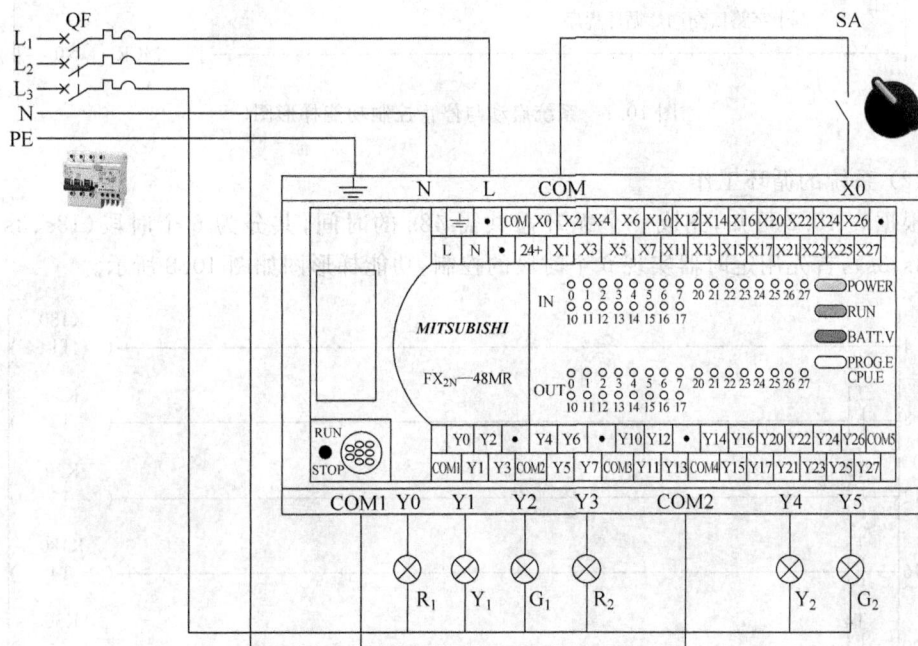

图 10.6　十字路口交通灯控制电气原理图

3）元器件清单

根据项目要求和电气原理图可以看出实现十字路口交通灯控制所需的元器件。选用的元器件清单如表 10.4 所示。

表 10.4　十字路口交通灯控制元器件清单

序号	符号	名　称	型号、规格	单位	数量	备　注
1	QF	断路器	DZ47LE—32 D6	个	1	
2	SA	启停开关	LA68B	个	1	
3	R	红灯	AD16—22DS(红)	个	2	
4	Y	黄灯	AD16—22DS(黄)	个	2	
5	G	绿灯	AD16—22DS(绿)	个	2	
6	PLC	可编程控制器	FX$_{2N}$—48MR	台	1	

4) PLC 梯形图

根据项目分析的相关提示,逐步编写十字路口交通灯的功能梯形图。

(1) 系统的启动与停止

通过学习,采用 MC、MCR 指令来实现系统的启动与停止相对来说较为方便。这里的控制条件也非常简单:转换开关 SA 转到左边时,系统停止;转换开关 SA 转到右边时,系统启动。因此,控制条件就是转换开关 SA 的常开触点,功能梯形图如图 10.7 所示。

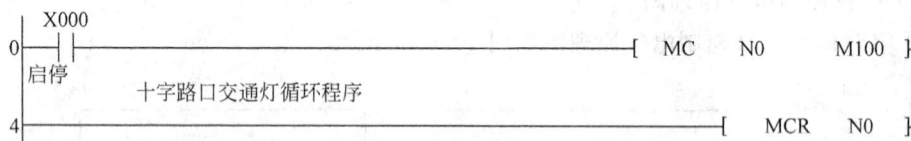

图 10.7 系统启动与停止控制功能梯形图

(2) 系统的循环工作

根据表 10.2 可知,完成一个循环总共需 48s 的时间,共分为 6 个时段(18s、3s、3s、18s、3s、3s),首先用定时器实现 6 个时段的控制,功能梯形图如图 10.8 所示。

图 10.8 时段控制功能梯形图

按照图 10.8 所示功能梯形图,控制 6 个时段的定时器前后关联,前者失电,后者也跟着失电。当 6 个定时器定时完成(48s 时间到)时,必须进行下一个循环,因此要想办法使这 6 个定时器全部复位。由于 6 个定时器前后关联,因此只要 T1 失电复位,后面的定时器自然而然地全部复位,达到循环的效果。这一复位条件可采用定时器 T6 的常闭触点实现。将 T6 的常闭触点串入定时器 T1 支路,当 48s 一到,即 T6 常闭触点断开,T1 支路就断开,使 T1 线圈失电,最终实现定时器全部复位。改进后的时段控制功能梯形图如图 10.9 所示。

6 个时段控制完成之后,只要根据表 10.2 所示控制相应的信号灯,完成梯形图编写即可。但在循环过程中,有一个绿灯闪烁的时段,闪烁频率为 1Hz,采用在项目 6 中学到

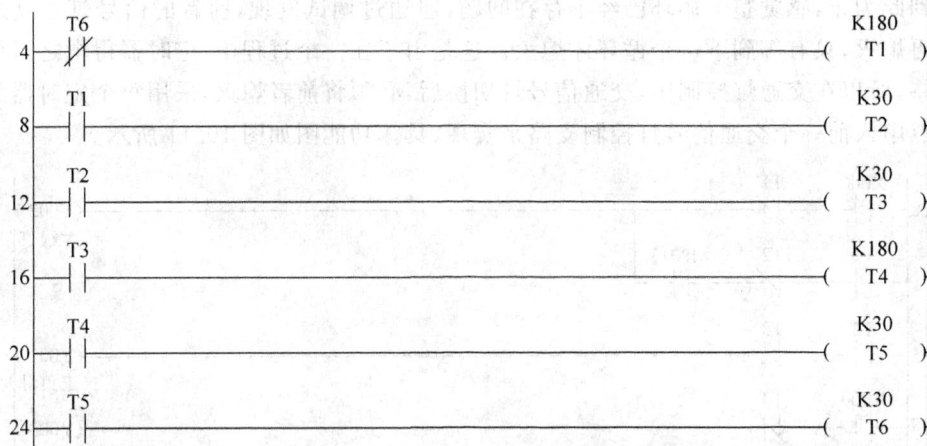

图 10.9 改进后的时段控制功能梯形图

的特殊辅助继电器 M8013。其功能梯形图如图 10.10 所示。

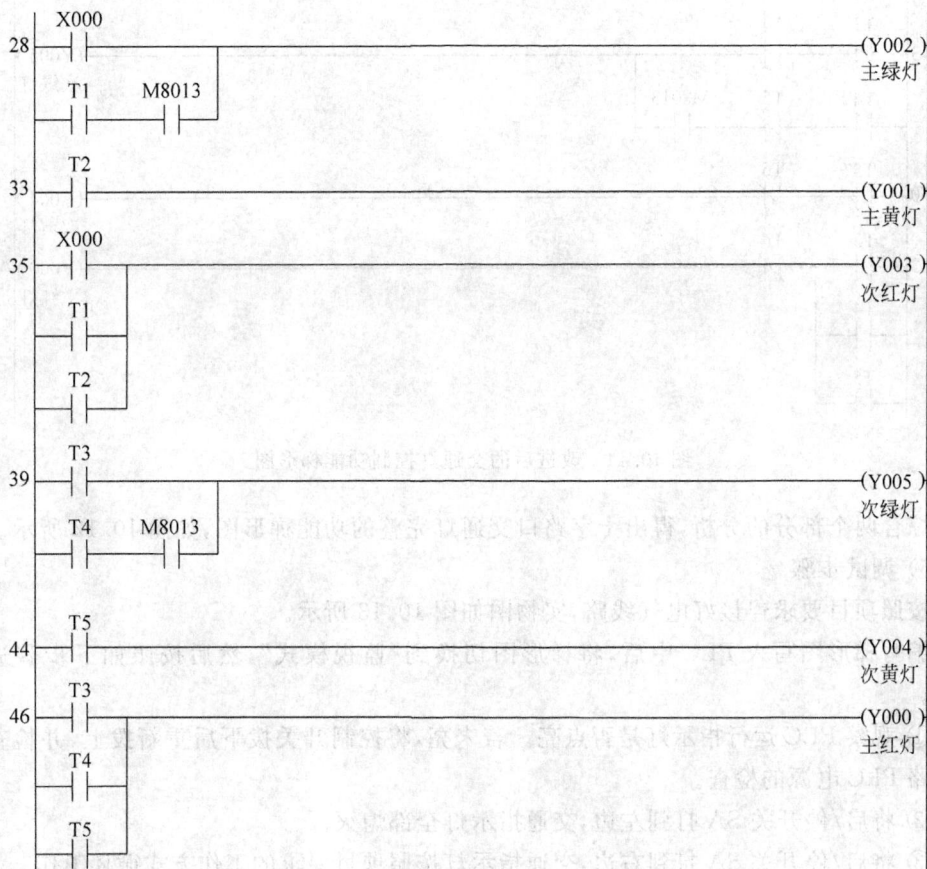

图 10.10 交通灯控制功能梯形图

到此为止,感觉整个循环已经不存在问题,但通过调试发现,前者的信号灯点亮之后就不再熄灭,只有等到下一个循环才熄灭。这是由于在一个过程中,定时器得电之后就一直保持,所以在交通灯控制中,交通信号灯切换后,必须将前者熄灭,采用每个定时器的常闭触点串入前一个交通信号灯控制支路来实现,具体功能图如图 10.11 所示。

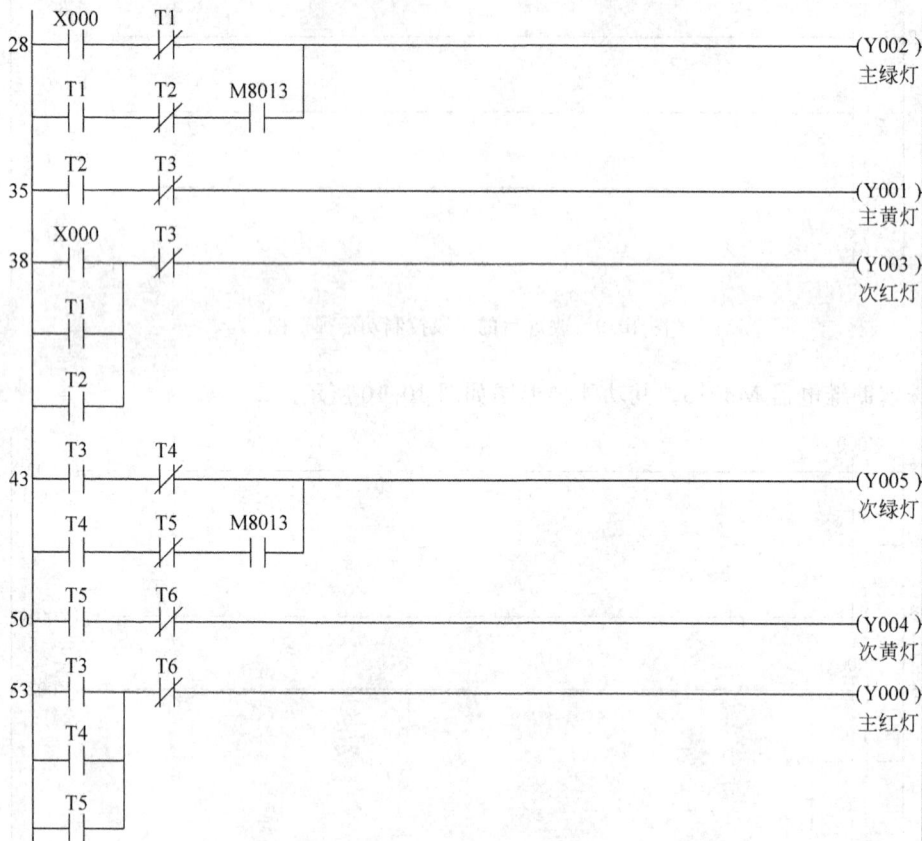

图 10.11   改进后的交通灯控制功能梯形图

综合两个部分的分析,得出十字路口交通灯完整的功能梯形图,如图 10.12 所示。

5)调试步骤

按照项目要求连接好电气线路,实物图如图 10.13 所示。

编写梯形图写入 PLC 中后,将梯形图切换到"监视模式",然后按照如下步骤进行调试。

① 观察 PLC 运行指示灯是否点亮。若未亮,将控制开关拨下后重新拨上,并检查电气线路 PLC 电源的检查。

② 将启/停开关 SA 打到左边,交通指示灯全部熄灭。

③ 将启/停开关 SA 打到右边,交通指示灯按照项目要求的工作方式循环工作。

④ 观察每种交通指示灯维持的时间是否符合要求。

⑤ 调试过程中,如果没有按照要求实现功能,尝试进一步改进。

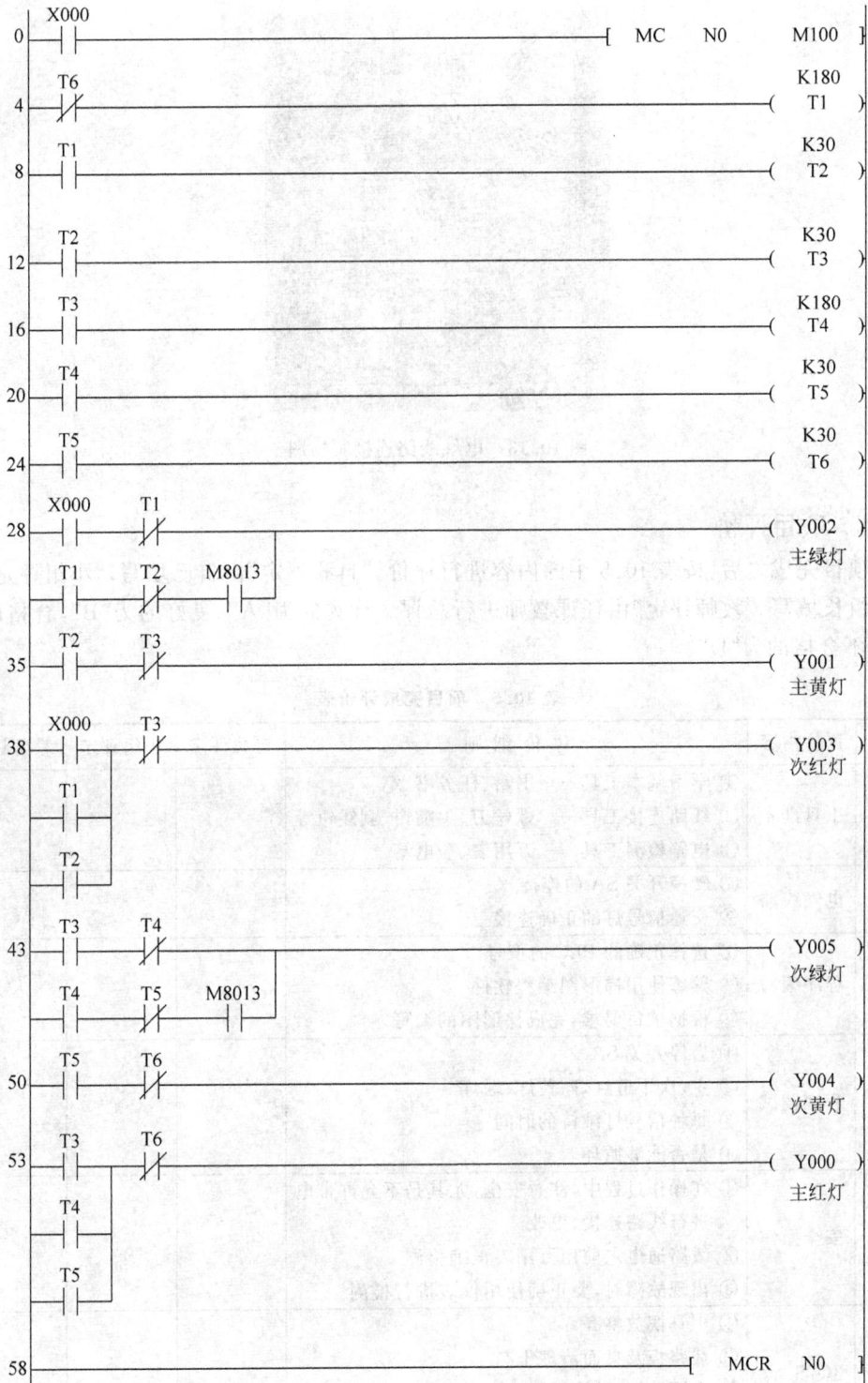

图 10.12　十字路口交通灯功能梯形图

图 10.13　电气线路连接实物图

项目评价

项目完成之后,按表 10.5 中的内容进行评价,"自我评定"由自己填写,"小组评定"由小组组长填写,"教师评定"由任课教师进行总评。优秀的为"A",良好的为"B",合格的为"C",不合格的为"D"。

表 10.5　项目完成评价表

序号	评价内容	评 价 细 则	自我评定	小组评定	教师评定
1	工具准备	① 学习基本工具——书籍、任务书、笔 ② 线路连接工具——螺丝刀、尖嘴钳、剥线钳等 ③ 电路检测工具——万用表、验电笔			
2	电气线路	① 转换开关 SA 的连接 ② 交通信号灯的正确连接			
3	程序编写	① 选择正确的 PLC 的型号 ② 熟练使用梯形图编程软件 ③ 根据项目要求,完成梯形图的编写			
4	程序调试	① 启停开关 SA ② 主、次干道红灯、黄灯、绿灯 ③ 每种信号灯维持的时间 ④ 是否能够循环			
5	安全操作	① 在操作过程中,注意安全,尤其是不允许带电进行线路连接、更改 ② 线路通电之前用万用表正确检测 ③ 出现故障时,要正确使用仪表进行检测			
6	3Q7S	① 工具摆放整齐 ② 线路板及桌面清理干净 ③ 电源关闭,计算机、桌椅摆放整齐 ④ 线路连接过程中的连接线有无浪费			

项目拓展

在某些十字路口，白天的车流量很大，必须采用交通灯来引导车辆的通行；但一到了晚上，车流量急剧减少，如果此时还是按照白天的方式来引导车辆，就显得有点浪费时间，而如果在十字路口不加提示，又会导致交通事故的发生，因此可以采用晚上让主干道和次干道的黄灯同时闪烁的方式，一方面提高车辆通行的效率，另一方面，同样有一个提示的效果。实现这一功能，需在原来硬件电路的基础上增加一个检测白天和晚上的传感器。为了方便调试，采用一个转换开关 SA$_2$，打到左边为白天，打到右边为夜晚，模型示意图如图 10.14 所示。

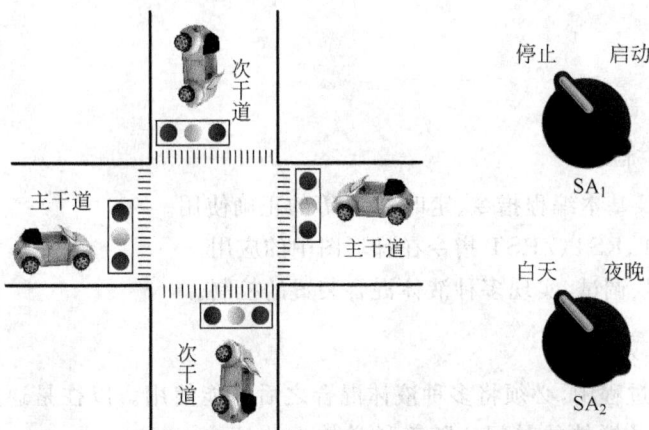

图 10.14 白天、夜间不同控制模式的十字路口交通灯

知识巩固

1. 主控指令 MC 占用( )个程序步。

A. 1   B. 2   C. 3   D. 4

2. 要使主控指令复位，需执行( )指令。

A. RST   B. MCR   C. RET   D. ZRST

3. MC、MCR 指令进行嵌套使用时，嵌套数最多( )级。

A. 5   B. 6   C. 7   D. 8

4. 下列属于主控指令的目标元件的是( )。

A. Y   B. D   C. C   D. T

5. 当触发信号断开时，MC 和 MCR 之间的控制继电器状态保持的是( )。

A. 积算定时器   B. 非积算定时器

C. 非积算计数器   D. 用 OUT 指令驱动的定时器

制作多种液体混合装置控制系统

学习目标

1. 巩固 PLC 基本编程指令、定时器 T 等的正确使用。
2. 掌握 SET、RST、ZRST 指令在梯形图中的应用。
3. 通过编程、调试,实现多种液体混合装置的控制。

项目情境

在工业生产过程中,必须将多种液体混合之后才能使用。以往是通过人工来控制每种液体的比例以及搅拌的时间。随着科学技术的日新月异,自动化生产水平不断提高,人工控制已不能满足实际生产需求:一是人工控制会出现误差,对于要求较高的混合液体影响较大;二是人工控制的生产效率过低。为了解决这些问题,现在在工业生产过程中出现了一种全自动的液体混合装置,如图 11.1 所示,它能够任意设置液体比例,精度高,并且生产效率大大提高。

图 11.1 多种液体混合装置

项目实施要求

液体混合装置包含装置的启动与停止、液体的流入、液面的检测、液体的搅拌以及液体的输出等部分。两种液体混合装置的示意图如图 11.2 所示。

具体控制要求如下:

(1) 按下"启动"按钮,装置开始循环工作。

(2) 系统启动后,循环工作方式如下:

① 阀门 YV_1 打开,液体 A 流入储存罐,液面升高。

② 当液面传感器 SL_2 检测到时,阀门 YV_1 关闭,液体 A 停止流入;同时,阀门 YV_2 打开,液体 B 流入储存罐,液面继续升高。

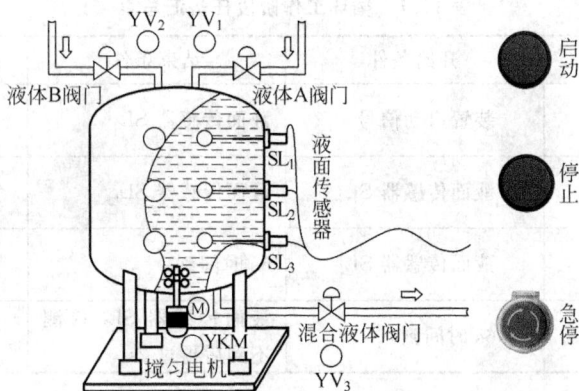

图 11.2 两种液体混合装置示意图

③ 当液面传感器 SL_1 检测到时,阀门 YV_2 关闭,液体 B 停止流入;同时,搅匀电机 YKM 启动,开始对两种液体进行搅匀。

④ 搅匀电机 YKM 工作 6s 后停止;同时,混合液体阀门 YV_3 打开,输出储存罐中已搅匀的混合液体。

⑤ 当储存罐中的液体下降到液面传感器 SL_3 检测不到时,说明混合液体即将输出完毕,再过 2s 后,混合液体阀门 YV_3 关闭。

(3)为了避免在储存罐中留有液体,按下"停止"按钮,设备不能马上停止,必须等储存罐的液体放完之后才能停止。

(4)当装置出现意外情况时,按下"急停"按钮,装置立即停止工作。

项目分析

根据项目要求,需完成装置的启动、装置的循环工作、装置的停止及装置的急停 4 个任务。

1. 装置的启动

装置的启动是通过一个"启动"按钮实现的。按下"启动"按钮后,装置一直处于循环运行。遇到这种问题时,首先要想到的就是项目 10 中所学的主控指令 MC 和主控复位指令 MCR,采用这一指令能很好地实现这一功能。

2. 装置的循环工作

装置的循环工作是本项目的核心环节,它根据不同的条件使相应的控制对象动作。本装置的循环工作包含液体 A 流入、液体 B 流入、搅匀电机动作和混合液体输出 4 个阶段,每个阶段的控制条件非常清晰,如表 11.1 所示。

从表 11.1 可以看出,每个阶段控制的对象只有一个,因此相对较为简单,只要开始条件与结束条件正确,就不会出现较大的问题。

表 11.1 循环工作阶段任务汇总表

阶 段	开始条件	结束条件	控制对象
第一阶段 （液体 A 流入）	装置启动信号	液面传感器 SL_2	液体 A 阀门
第二阶段 （液体 B 流入）	液面传感器 SL_2	液面传感器 SL_1	液体 B 阀门
第三阶段 （搅匀电机动作）	液面传感器 SL_1	6s 时间到	搅匀电机
第四阶段 （混合液体输出）	6s 时间到	液面传感器 SL_3 检测 不到后再过 2s	混合液体阀门

3. 装置的停止

装置的停止相对比较特殊。按下"停止"按钮后，装置并不能马上停止，而是要等一个循环结束之后才能停止。但在循环的过程中，随时随刻都有可能按下"停止"按钮，因此必须对停止信号进行记忆，然后结合一个循环完成的条件来停止装置。

4. 装置的急停

为了防止意外的事情发生，装置设有"急停"按钮。只要"急停"按钮动作，装置立即停止。由于启动时用了主控指令，因此只要断开主控指令即可。

知识链接

1. 液面传感器

液面传感器是用来检测容器中的液体是否到达相应位置的。当达到相应位置时，执行相应的动作。在此项目中，采用简单的开关型液面传感器。

开关型传感器一般有三根连接线，分别为正电源（棕色）、负电源（蓝色）和信号线（黑色）。正、负电源电压由传感器额定电压决定。当液面传感器位置有液体时，传感器的信号线输出低电平（相当于开关闭合）；当液面传感器位置没有液体时，传感器的信号线输出高电平（相当于开关断开）。

2. 置位指令 SET 和复位指令 RST、ZRST

在三相异步电动机基本控制模块中，要实现电动机的连续运转，必须在"启动"触点并联一个控制继电器的常开触点形成自锁才行。采用这种方法稍显麻烦，此处来学习另一种控制指令——置位指令 SET 和复位指令 RST、ZRST。

置位指令 SET 执行之后，对应的控制继电器线圈保持得电，可用于输出继电器 Y、辅助继电器 M 和状态继电器 S。复位指令 RST 执行之后，对应的控制继电器线圈保持失电，可用于输出继电器 Y、辅助继电器 M、状态继电器 S、定时器 T、计数器 C 和数据寄存器 D。ZRST 与 RST 的区别在于复位的不仅仅是某个对象，它可以使多个连续的控制对象一起复位。置位指令 SET 和复位指令 RST、ZRST 的具体使用梯形图如图 11.3 所示。

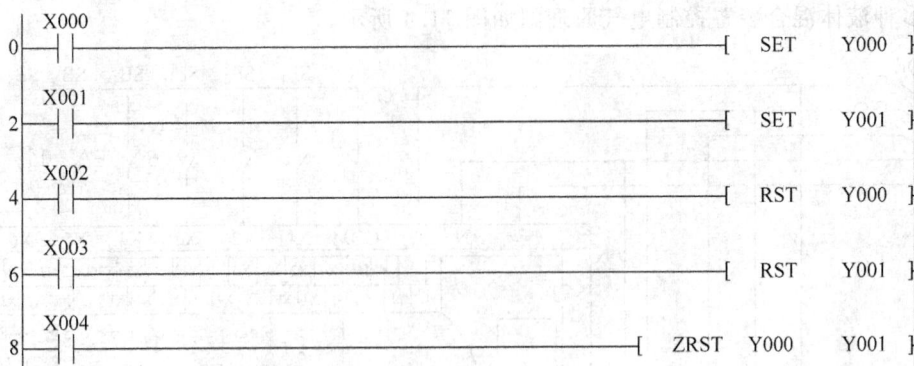

图 11.3　置位指令 SET 和复位指令 RST、ZRST 具体使用梯形图

如图 11.3 所示，当触点 X000 闭合之后，执行"SET Y000"指令，输出继电器 Y000 得电；当触点 X001 闭合之后，执行"SET Y001"指令，输出继电器 Y001 得电；当触点 X002 闭合之后，执行"RST Y000"指令，输出继电器 Y000 失电；当触点 X003 闭合之后，执行"RST Y001"指令，输出继电器 Y001 失电；而当触点 X004 闭合之后，执行"ZRST Y000 Y001"指令，输出继电器 Y000、Y001 同时失电。

👓 项目实施

1. 注意事项

① 操作之前，检查工具绝缘性能及相关元器件是否损坏。
② 操作过程中，工具不得随意乱扔，防止安全事故发生。
③ 连接线路时，用力适可而止，不得损坏元器件。
④ 线路连接完毕后，用检测工具（万用表）进行检查，防止线路短路现象。
⑤ 调试完毕后，做好 3Q7S 相关工作。

2. 实施过程

1) PLC 输入/输出地址分配

根据项目要求，此处涉及 6 个输入对象和 4 个输出控制对象。PLC 对应的地址分配如表 11.2 所示。

表 11.2　多种液体混合装置 PLC 输入/输出地址分配表

输　　入						输　　出		
代号	作　用	地址	代号	作　用	地址	代号	作　用	地址
SL_1	高液面传感器	X001	SB_1	启动按钮	X004	YKM	搅匀电机	Y000
SL_2	中液面传感器	X002	SB_2	停止按钮	X005	YV_1	液体 A 阀门	Y001
SL_3	低液面传感器	X003	SB_3	急停按钮	X006	YV_2	液体 B 阀门	Y002
						YV_3	混合液体阀门	Y003

2）项目控制电气原理图

多种液体混合装置控制电气原理图如图11.4所示。

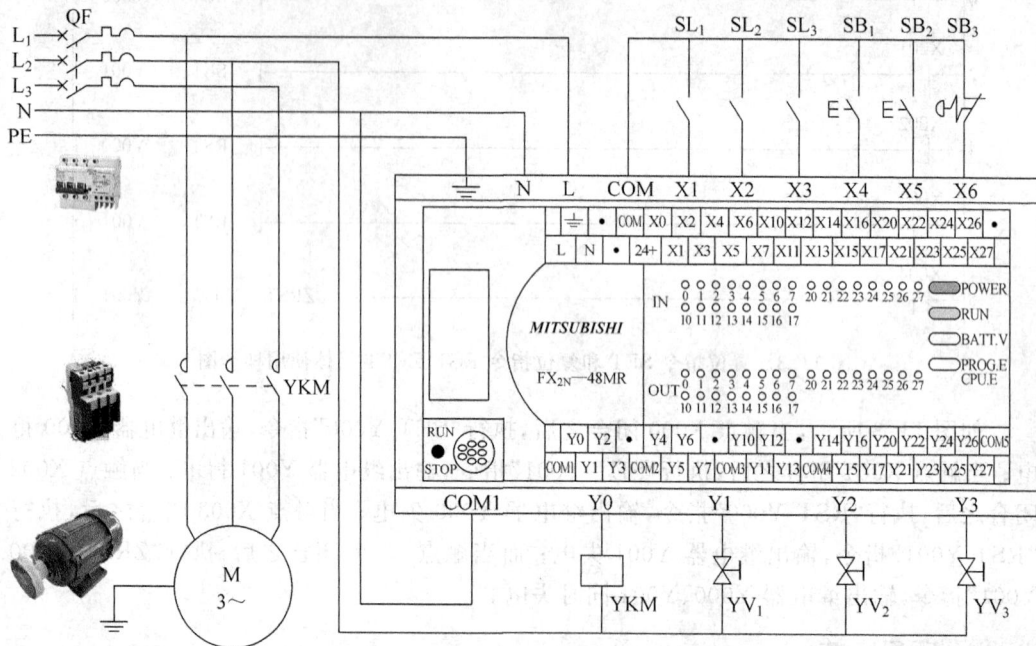

图11.4　多种液体混合装置控制电气原理图

3）元器件清单

根据项目要求和电气原理图可以看出实现多种液体混合控制所需的元器件。选用的元器件清单如表11.3所示。

表11.3　多种液体混合控制元器件清单

序号	符号	名　称	型号、规格	单位	数量	备　注
1	QF	断路器	DZ47LE—32 D6	个	1	
2	KM	交流接触器	CJX2—9	个	1	
3	M	搅拌电动机	WDJ26	台	1	
4	SB	按钮	LA68B	个	2	
5	SB	急停按钮	LA68B	个	1	
6	SL	液面传感器	LJ12A3—4—A/BX	个	3	
7	YV	电磁阀门	2W160—15	个	3	
8	PLC	可编程控制器	FX$_{2N}$—48MR	台	1	

4）PLC梯形图

根据项目分析,对装置的启动、装置的循环、装置的停止及装置的急停4个任务依次编程。

（1）装置的启动

装置的启动通过主控指令MC、主控复位指令MCR实现。此处需要解决的是主控指令 MC 的控制条件必须始终有效,而"启动"按钮按下之后就松开,所以必须采用 SET 指令对辅助继电器 M 置位,然后用辅助继电器 M 控制主控指令。装置启动功能梯形图如图 11.5 所示。

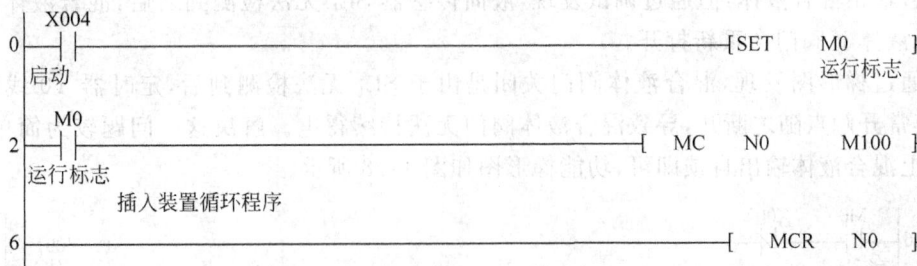

图 11.5 多种液体混合装置启动功能梯形图

如图 11.5 所示梯形图中,当"启动"按钮按下时,X004 常开触点闭合,运行标志 M0 置位,M0 常开触点闭合,主控指令有效。

（2）装置的循环

作为本装置的核心,在项目分析表 11.1 中很清晰地列出了每个控制对象的开始条件和结束条件,只要一一将其对应即可。以液体 A 为例,它的开始条件是运行标识 M0 有效,停止条件是液面传感器 SL_2 检测到,功能梯形图如图 11.6 所示。

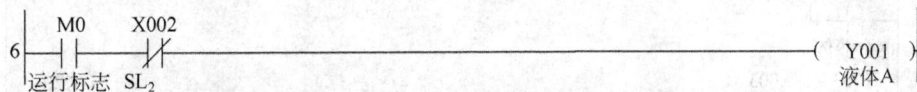

图 11.6 多种液体混合装置液体 A 流入功能梯形图

其他 3 个控制对象同样按照液体 A 流入的方式编写梯形图,但需要注意两个时间的控制。其他控制对象的功能梯形图如图 11.7 所示。

图 11.7 其他控制对象的功能梯形图

　　在图 11.7 所示梯形图中,每个控制对象都由相应的条件控制,貌似功能已经完成。但在调试的过程中会发现,还存在一定的问题。当搅匀电机工作完成之后,开始输出混合液体,此时储存罐的混合液体减少,液面传感器 SL_1 会无法检测到。按照正常的循环,必须一直输出混合液体,但通过调试发现,液面传感器 SL_1 无法检测到之后,混合液体阀门关闭,液体 B 阀门会重新打开。

　　通过梯形图发现,混合液体阀门关闭是由于 SL_1 无法检测到后,定时器 T0 线圈失电,其常开触点随之断开,导致混合液体阀门无法持续得电。解决这一问题较为简单,只要加上混合液体输出自锁即可,功能梯形图如图 11.8 所示。

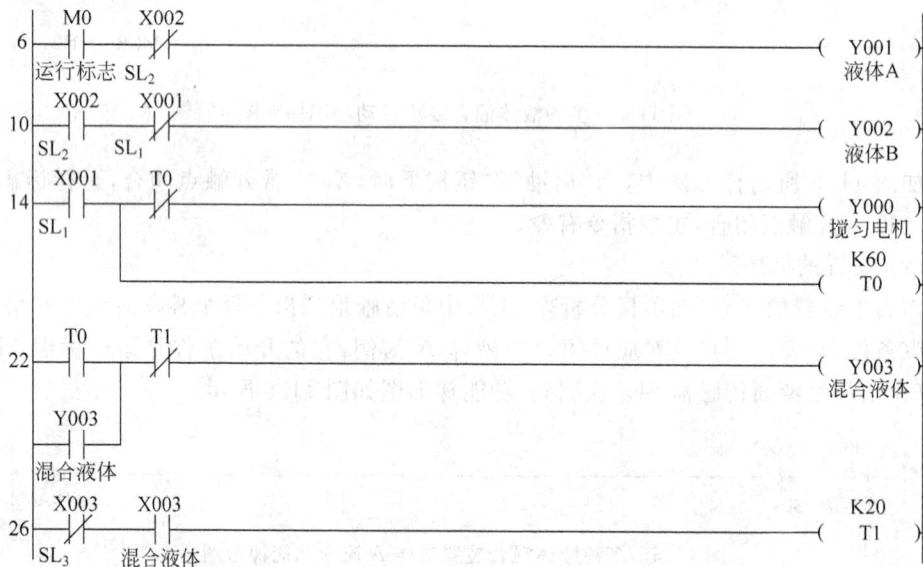

图 11.8　加上混合液体输出自锁的功能梯形图

　　混合液体持续输出解决之后,还需解决液体 B 阀门重新打开的问题。观察梯形图发现,液体 B 的结束条件是 SL_1 检测到,当 SL_1 无法检测到时就会重新启动。所以在混合液体输出时,要强行断开液体 A 和液体 B 的控制支路,可以用混合液体阀门的控制线圈对应的常闭触点实现,功能梯形图如图 11.9 所示。

　　(3) 装置的停止

　　装置需要停止,除了"停止"按钮有按下的信号外,还需装置一个循环工作完成的信号,即液体储存罐中的混合液体输出完毕。停止信号由于在整个循环中都有可能,因此必须通过辅助继电器 M 进行记忆。从图 11.9 所示梯形图可以看出,一个循环工作完成的信号是定时器 T1 定时 2s 时间到(其常开、常闭触点动作)。结合两个信号,将运行标志 M0 复位,即可实现装置的停止。停止功能梯形图如图 11.10 所示。

　　(4) 装置的急停

　　装置的"急停"按钮按下后,设备不管运行到哪里,均马上停止,这里只要让运行标志 M0 立即复位即可。但需要注意,急停开关连接的是常闭触点,需采用常闭触点。急停功能梯形图如图 11.11 所示。

图 11.9　多种液体混合装置循环工作功能梯形图

图 11.10　多种液体混合装置停止功能梯形图

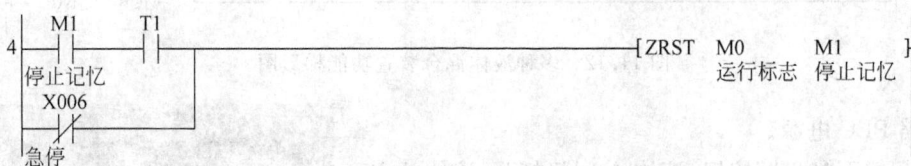

图 11.11　多种液体混合装置急停功能梯形图

到此为止,多种液体混合装置的功能已经全部实现。完整的功能梯形图如图 11.12 所示。

5) 调试步骤

按照项目要求连接好电气线路,实物图如图 11.13 所示。

编写梯形图写入 PLC 中后,将梯形图切换到"监视模式",然后按照如下步骤进行调试。

① 观察 PLC 运行指示灯是否点亮。若未亮,将控制开关拨下后重新拨上,并检查电

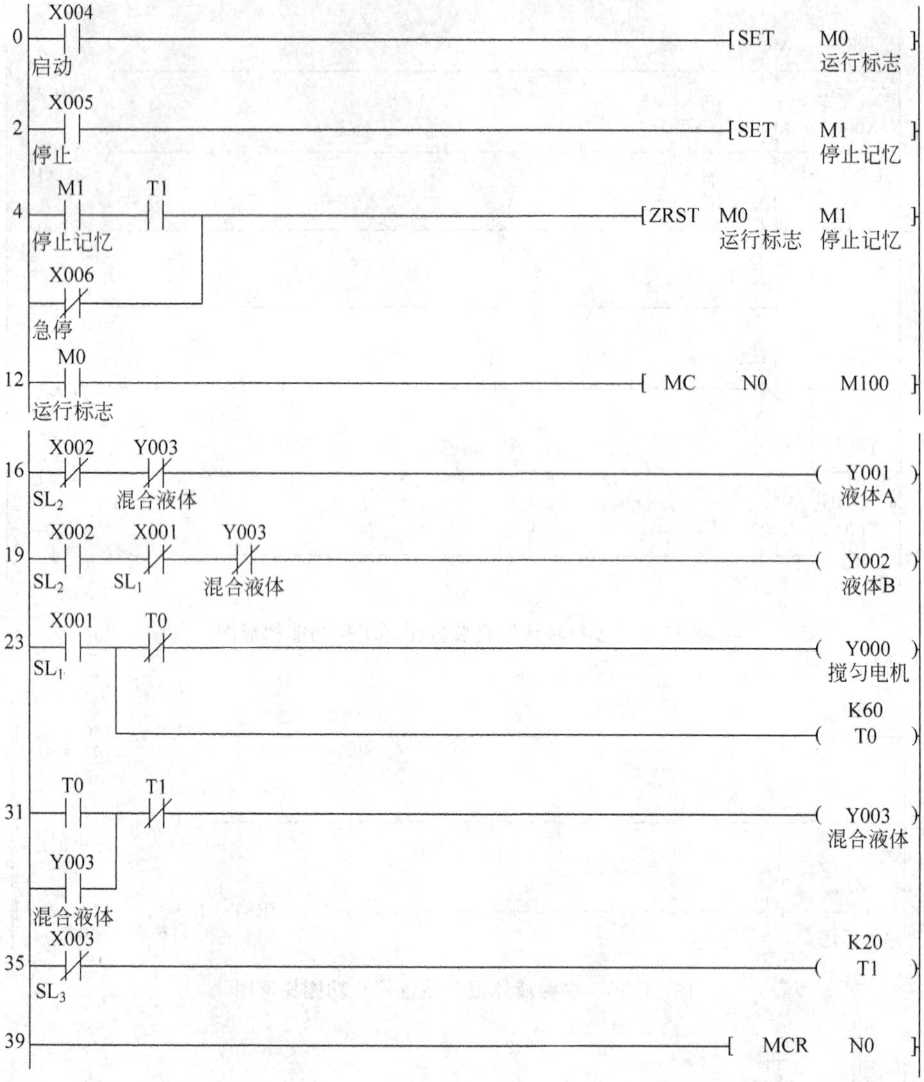

图 11.12　多种液体混合装置功能梯形图

气线路 PLC 电源。

②按下"启动"按钮,液体 A 阀门打开,液体 A 流入储存罐。

③当液面传感器 SL_2 检测到,液体 A 阀门关闭,液体 B 阀门打开,液体 B 流入储存罐。

④当液面传感器 SL_1 检测到,液体 B 阀门关闭,搅匀电机开始工作。

⑤6s 后,搅匀电机停止工作,混合液体阀门打开。

⑥混合液体阀门打开的过程中,液体储存罐内的液面下降,液面传感器依次无法检测到。

图 11.13　电气线路连接实物图

⑦ 当液面传感器 SL_3 无法检测到时,再过 2s,混合液体阀门关闭。

⑧ 混合液体阀门关闭后,开始下一循环。

⑨ 按下"停止"按钮,当一个循环工作结束后停止。

⑩ 按下"急停"开关,装置立即停止。

⑪ 调试过程中,如果没有按照要求实现功能,尝试进一步改进。

项目评价

项目完成之后,按表 11.4 中的内容进行评价,"自我评定"由自己填写,"小组评定"由小组组长填写,"教师评定"由任课教师进行总评。优秀的为"A",良好的为"B",合格的为"C",不合格的为"D"。

表 11.4 项目完成评价表

序号	评价内容	评 价 细 则	自我评定	小组评定	教师评定
1	工具准备	① 学习基本工具——书籍、实训报告、笔 ② 线路连接工具——螺丝刀、尖嘴钳、剥线钳等 ③ 电路检测工具——万用表、验电笔			
2	电气线路	① 电动机控制主电路的连接 ② 根据 PLC 输入、输出地址分配正确连接相关线路 ③ 电动机及 PLC 接地线			
3	程序编写	① 选择正确的 PLC 型号 ② 熟练使用梯形图编程软件 ③ 根据项目要求,完成梯形图的正确编写			
4	程序调试	① 装置的启动 ② 装置的循环工作 ③ 装置的停止 ④ 装置的急停			
5	安全操作	① 在操作过程中,注意安全,尤其是不允许带电进行线路连接、更改 ② 线路通电之前用万用表正确检测 ③ 出现故障时,要正确使用仪表进行检测			
6	3Q7S	① 工具摆放整齐 ② 线路板及桌面清理干净 ③ 电源关闭,计算机、桌椅摆放整齐 ④ 线路连接过程中的连接线有无浪费			

项目拓展

在液体混合装置控制过程中,如果都是按正常情况运行,液体储存罐中不会留下残余的混合液体。但当设备发生紧急情况时,必须按下"急停"按钮,让装置立即停止,此时液体储存罐中就留有残余的液体,若不加以处理,会导致在下一次运行时液体的比例无法满足实际需求。为了防止此类问题的发生,在原先的控制要求基础上增加一个初始化功能:

当装置重新启动后,混合液体阀门 YV_3 先打开,对储存罐中的液体输出,维持 10s,混合液体放完后关闭。只有当这一初始化过程完成之后,才能按下"启动"按钮,装置正常运行;若初始化未完成,按下"启动"按钮无效。具有初始化功能的多种液体混合装置示意图如图 11.14 所示。

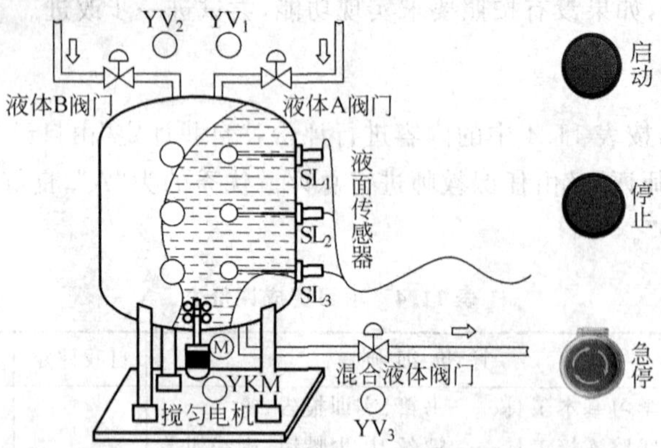

图 11.14　具有初始化功能的多种液体混合装置

知识巩固

1. 下列指令中,有置位功能的是(　　　)。

　　A. SET　　　　　　　B. RST　　　　　　　C. MCR　　　　　　D. ZRST

2. 执行指令(　　　),能够使 M2、M9 复位。

　　A. RST M2　　　　　　　　　　　　B. RST M9

　　C. ZRST M0 M9　　　　　　　　　　D. ZRST M3 M9

3. SET 指令不能输出控制的继电器是(　　　)。

　　A. Y　　　　　　　　B. D　　　　　　　　C. M　　　　　　　D. S

制作全自动洗车装置控制系统

📖 学习目标

1. 巩固 PLC 基本编程指令、定时器 T 等的正确使用。
2. 进一步掌握顺序控制的编程要点。
3. 通过编程、调试,实现全自动洗车装置的控制。

📷 项目情境

随着社会经济的发展,汽车产业得到了突飞猛进的发展,带动洗车业一起火爆。传统的人工洗车费时、费力、费钱、费水,而且效果不理想。为此,很多城市出现了全自动洗车装置,如图 12.1 所示,只要车辆驶到相应的位置,全自动洗车装置就会自动开始刷洗,然后车辆慢慢移动,当车辆移出时,该装置会自动停止刷洗,全面实现自动化控制。

图 12.1 全自动洗车装置

🔧 项目实施要求

如图 12.2 所示为全自动洗车装置示意图,T_1、T_2、T_3、T_4 为检测车辆位置的传感器,L_1、L_2、L_3 为自动洗车阶段指示,内部还包含传送带电机、刷子接触器、水阀门以及洗涤剂阀门。

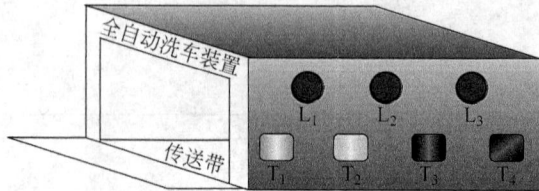

图 12.2　全自动洗车装置控制示意图

具体控制要求如下：

① 当车辆从左边驶入全自动洗车装置门口时，传感器 T_1 检测到车辆，清洗机开始工作，指示灯 L_1 点亮，传送带电动机 M、刷子接触器 KM 和水阀门 YV_1 同时打开，对车身进行淋湿。

② 当传感器 T_2 检测到时，指示灯 L_1 熄灭，L_2 点亮，水阀门 YV_1 关闭，洗涤剂阀门 YV_2 打开，对车辆喷洒洗涤剂；3s 后 YV_2 关闭，刷子继续刷洗。

③ 当传感器 T_3 检测到时，指示灯 L_2 熄灭，L_3 点亮，水阀门 YV_1 重新打开，对车身全方位清洗。

④ 当传感器 T_4 检测到时，指示灯 L_3 熄灭，传送带电动机 M、刷子接触器 KM、水阀门 YV_1 同时关闭，洗车装置停止工作，洗车完成。

项目分析

从项目的要求来看，此装置包含 3 个阶段：车身淋湿阶段、洗涤剂喷洒阶段、车身清洗阶段。要完成此项目，必须弄清每一阶段的开始条件、结束条件以及每一阶段所要控制的对象。通过归纳，得出如表 12.1 所示的阶段任务汇总表。

表 12.1　全自动洗车装置阶段任务汇总表

阶　段	开始条件	结束条件	控制对象
第一阶段 （车身淋湿）	传感器 T_1	传感器 T_2	传送带电动机 M 刷子接触器 KM 水阀门 YV_1 指示灯 L_1
第二阶段 （洗涤剂喷洒）	传感器 T_2	传感器 T_3	传送带电动机 M 刷子接触器 KM 洗涤剂阀门 YV_2 指示灯 L_2
第三阶段 （车身清洗）	传感器 T_3	传感器 T_4	传送带电动机 M 刷子接触器 KM 水阀门 YV_1 指示灯 L_3

从表 12.1 中发现，很多控制对象在几个阶段中同时出现，如传送带电动机 M 和刷子接触器 KM 在 3 个阶段一直工作，水阀门在第一、三阶段工作。如果要按阶段性任务编写梯形图，就会出现多个重复的 PLC 输出继电器（俗称"多线圈"）。要解决这一问题，必

须在出现相同线圈的地方全部用不同的辅助继电器 M 代替，然后通过这些辅助继电器 M 的常开触点进行并联，最终使控制对象的线圈得电。这种方法相对来说较为复杂。下面介绍另外一种方法，也就是采用逆向思维来分析。

在梯形图的编写过程中，触点是可以无限次使用的，而线圈只能用一次，因此只要理清有多少个控制对象，然后找准每一控制对象的开始条件和结束条件，就能避免某一控制对象在梯形图中多次出现。根据这一方案，得出表 12.2 所示的控制对象开始条件和结束条件分布表。

表 12.2　控制对象开始与结束条件分布表

条　件	传送带电动机 M	刷子接触器 KM	水阀门 YV_1	洗涤剂阀门 YV_2	指示灯 L_1	指示灯 L_2	指示灯 L_3
开始条件（传感器）	T_1	T_1	T_1、T_3	T_2	T_1	T_2	T_3
结束条件（传感器）	T_4	T_4	T_2、T_4	3s	T_2	T_3	T_4

通过表 12.2 汇总之后，每个控制对象的条件就非常清晰，只要按照自己的控制条件，相应的对象动作，就能够轻而易举地解决问题了。

项目实施

1. 注意事项

① 操作之前，检查工具绝缘性能及相关元器件是否损坏。
② 操作过程中，工具不得随意乱扔，防止安全事故发生。
③ 连接线路时，用力适可而止，不得损坏元器件。
④ 线路连接完毕后，用检测工具(万用表)进行检查，防止线路短路。
⑤ 调试完毕后，做好 3Q7S 相关工作。

2. 实施过程

1) PLC 输入、输出地址分配

根据项目要求，此处涉及 4 个输入对象和 7 个输出控制对象。PLC 对应的地址分配如表 12.3 所示。

表 12.3　全自动洗车装置 PLC 输入、输出地址分配表

输　入						输　出					
代号	作用	地址	代号	作用	地址	代号	作用	地址			
T_1	传感器	X000	KM_1	传送带电动机	Y000	L_1	指示灯	Y004			
T_2	传感器	X001	KM	刷子接触器	Y001	L_2	指示灯	Y005			
T_3	传感器	X002	YV_1	水阀门	Y002	L_3	指示灯	Y006			
T_4	传感器	X003	YV_2	洗涤剂阀门	Y003						

2）项目控制电气原理图

全自动洗车装置控制电气原理图如图 12.3 所示。

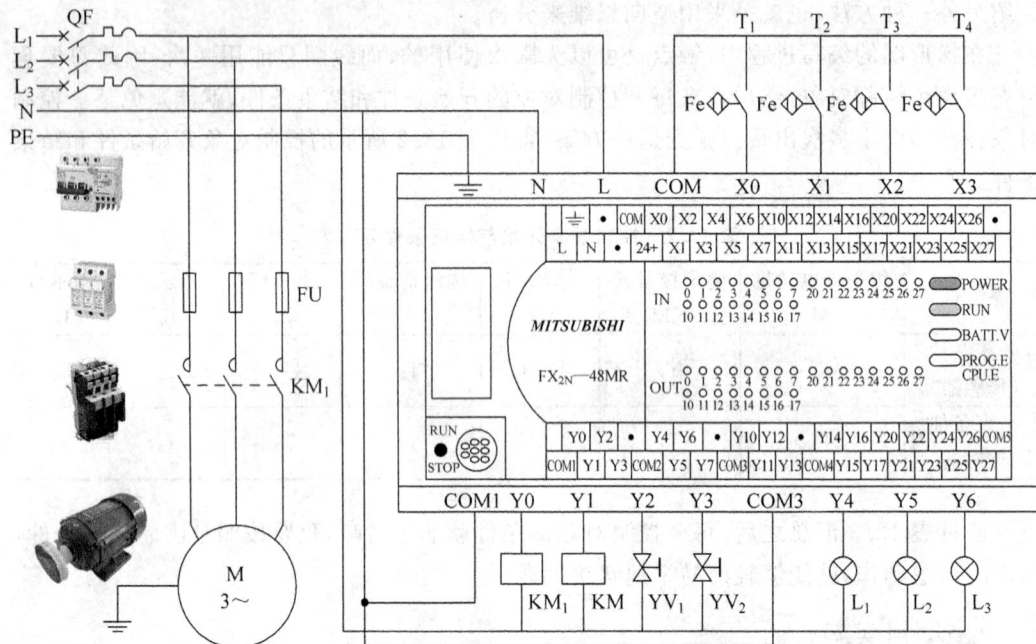

图 12.3 全自动洗车装置控制电气原理图

3）元器件清单

根据项目要求和电气原理图可以看出实现全自动洗车装置所需的元器件。选用的元器件清单如表 12.4 所示。

表 12.4 全自动洗车装置元器件清单

序号	符号	名　称	型号、规格	单位	数量	备　注
1	QF	断路器	DZ47LE—32 D6	个	1	
2	FU	熔断器	RT18—32	组	1	
3	KM	交流接触器	CJX2—9	个	2	
4	M	传送带电动机	WDJ26	台	1	
5	YV	电磁阀门	2W160—15	个	2	
6	T	光电传感器	LJ12A3—4—A/BX	个	4	
7	L	指示灯	AD58B—22D	个	4	
8	PLC	可编程控制器	FX$_{2N}$—48MR	台	1	

4）PLC 梯形图

根据表 12.2 所列控制对象的开始条件与结束条件，编写功能梯形图。

（1）传送带电动机 M

传送带电动机 M 在全自动洗车装置启动（传感器 T$_1$ 检测到）后就一直工作，直到装置停止（传感器 T$_4$ 检测到）才结束，因此它的控制方法与项目 5 所学的三相异步电动机连续运转控制基本一致,功能梯形图如图 12.4 所示。

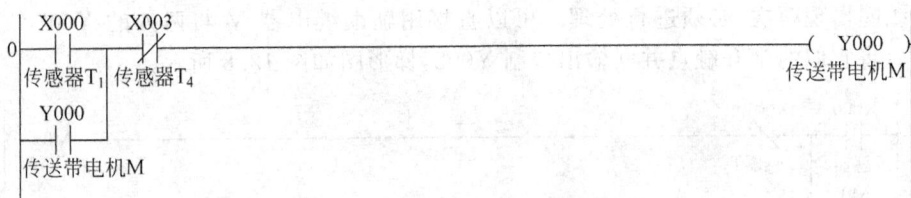

图 12.4 传送带电动机 M 控制功能梯形图

(2) 刷子接触器 KM

刷子接触器 KM 同样是在全自动洗车装置启动(传感器 T_1 检测到)后就一直工作,直到装置停止(传感器 T_4 检测到)才结束,其功能梯形图如图 12.5 所示。

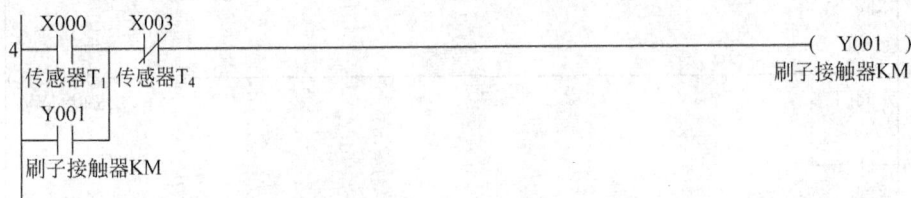

图 12.5 刷子接触器 KM 控制功能梯形图

(3) 水阀门 YV_1

编写水阀门 YV_1 的功能梯形图在此项目中相对较难,主要是因为它不是一直处于工作状态,而是先工作,然后停止,之后又工作,因此它的开始条件和结束条件就有两组。

第一组条件是传感器 T_1 检测到开始,传感器 T_2 检测到结束,其功能梯形图如图 12.6 所示。

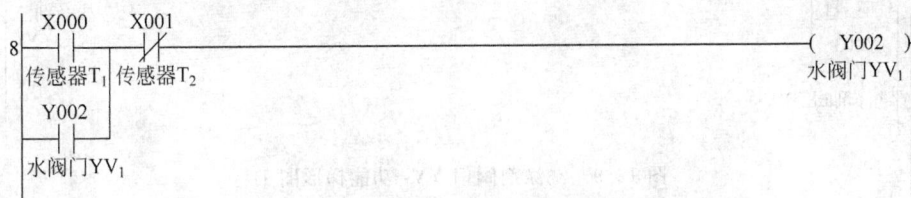

图 12.6 水阀门 YV_1 控制功能梯形图 1

第二组条件是传感器 T_3 检测到开始,传感器 T_4 检测到结束,其功能梯形图如图 12.7 所示。

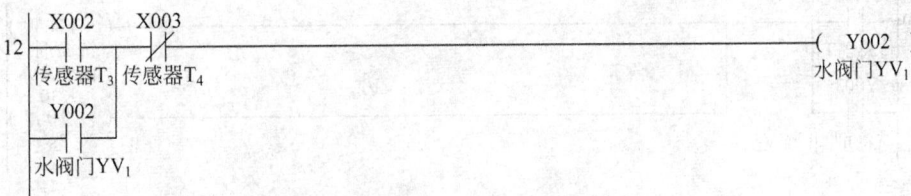

图 12.7 水阀门 YV_1 控制功能梯形图 2

　　两组条件如果独立控制时,功能梯形图不存在任何问题,但将两者结合,就会发现Y002线圈出现两次,必须进行处理。可以直接用辅助继电器 M 将两处的 Y002 线圈替代,然后将它们的常开触点并联输出控制 Y002,梯形图如图 12.8 所示。

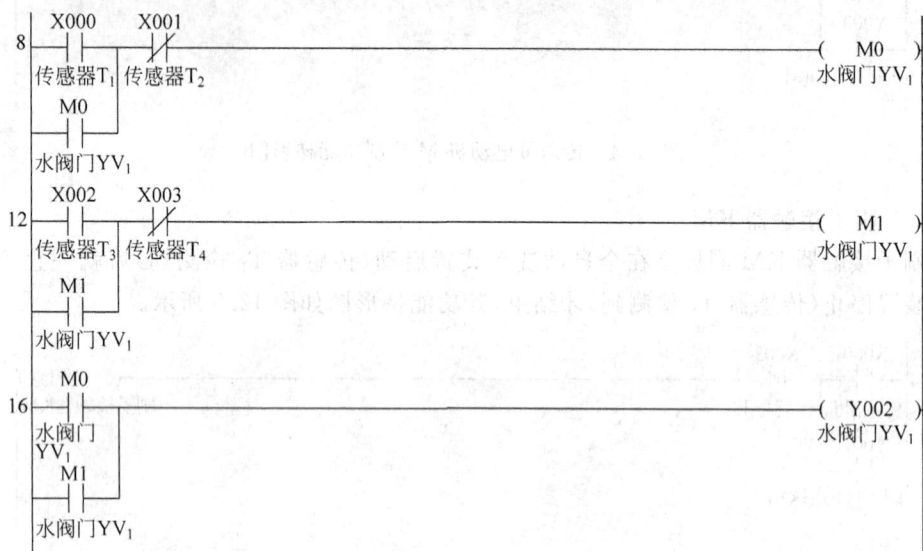

图 12.8　水阀门 YV_1 控制功能梯形图 3

　　(4) 洗涤剂阀门 YV_2

　　洗涤剂阀门 YV_2 的开始条件是传感器 T_2 检测到,停止条件是自动工作 3s,因此与其他控制对象有所区别。其启动较为简单,功能梯形图如图 12.9 所示。

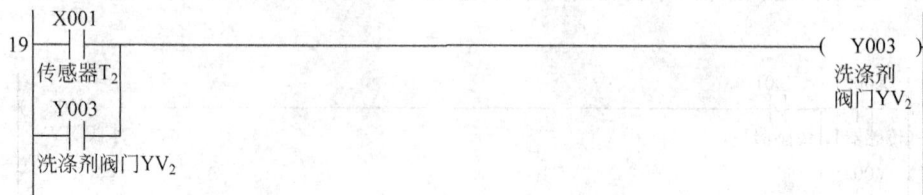

图 12.9　洗涤剂阀门 YV_2 功能梯形图 1

　　洗涤剂阀门 YV_2 停止涉及时间问题(3s),必须使用定时器 T 来实现。在其启动的同时,就要开始定时,因此只要将定时器输出线圈与洗涤剂阀门 YV_2 线圈并联输出即可,功能梯形图如图 12.10 所示。

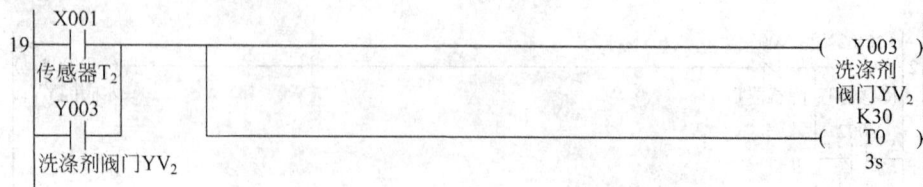

图 12.10　洗涤剂阀门 YV_2 功能梯形图 2

3s 定时时间到了之后,必须马上将洗涤剂阀门 YV_2 关闭,防止浪费。要关闭阀门,只要将其前门的支路断开即可,定时器 T_0 定时时间到了之后,它的常闭触点会断开,因此只要将 T_0 的常闭触点加在总的支路中即可,功能梯形图如图 12.11 所示。

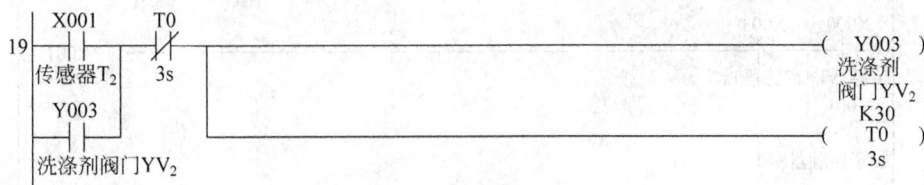

图 12.11 洗涤剂阀门 YV_2 功能梯形图 3

(5) 指示灯 L_1、L_2、L_3

指示灯的控制方法都是一致的,只不过是开始与结束的条件有所不同,相对来说较为简单,功能梯形图如图 12.12 所示。

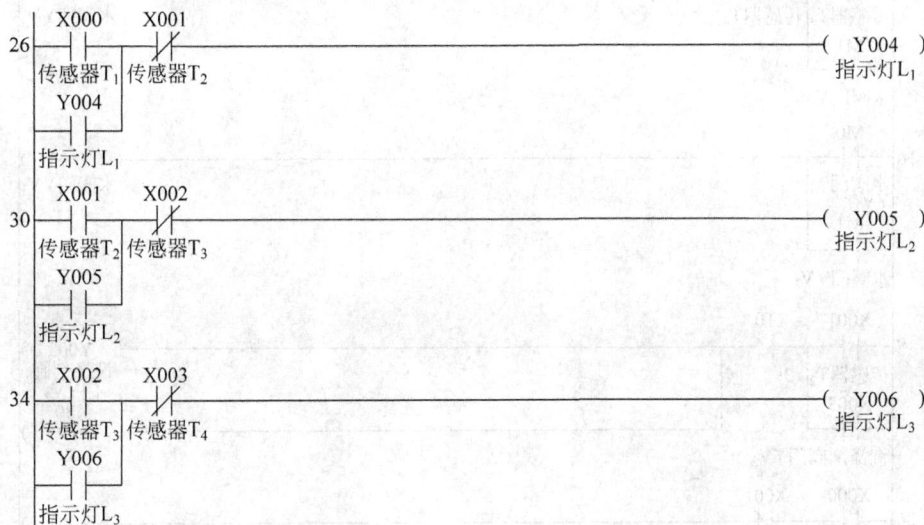

图 12.12 指示灯 L_1、L_2、L_3 功能梯形图

综合上述各个控制对象的分析,可以得出全自动洗车装置完整的功能梯形图如图 12.13 所示。

到此为止,全自动洗车装置的功能已经全部实现。对于这种顺序控制的项目,只要找准每个控制对象的条件,问题就会迎刃而解。

5) 调试步骤

按照项目要求连接好电气线路,实物图如图 12.14 所示。

编写梯形图写入 PLC 中后,将梯形图切换到"监视模式",然后按照如下步骤进行调试。

① 观察 PLC 运行指示灯是否点亮。若未亮,将控制开关拨下后重新拨上,并检查电气线路 PLC 电源。

```
      X000    X003
0  ──┤├──────┤/├──────────────────────────────────( Y000 )
    传感器T₁  传感器T₄                                传送带电机M
      Y000
    ──┤├──
    传送带电机M

      X000    X003
4  ──┤├──────┤/├──────────────────────────────────( Y001 )
    传感器T₁  传感器T₄                                刷子接触
      Y001
    ──┤├──
    刷子接触器KM

      X000    X001
8  ──┤├──────┤/├──────────────────────────────────( M0 )
    传感器T₁  传感器T₂                                水阀门YV₁
      M0
    ──┤├──
    水阀门YV₁

      X002    X003
12 ──┤├──────┤/├──────────────────────────────────( M1 )
    传感器T₃  传感器T₄                                水阀门YV₁
      M1
    ──┤├──
    水阀门YV₁

      M0
16 ──┤├────┬─────────────────────────────────────( Y002 )
    水阀门  │                                        水阀门YV₁
    YV₁     │
      M1    │
    ──┤├────┘
    水阀门YV₁

      X001    T0
19 ──┤├──────┤├──────────────────────────────────( Y003 )
    传感器T₂  3s  │                                   洗涤剂阀
      X003       │                                   门YV₂
    ──┤├─────────┘                                   K30
    洗涤剂阀门YV₂                                     ( T0  )
                                                      3s

      X000    X001
26 ──┤├──────┤/├──────────────────────────────────( Y004 )
    传感器T₁  传感器T₂                                指示灯L₁
      Y004
    ──┤├──
    指示灯L₁

      X001    X002
30 ──┤├──────┤├──────────────────────────────────( Y005 )
    传感器T₂  传感器T₃                                指示灯L₂
      Y005
    ──┤├──
    指示灯L₂

      X002    X003
34 ──┤├──────┤/├──────────────────────────────────( Y006 )
    传感器T₃  传感器T₄                                指示灯L₃
      Y006
    ──┤├──
    指示灯L₃
```

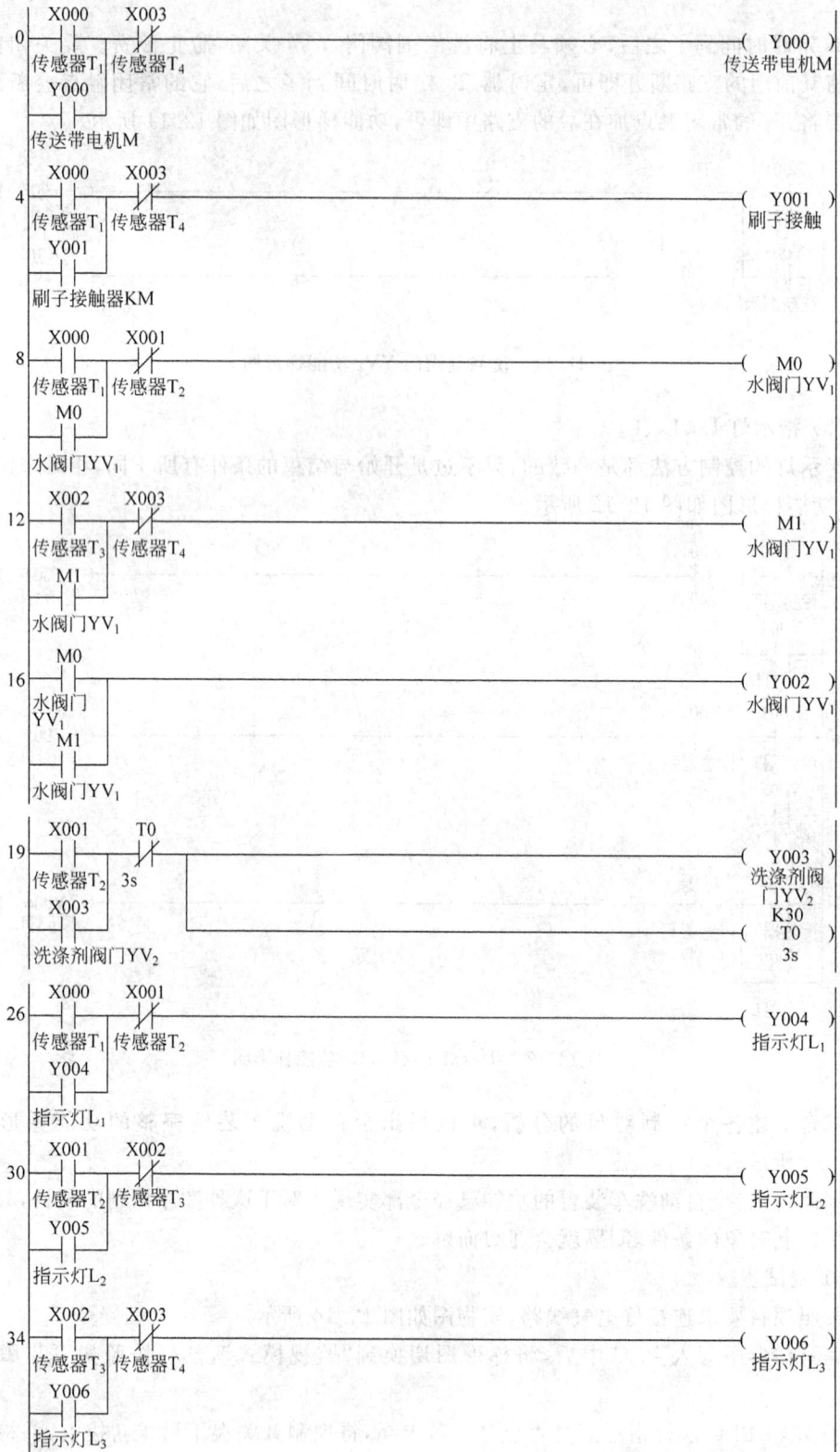

图 12.13 全自动洗车装置功能梯形图

② 传感器 T_1 检测到,传送带电动机 M、刷子接触器 KM、水阀门 YV_1、指示灯 L_1 开启。

③ 传感器 T_2 检测到,水阀门 YV_1、指示灯 L_1 关闭,洗涤剂阀门 YV_2、指示灯 L_2 开启。

④ 3s 后,洗涤剂阀门 YV_2 自动关闭。

⑤ 传感器 T_3 检测到,指示灯 L_2 关闭,水阀门 YV_1、指示灯 L_3 开启。

⑥ 传感器 T_4 检测到,传送带电动机 M、刷子接触器 KM、水阀门 YV_1、指示灯 L_3 关闭。

⑦ 调试过程中,如果没有按照要求实现功能,尝试进一步改进。

图 12.14　电气线路连接实物图

项目评价

项目完成之后,按表 12.5 中的内容进行评价,"自我评定"由自己填写,"小组评定"由小组组长填写,"教师评定"由任课教师进行总评。优秀的为"A",良好的为"B",合格的为"C",不合格的为"D"。

表 12.5　项目完成评价表

序号	评价内容	评 价 细 则	自我评定	小组评定	教师评定
1	工具准备	① 学习基本工具——书籍、实训报告、笔 ② 线路连接工具——螺丝刀、尖嘴钳、剥线钳等 ③ 电路检测工具——万用表、验电笔			
2	电气线路	① 电动机控制主电路的连接 ② 根据 PLC 输入、输出地址分配正确连接相关线路 ③ 电动机及 PLC 接地线			
3	程序编写	① 选择正确的 PLC 的型号 ② 熟练使用梯形图编程软件 ③ 根据项目要求,完成梯形图的正确编写			
4	程序调试	① 传送带电动机 M 控制 ② 刷子接触器 KM 控制 ③ 水阀门 YV_1 控制 ④ 洗涤剂阀门 YV_2 控制 ⑤ 指示灯 L_1 控制 ⑥ 指示灯 L_2 控制 ⑦ 指示灯 L_3 控制			
5	安全操作	① 在操作过程中,注意安全,尤其是不允许带电进行线路连接、更改 ② 线路通电之前用万用表正确检测 ③ 出现故障时,要正确使用仪表进行检测			
6	3Q7S	① 工具摆放整齐 ② 线路板及桌面清理干净 ③ 电源关闭,计算机、桌椅摆放整齐 ④ 线路连接过程中的连接线有无浪费			

项目拓展

　　项目中涉及的全自动洗车装置的功能完全可以满足实际生活所需,大大提高了洗车效率。但有时由于某种原因,如装置发生故障、车主临时有事等,需要在自动洗车过程中紧急停止,这时必须想尽一切办法实现。有些人可能说只要断开电源就可以了,这种方法虽然能达到目的,但不是非常理想,因此在装置的设计过程中,一般还要添加一个"紧急停止"按钮。当按钮按下时,不管装置处于哪个阶段,都必须马上停止,其模型示意图如图 12.15 所示。

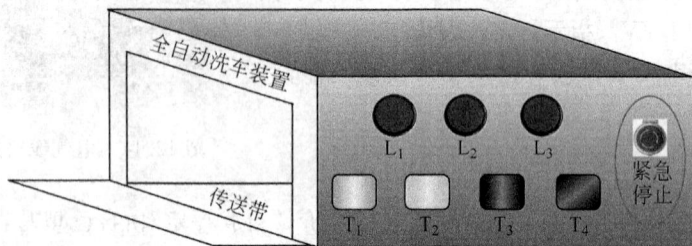

图 12.15　具有紧急停止功能的全自动洗车装置

知识巩固

1. 一个对象在多个时段控制时如何解决?
2. 当输入连接常闭触点时,内部编程该如何解决?

项目 **13**

制作生产车间的工位显示控制系统

🎯 **学习目标**

1. 掌握数据寄存器 D、数据传输指令 MOV 及译码指令 SEGD 的正确使用。
2. 掌握 LED 数码管的内部结构。
3. 通过 PLC 控制生产车间的工位 LED 显示。

📋 **项目情境**

在一些较为先进的公交站台上,可以显示经过该站台的车辆离此站有多长的距离以及大概需要的时间;在银行的墙面上往往挂着存款利率、贷款利率表,显示不同的利率、时间等信息;在一些十字路口,在信号灯的旁边还有一个倒计时的装置,用来提醒车辆注意时间。这些显示出来的信息都是不断在变化的,因此必须特有的装置才能实现,用得最多的就是 LED 数码管,它能够显示数字及部分字符,更重要的是其成本较低。在工业控制领域,数码管显示同样具有极其重要的作用,可以用数码管显示设备的运行时间、运行状态、设备出错内容、运动部件位置情况、环境的温度等。LED 数码管显示应用场合如图 13.1 所示。

| 公交站台指示 | 银行利率显示 | 交通灯倒计时显示 |

图 13.1　LED 数码管显示应用场合

🔧 **项目实施要求**

在生产车间需要在不同的工位之间搬运货物,通常为了节约人力,利用电动运输小车沿着轨道在不同的工位之间往返运输和停靠。在一些简陋的设备上常用几个不同颜色的指示灯表示小车当前所处位置,这种方法简单,但是看起来比较费力,不是很直观。本项目利用 LED 数码管显示小车当前的位置,车间运输小车轨道、工位示意图如图 13.2 所示。

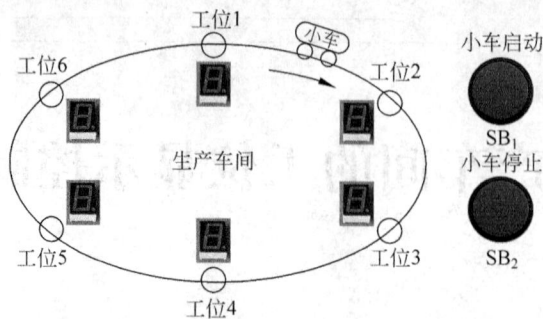

图 13.2　车间运输小车轨道、工位示意图

具体控制要求如下:

① 按下启动按钮 SB$_1$,小车开始顺时针运输货物。小车在车间的 6 个工位之间沿着轨道不停地输送货物;

② 当小车运行到工位 1 时(由行程开关触碰实现),6 个工位上的 LED 数码管都显示"1"。

③ 小车在工位 1 上停留 30s,然后自动行驶到工位 2,6 个工位上的 LED 数码管都显示"2";在工位 2 上停止 30s,以此类推,行驶到工位 6 后回到工位 1。

④ 按下停止按钮 SB$_2$,小车立即停止行驶。

项目分析

从项目要求来看,小车沿着图 13.2 所示轨道向前行驶。在行驶过程中,显示当前行驶到的工位编号;到达下一个工位后,停留设定的时间,然后继续向前行驶,直到按下停止按钮后,小车停止。项目设计主要包含小车的启动和停止、小车停留 30s 后自动行驶至下一工位、工位数据传送译码 3 个任务。

1. 小车的启动和停止

在小车行驶过程中,方向始终保持向前,由三相异步电机提供动力,而三相异步电动机由交流接触器 KM 控制。当按下启动按钮 SB$_1$ 时,KM 接触器得电,电动机运转,小车向前行驶;当按下停止按钮 SB$_2$ 时,KM 接触器失电,电动机停止,小车停止向前行驶。

2. 小车停留 30s 后自动行驶到下一工位

小车向前行驶到下一个工位触碰到行程开关后停留 30s 时间,然后继续自动向下一个工位行驶。30s 时间可通过定时器 T 来实现。

3. 工位数据传送译码

小车行驶到相应工位后,需要通过 LED 数码管来显示当前工位的编号。这里不像发光二极管那样简单地进行处理,必须通过特殊指令才能实现。较好的方法是采用 MOV 指令将当前工位数据传送至数据寄存器 D,然后通过七段译码指令 SEGD 将数据寄存器 D 内部的数据译码后传送给 LED 数码管显示当前工位。

知识链接

1. 数据存储器 D、数据传送指令 MOV

数据寄存器 D 在数据的比较、控制、计算、位置控制等场合用来存放数据和参数。数据传送指令 MOV 是将源操作数 S 的数据传送到目标操作数 D 中,通常和数据寄存器 D、定时器 T、计数器 C 等配合使用,是 PLC 必不可少的元件。

(1) 通用数据寄存器

通用数据寄存器 D0~D199 为 16 位,用于存放 16 位二进制数据或一个字大小的数据。将数据写入通用寄存器之后,其值保存在内部,直到下次再被改写。当 PLC 停电或者 PLC 从运行状态"RUN"变为停止状态"STOP"后,数据寄存器内部数据变为初始状态"0"。通用数据寄存器初始状态内部数据为"0",如图 13.3 所示。

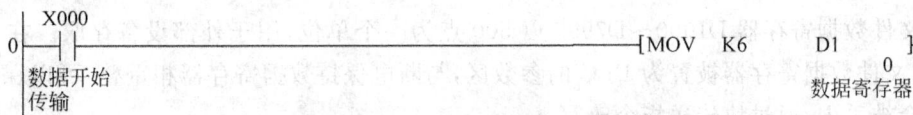

图 13.3 通用寄存器 D1 内部初始数据为"0"

当 X000 变为闭合的时候,源操作数 K6 被传送到目标操作数 D1 内部,如图 13.4 所示。

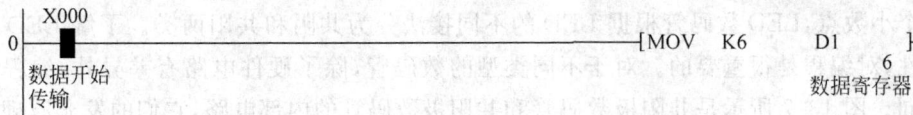

图 13.4 源操作数传送至通用数据寄存器 D1

(2) 断电保持数据寄存器

断电保持数据寄存器 D200~D7999 具有断电保持功能。当 PLC 停电或者关闭后,通用数据寄存内部数据将丢失,变为"0",而断电保持数据寄存器内部保存的数据能够在 PLC 断电的情况下继续保存在内部。断电保持数据寄存器数据的存入同样采用 MOV 指令传送,如图 13.5 所示。

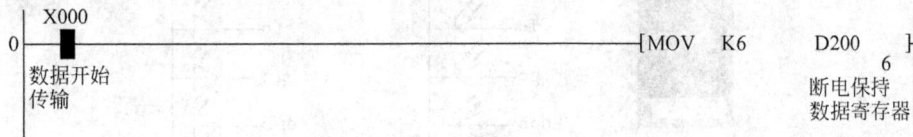

图 13.5 源操作数传送至断电保持数据寄存器 D200

清除断电保持内部数据的方法为：采用 RST 指令，使得数据变为"0"；或者直接采用数据传送指令 MOV，将数据 K0 传送至目标断电保持数据寄存器 D。清除后，内部数据从 K6 变为 K0，如图 13.6 所示。

图 13.6　清除断电保持数据寄存器 D200 的内部数据

（3）特殊数据寄存器

特殊数据寄存器 D8000～D8255 可以用来控制和监视 PLC 内部的各种工作方式、系统时间、扫描时间等。

（4）文件数据寄存器

文件数据寄存器 D1000～D7999 以 500 点为一个单位，用于外部设备存取。在 PLC 内部，文件数据寄存器被置为 PLC 的参数区，与断电保持数据寄存器相重叠，可以保证数据不会被丢失，通过块传送指令改写。

2. LED 数码管及显示方式

LED 数码管是由多个发光二极管封装在一起组成"8"字形的器件，引线已在内部连接完成，只需引出它们的各个笔划、公共电极。LED 数码管常用段数一般为 7 段，有的另加一个小数点，LED 数码管根据 LED 的不同接法分为共阴和共阳两类。了解 LED 的这些特性，对编程是很重要的。对于不同类型的数码管，除了硬件电路有差异外，编程方法也不同。图 13.7 所示是共阴极数码管和共阳极数码管的内部电路，它们的发光原理是一样的，只是电源极性不同。

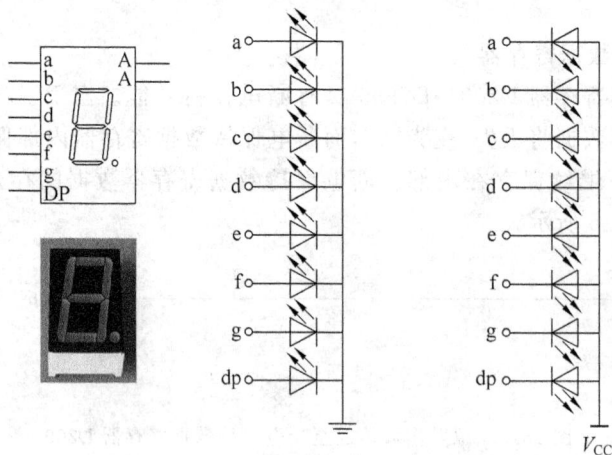

图 13.7　LED 七段数码管内部结构图

数码管的每一笔划都是对应一个字母表示,LED 数码管要正常显示,就要用驱动电路来驱动数码管的各个段码,从而显示出所需的数字和字符。因此,根据 LED 数码管驱动方式的不同,分为静态显示方式和动态显示方式两类。

(1)静态显示方式

静态显示驱动也称直流驱动。静态驱动是指每个数码管的每一个段码都由一个 PLC 的输出口驱动,或者使用如 BCD 码二—十进位译码器驱动。静态驱动的优点是编程简单,显示亮度高;缺点是占用 I/O 较多。

三菱 FX 系列 PLC 可利用七段译码指令 SEGD 静态显示十六进制数据。SEGD 是将源操作数 S 指定元件的低 4 位中的十六进制数(0~F)译码后送给七段数码管显示。七段数码管静态显示方式如图 13.8 所示。

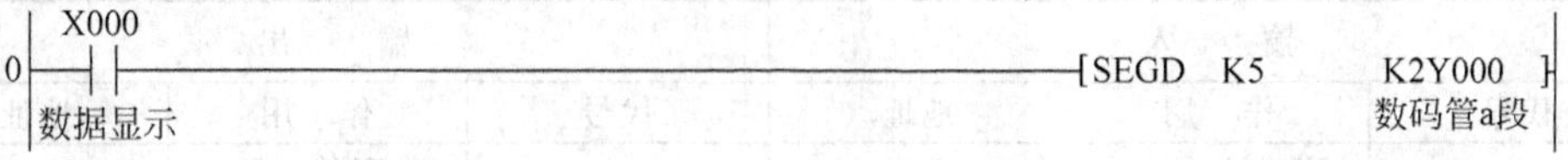

```
       X000
0     ──┤├──────────────────────────────[SEGD  K5      K2Y000 ]
      数据显示                                      数码管a段
```

图 13.8 数据 K5 译码显示

在 SEGD 指令使用中,K5 表示要显示的数据,K2 表示输出的端口数。若为 K1,对应的是 Y0~Y3;K2 对应的是 Y0~Y7。

当 X000 闭合后,数据 K5 将被译码传输到数码管上显示,此时 PLC 输出端 Y000、Y002、Y003、Y005、Y006 对应数码管 a 段、c 段、d 段、f 段、g 段点亮显示。七段数码管数据对应 PLC 输出如表 13.1 所示。

表 13.1 七段数码管数据对应 PLC 输出

显示数据	Y000	Y001	Y002	Y003	Y004	Y005	Y006	Y007
1	0	1	1	0	0	0	0	0
2	1	1	0	1	1	0	1	0
3	1	1	1	1	0	0	1	0
4	0	1	1	0	0	1	1	0
5	1	0	1	1	0	1	1	0
6	1	0	1	1	1	1	1	0
7	1	1	1	0	0	0	0	0
8	1	1	1	1	1	1	1	0
9	1	1	1	1	0	1	1	0
0	1	1	1	1	1	1	0	0

(2)动态显示方式

动态驱动显示是电子信息技术应用最为广泛的一种显示方式之一,通常采用单片机等控制芯片驱动。PLC 采用动态显示相对较少。

🐛 **项目实施**

1. 注意事项

① 操作之前,检查工具绝缘性能及相关元器件是否损坏。

② 操作过程中,工具不得随意乱扔,防止安全事故发生。

③ 连接线路时,用力适可而止,不得损坏元器件。

④ 线路连接完毕后,用检测工具(万用表)进行检查,防止线路短路现象。

⑤ 调试完毕后,做好3Q7S相关工作。

2. 实施过程

1) PLC输入/输出地址分配

根据项目要求,此处涉及9个输入对象和9个输出控制对象。PLC对应的地址分配如表13.2所示。

表13.2   生产车间的工位显示控制PLC输入/输出地址分配表

输　　入			输　　出		
代号	作　用	地址	代号	作　用	地址
SB₁	启动小车	X000	a	数码管a段	Y000
SB₂	停止小车	X001	b	数码管b段	Y001
SQ₁	工位1限位	X002	c	数码管c段	Y002
SQ₂	工位2限位	X003	d	数码管d段	Y003
SQ₃	工位3限位	X004	e	数码管e段	Y004
SQ₄	工位4限位	X005	f	数码管f段	Y005
SQ₅	工位5限位	X006	g	数码管g段	Y006
SQ₆	工位6限位	X007	dp	数码管dp段	Y007
FR	过载保护	X010	KM	小车电动机	Y010

2) 项目控制电气原理图

生产车间的工位显示控制电气原理图如图13.9所示。

3) 元器件清单

根据项目要求和电气原理图可以看出实现生产车间的工位显示控制所需的元器件。选用的元器件清单如表13.3所示。

表13.3   生产车间的工位显示控制元器件清单

序号	符号	名　称	型号、规格	单位	数量	备　注
1	QF	断路器	DZ47LE—32 D6	个	1	
2	FU	熔断器	RT18—32	组	1	
3	KM	交流接触器	CJX2—9	个	1	
4	FR	热继电器	JRS1D—25	个	1	
5	M	电动机	WDJ26	台	1	
6	SB	按钮	LA68B	个	2	
7	LED	七段数码管	SM412301K	个	6	
8	SQ	行程开关	LX19—001	个	6	
9	VC	开关电源	YL—032A	个	1	
10	PLC	可编程控制器	FX₂N—48MR	台	1	

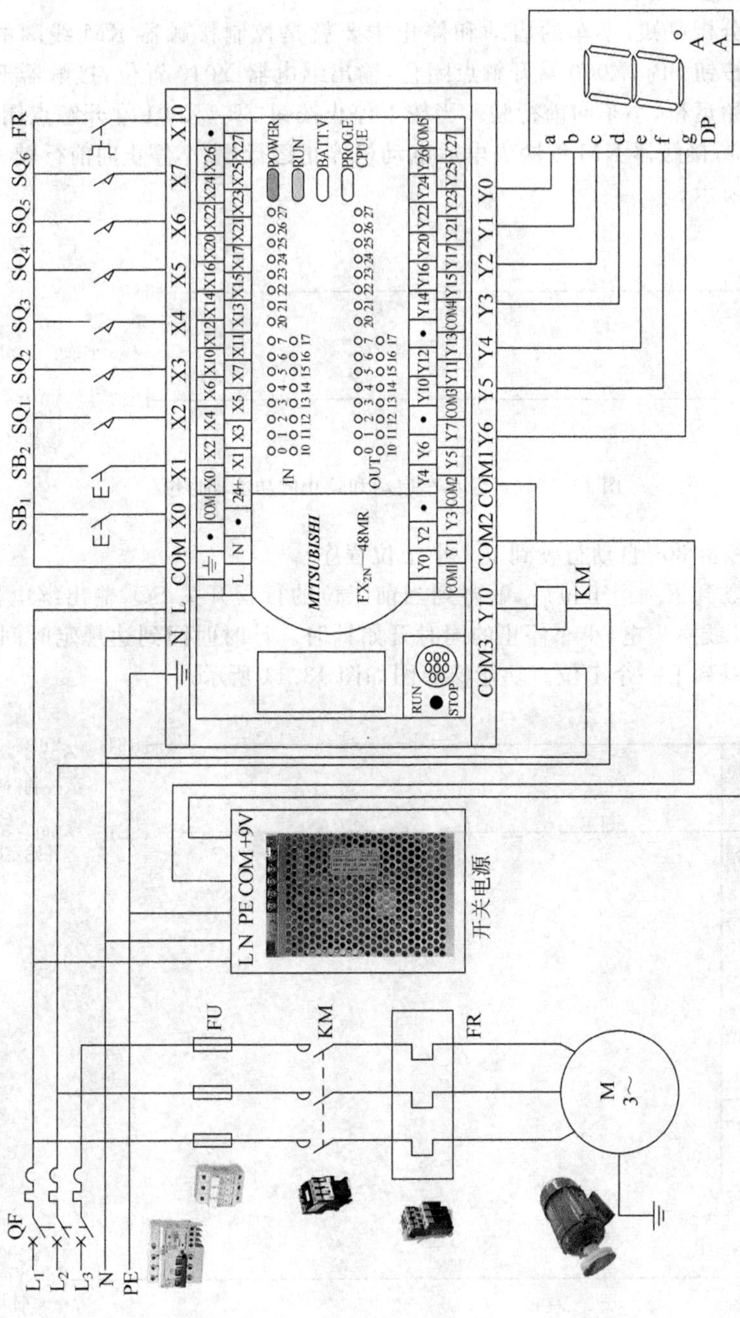

图 13.9　生产车间的工位显示控制电气原理图

4）PLC梯形图

根据项目分析可知,项目设计主要包括小车的启动和停止程序、小车停留30s后自动行驶到下一个工位程序、工位数据传送程序、工位数据译码显示程序。

（1）小车的启动和停止程序

根据项目分析可知,小车的启动和停止主要就是控制接触器KM线圈的得电与失电。按下启动按钮SB₁,X000常开触点闭合,输出继电器Y010置位,接触器KM线圈得电后电动机开始运行,小车向前行驶。当按下停止按钮SB₂,X001常开触点闭合,输出继电器Y010复位,接触器KM线圈失电后电动机停止运行,小车停止向前行驶。功能梯形图如图13.10所示。

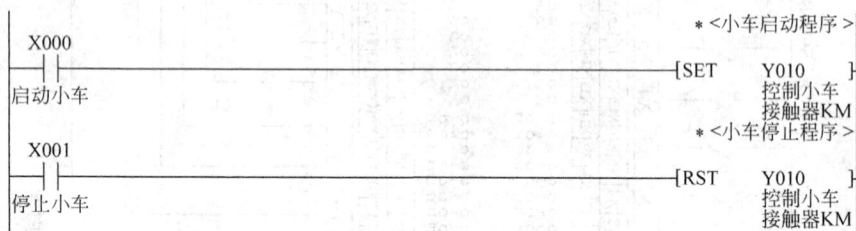

图13.10 运输小车启动和停止的功能梯形图

（2）小车停留30s自动行驶到下一个工位程序

当小车行驶到下一个工位后,触碰到当前工位的行程开关SQ,输出继电器Y010复位,接触器KM线圈失电,小车停止的同时开始计时。计时时间到达规定时间30s后,小车继续向前行驶到下一个工位。功能梯形图如图13.11所示。

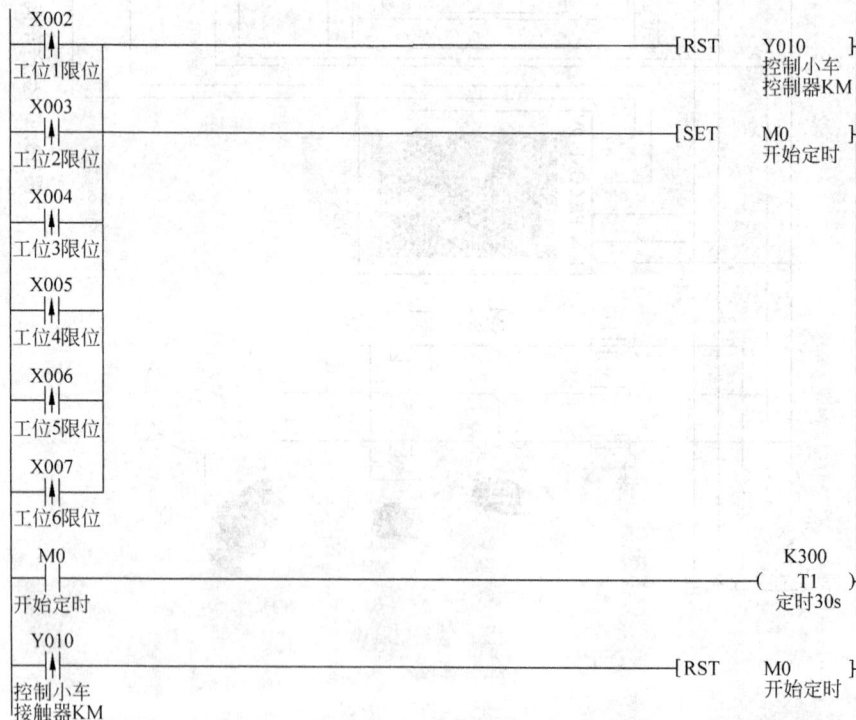

图13.11 运输小车到达工位后停留30s功能梯形图

当到达定时时间 30s 后,小车继续向前行驶,功能梯形图如图 13.12 所示。

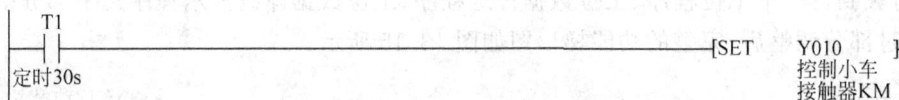

```
   T1
   ┤├──────────────────────────────────[SET  Y010
 定时30s                                      控制小车
                                              接触器KM
```

图 13.12　停留时间到达规定时间后继续向前行驶功能梯形图

（3）工位数据传送程序

当到达下一个工位后,触碰到该工位行程开关 SQ,把该工位编号数据采用 MOV 指令传送至数据寄存器 D。因输送小车在操作的过程中需要关闭或者遇到停电的情况,当再次启动后仍需要显示工位编号,所以数据寄存器必须在停电或者 PLC 关闭的情况下继续保存数据,因此在编写程序的时候,采用断电保持数据寄存器,以确保数据不丢失。工位数据传送程序功能梯形图如图 13.13 所示。

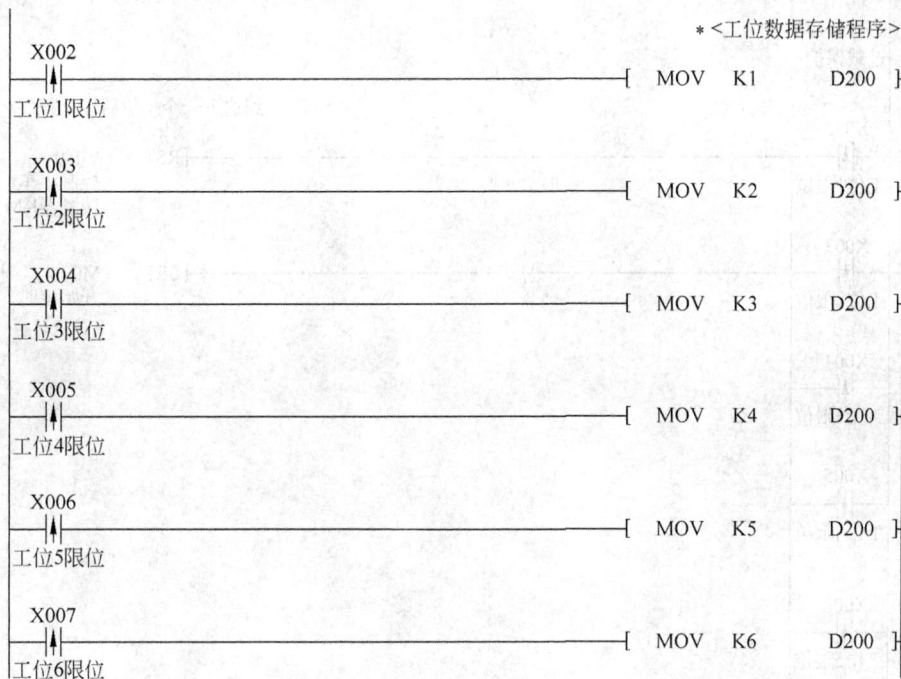

```
                                              *<工位数据存储程序>
   X002
   ┤↑├────────────────────────────────MOV  K1   D200
 工位1限位

   X003
   ┤↑├────────────────────────────────MOV  K2   D200
 工位2限位

   X004
   ┤↑├────────────────────────────────MOV  K3   D200
 工位3限位

   X005
   ┤↑├────────────────────────────────MOV  K4   D200
 工位4限位

   X006
   ┤↑├────────────────────────────────MOV  K5   D200
 工位5限位

   X007
   ┤↑├────────────────────────────────MOV  K6   D200
 工位6限位
```

图 13.13　工位数据传送功能梯形图

（4）工位数据译码显示程

利用七段译码指令 SEGD 静态显示十六进制数据。SEGD 将源操作数 D200 译码后送给 Y000 开始的后 8 位输出,通过七段数码管显示当前数据。译码显示程序功能梯形图如图 13.14 所示。

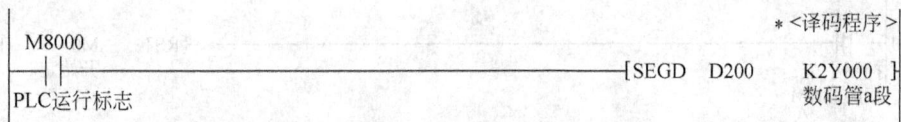

```
                                              *<译码程序>
   M8000
   ┤├────────────────────────────────SEGD  D200  K2Y000
 PLC运行标志                                    数码管a段
```

图 13.14　工位数据译码显示功能梯形图

到此为止,整个项目梯形图分解完毕。现把小车的启动和停止程序、小车停留 30s 后自动行驶到下一个工位程序、工位数据传送程序、工位数据译码显示程序几个部分整合起来,经过部分调整后,完整的功能梯形图如图 13.15 所示。

```
                                                         *<小车启动程序>
     X000
0   ──┤├──────────────────────────────────────[SET    Y010    ]
    启动小车                                              控制小车
                                                         接触器KM
      T1
    ──┤├──
    定时30s
                                                    *<小车停止和过载保护程序>
     X001
3   ──┤├──────────────────────────────────────[RST    Y010    ]
    停止小车                                              控制小车
                                                         接触器KM
     X010
    ──┤├──
    过载保护
                                                *<小车到达下一个工位后停止程序>
     X002
6   ──┤├──────────────────────────────────────[RST    Y010    ]
    工位1限位                                             控制小车
                                                         接触器KM
     X003
    ──┤├──────────────────────────────────────[SET    M0      ]
    工位2限位                                             开始定时
     X004
    ──┤├──
    工位3限位
     X005
    ──┤├──
    工位4限位
     X006
    ──┤├──
    工位5限位
     X007
    ──┤├──
    工位6限位
                                                         *<延时30秒程序>
                                                          K300
     M0
20  ──┤├────────────────────────────────────────────────( T1 )
    开始定时                                              定时30s
     Y010
24  ──┤├──────────────────────────────────────[RST    M0      ]
    控制小车                                              开始定时
    接触器KM
```

图 13.15 生产车间的工位显示控制完整功能梯形图

```
      X001
27 ──┤├──────────────────────────────────────────[RST    M0    ]
     停止小车                                              开始定时
                                                   *＜工位数据存储程序＞
      X002
29 ──┤↑├──────────────────────────────────────────[ MOV   K1    D200 ]
     工位1限位
      X003
36 ──┤↑├──────────────────────────────────────────[ MOV   K2    D200 ]
     工位2限位
      X004
43 ──┤↑├──────────────────────────────────────────[ MOV   K3    D200 ]
     工位3限位
      X005
50 ──┤↑├──────────────────────────────────────────[ MOV   K4    D200 ]
     工位4限位
      X006
57 ──┤↑├──────────────────────────────────────────[ MOV   K5    D200 ]
     工位5限位
      X007
64 ──┤↑├──────────────────────────────────────────[ MOV   K6    D200 ]
     工位6限位
                                                   *＜译码程序＞
      M8000
   ──┤├───────────────────────────────────────[SEGD  D200   K2Y000 ]
     PLC运行标志                                            数码管a段
```

图 13.15(续)

5) 调试步骤

按照项目要求连接好电气线路,实物图如图 13.16 所示。

编写梯形图写入 PLC 中后,将梯形图切换到"监视模式",然后按照如下步骤进行调试。

① 观察 PLC 运行指示灯是否点亮。若 PLC 运行指示灯"RUN"未亮,将控制开关拨下后重新拨上,并检查电气线路 PLC 电源。

② 按下启动按钮 SB₁ 后,接触器 KM 线圈得电动作,小车开始运行;按下 SB₂ 停止按钮后,小车立即停止。

③ 当小车行驶到下一个工位触碰到该工位行程

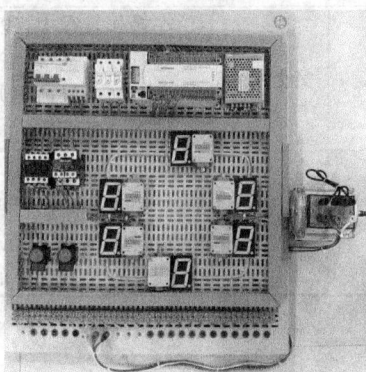

图 13.16 电气线路连接实物图

开关 SQ 后,小车立即停止;等待 30s 时间后,接触器 KM 再次吸合,小车继续向前行驶。

④ 当小车行驶到下一个工位触碰到该工位行程开关 SQ 后,数码管显示该工位的编号,直到行驶至后一个工位后,显示下一个工位编号。

⑤ 小车在行驶过程中如遇到超载现象,模拟热继电器动作,KM 接触器线圈失电,小

车立即停止。直到恢复热继电器后,小车方可再次启动。

⑥ 当过载、停电、关闭输送小车以后,再次启动小车时,LED数码管能够正确显示前一次操作后停留的工位编号。

⑦ 调试过程中,如果没有按照要求实现功能,尝试进一步改进。

项目评价

项目完成之后,按表13.4中的内容进行评价,"自我评定"由自己填写,"小组评定"由小组组长填写,"教师评定"由任课教师进行总评。优秀的为"A",良好的为"B",合格的为"C",不合格的为"D"。

表 13.4 项目完成评价表

序号	评价内容	评 价 细 则	自我评定	小组评定	教师评定
1	工具准备	① 学习基本工具——书籍、实训报告、笔 ② 线路连接工具——螺丝刀、尖嘴钳、剥线钳等 ③ 电路检测工具——万用表、验电笔			
2	电气线路	① 电动机控制主电路的连接 ② 根据PLC输入、输出地址分配正确连接相关线路 ③ 电动机及PLC接地线			
3	程序编写	① 选择正确的PLC的型号 ② 熟练使用梯形图编程软件 ③ 根据项目要求,完成梯形图的正确编写			
4	程序调试	① 小车启动、停止和过载保护功能 ② 小车到达下一工位后自动停止功能 ③ 小车停止后30s自动运行功能 ④ LED显示当前工位编号功能			
5	安全操作	① 在操作过程中,注意安全,尤其是不允许带电进行线路连接、更改 ② 线路通电之前用万用表正确检测 ③ 出现故障时,要正确使用仪表进行检测			
6	3Q7S	① 工具摆放整齐 ② 线路板及桌面清理干净 ③ 电源关闭,计算机、桌椅摆放整齐 ④ 线路连接过程中的连接线有无浪费			

项目拓展

在运输小车行驶过程中,按下停止按钮 SB$_2$,运输小车立即停止,这会导致小车在轨道上的任意位置停止。下次启动时,必须先将小车行驶到某工位上装载货物,这显得比较麻烦。因此,需要对小车停止行驶进行改进:按下停止按钮 SB$_2$,运输小车必须行驶到下一工位才能停止。车间运输小车轨道、工位示意图不变,如图13.17所示。

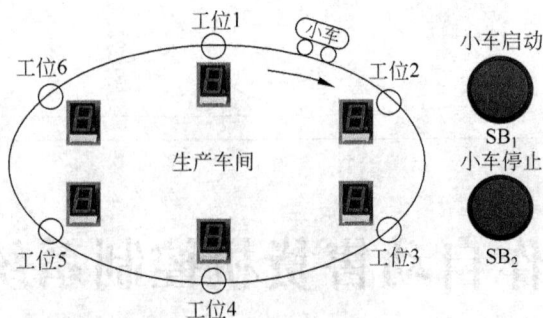

图 13.17 车间运输小车轨道、工位示意图

知识巩固

1. 下列不能作为数据传送指令的目标操作数是（　　）。

　A. D　　　　　　　B. T　　　　　　　C. X　　　　　　　D. C

2. 下列数据寄存器 D 具有断电保持的是（　　）。

　A. D0　　　　　　B. D100　　　　　　C. D500　　　　　D. D8000

3. 执行下列指令不能使断电保持数据寄存器 D2 清零的是（　　）。

　A. RST D2　　　　　　　　　　　　B. ZRST D0 D3

　C. ZRST D0 D1　　　　　　　　　　D. MOV K0 D2

4. 数码管要显示字符"C"，需点亮（　　）段。

　A. a、d、e、f　　　　B. a、b、e、f　　　　C. a、c、d、f　　　　D. b、c、e、f

制作自动售货机控制系统

学习目标

1. 掌握 PLC 计数器 C 及比较指令的正确使用。
2. 进一步巩固相关功能指令在梯形图编写中的应用。
3. 通过编程、调试，实现自动售货机。

项目情境

随着人们生活水平不断提高，所需要购买的东西越来越多，然而每次都到固定的商店购买，十分不方便。因此出现了一种全新的售货方式——自动售货机，如图 14.1 所示，它作为一种先进的零售形态，受到喜欢追逐时尚的年轻人的欢迎。自动售货机是一种高智能化的产品，因其没有语言障碍，操作简便，可以充分补充人力资源的不足，适应消费环境和消费模式的变化，24 小时自动售货系统在运营时需要更少的资本、占用更小的面积，拥有吸引人们的购物欲，以及解决人工费用上升的问题等优点。

图 14.1　自动售货机

项目实施要求

自动售货机一般包含投币机构、饮料指示机构、饮料选择机构、饮料出货机构、钱币存储机构及退币机构，操作面板示意图如图 14.2 所示。

具体控制要求如下：

① 本自动售货机只提供 1 元硬币的投币口，在内部安装一个传感器进行检测和统计。

② 雪碧售价 3 元、凉茶售价 5 元、啤酒售价 8 元，当投入的钱币之和大于等于售价，相应的指示灯（L_1、L_2、L_3）点亮。

③ 投币完成之后,按下所需购买饮料下方的按钮,所购买饮料对应存储库的阀门打开,维持 1s,饮料自动滚落至"取货处";饮料指示灯全部熄灭,钱币存储机构阀门打开,维持 2s,钱币入库。

④ 若投币后不想购买饮料,可按"退币"按钮。退币机构阀门打开,维持 2s,钱币滚至退币槽,饮料指示灯全部熄灭。

⑤ 一次购买完成之后,可重新购买。

⑥ 本售货机不设找零,请注意投入的硬币数。

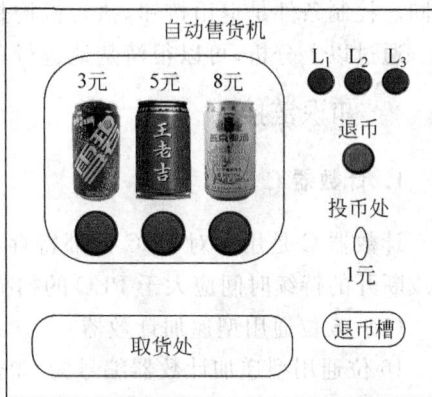

图 14.2　自动售货机操作面板示意图

项目分析

根据自动售货机的构成及具体的控制要求,对相关机构做如下分析。

1. 投入钱币的检测与统计

投币机构包含硬币的检测和硬币的数量统计。硬币检测主要为了防止一些购买者以非 1 元的硬币或者假币进行购买,所以必须有专门的传感器进行检测,此处用电感传感器代替。硬币投入之后,还需对其进行统计,看是否符合购买相应饮料的价钱。

2. 能够购买的饮料指示

饮料的指示是根据投入钱币的总数来决定的。当投入钱币之和大于等于 3 元小于 5 元时,指示灯 L_1 点亮,表示当前只能购买雪碧;当投入钱币之和大于等于 5 元小于 8 元时,指示灯 L_1、L_2 同时点亮,表示当前可以购买雪碧和凉茶;当投入钱币之和大于等于 8 元时,指示灯 L_1、L_2、L_3 同时点亮,表示三种饮料均可购买。

3. 相应饮料出货

饮料的出货是根据购买者按下相应的饮料按钮所决定的,因此用相应的按钮控制各自的饮料存储库阀门打开即可;滚落至"取货处"通过饮料的重力实现,不需另外处理。阀门打开的时间维持 1s,需要定时器 T 来定时。

4. 钱币存储

饮料购买成功后,要将购买者投入的钱币入库,以免跟下一位购买者投入的钱币混淆,因此它的触发信号也是相应饮料的选择按钮,执行机构为钱币存储库阀门。阀门打开的时间维持 2s,同样需要定时器 T 定时实现。

5. 钱币退还

钱币的退还与钱币的存储实现原理是一致的,只不过控制的条件和执行的机构有所不同。控制条件是退币按钮,执行机构是退币机构阀门。

通过以上分析,可以很清楚地进行项目实施。

知识链接

1. 计数器 C

计数器 C 是用来对 PLC 内部寄存器 X、Y、M 等提供的信号进行计数。计数脉冲接通或断开的持续时间应大于 PLC 的扫描周期,其响应速度通常小于数十赫兹。

(1) 16 位通用型递加计数器

16 位通用型递加计数器编号为 C0~C99,共 100 个,其设定值为 1~32767,梯形图应用如图 14.3 所示。

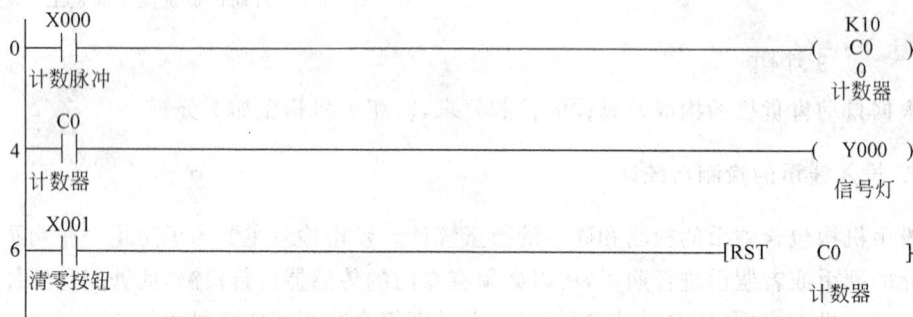

图 14.3　16 位通用型递加计数器应用 1

PLC 运行之后,在计数脉冲 X000 触点没有做任何动作时,计数器 C0 的值为 0,其常开触点断开。当 X000 触点由断开变为接通(X000 上升沿)时,计数器 C0 加 1。通过不断地使 X000 触点接通、断开,计数器 C0 的值不断增加。当 C0 的值变为 10 时,其常开触点闭合,信号灯 Y000 点亮,梯形图如图 14.4 所示。

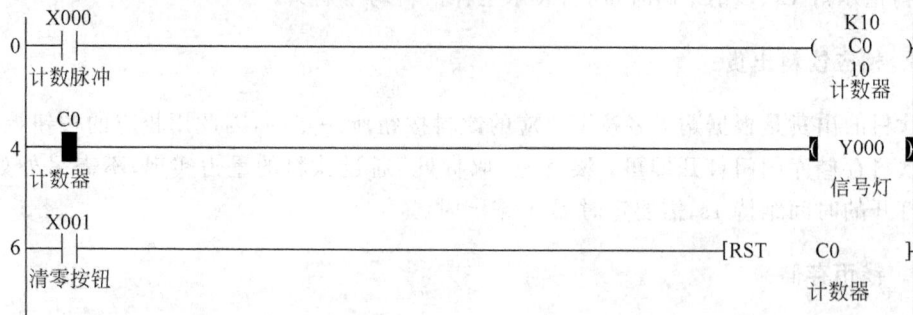

图 14.4　16 位通用型递加计数器应用 2

此时继续使计数脉冲 X000 触点动作,发现计数器 C0 不再增加,因此得出结论:当计数器的值增加到设定值时,计数器不再工作。在一段工作完成之后,计数器有时需要复位,使清零按钮 X001 触点闭合,然后执行"RST C0"指令才可复位。

（2）16 位断电保持型递加计数器

16 位断电保持型递加计数器编号为 C100～C199，共 100 个，其设定值为 1～32767。它与通用型计数器的区别在于当 PLC 突然断电时，计数器 C 的值保持；当 PLC 重新上电时，计数器 C 的值在原来的基础上增加。

（3）32 位通用型双向计数器

32 位通用型双向计数器编号为 C200～C219，共 20 个，其设定值为 −2147483648～＋2147483647，利用特殊的辅助继电器 M8200～M8219 确定增计数/减计数的方向。如果特殊辅助继电器接通时为减计数，则断开时为增计数。

（4）32 位断电保持型双向计数器

32 位断电保持型双向计数器编号为 C220～C234，共 15 个，其设定值为 −2147483648～＋2147483647，利用特殊的辅助继电器 M8220～M8234 确定增计数/减计数的方向。如果特殊辅助继电器接通时为减计数，则断开时为增计数。

（5）高速计数器

高速计数器编号为 C235～C255，8 个高速计数器输入端为 X000～X007，且一个输入端只能同时供一个高速计数器使用。利用特殊的辅助继电器 M8235～M8255 确定增计数/减计数的方向。如果特殊辅助继电器接通时为减计数，则断开时为增计数。

2. 比较指令

在 PLC 的运行过程中，往往要对一些数据进行比较，此时需要用到比较指令。三菱 PLC 中的比较指令包括大于（＞）、等于（＝）、小于（＜）、大于等于（＞＝）、小于等于（＜＝）、不等于（＜＞），具体应用如图 14.5 所示。

图 14.5　三菱 PLC 比较指令的应用

当计数器 C0 的值小于 3 时，信号灯 1 点亮；当计数器 C0 的值等于 3 时，信号灯 2 点亮；当计数器 C0 的值大于等于 5 时，信号灯 3 点亮。

项目实施

1. 注意事项

① 操作之前，检查工具绝缘性能及相关元器件是否损坏。

② 操作过程中，工具不得随意乱扔，防止安全事故发生。

③ 连接线路时，用力适可而止，不得损坏元器件。

④ 线路连接完毕后，用检测工具（万用表）进行检查，防止线路短路。

⑤ 调试完毕后,做好 3Q7S 相关工作。

2. 实施过程

1) PLC 输入/输出地址分配

根据项目要求,此处涉及 5 个输入对象和 8 个输出控制对象。PLC 对应的地址分配如表 14.1 所示。

表 14.1　自动售货机 PLC 输入/输出地址分配表

输 入			输 出		
代号	作　用	地址	代号	作　用	地址
T_1	钱币检测传感器	X000	YV_1	钱币存储阀门	Y000
SB_1	雪碧选择按钮	X001	YV_2	钱币退还阀门	Y001
SB_2	凉茶选择按钮	X002	YV_3	雪碧出货阀门	Y002
SB_3	啤酒选择按钮	X003	YV_4	凉茶出货阀门	Y003
SB_4	退币按钮	X004	YV_5	啤酒出货阀门	Y004
			L_1	雪碧可购买指示	Y005
			L_2	凉茶可购买指示	Y006
			L_3	啤酒可购买指示	Y007

2) 项目控制电气原理图

自动售货机电气原理图如图 14.6 所示。

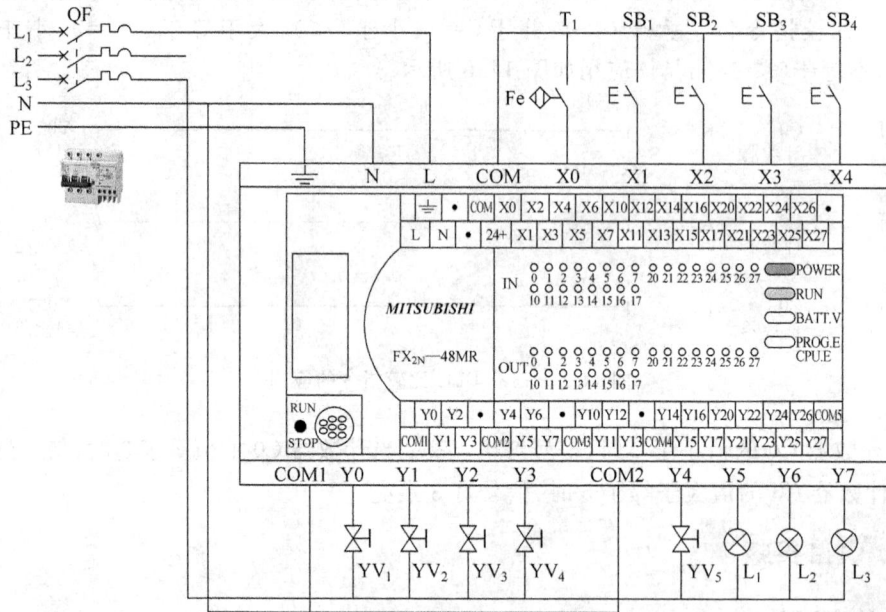

图 14.6　自动售货机电气原理图

3) 元器件清单

根据项目要求和电气原理图可以看出实现自动售货机控制所需的元器件。选择的元器件清单如表 14.2 所示。

表 14.2　自动售货机控制元器件清单

序号	符号	名　称	型号、规格	单位	数量	备　注
1	QF	断路器	DZ47LE—32 D6	个	1	
2	T_1	电感传感器	LJ12A3—4—Z/BX	个	1	
3	SB	按钮	LA68B	个	4	
4	YV	电磁阀	JZ7—44(中间继电器代替)	个	5	
5	L	指示灯	AD58B—22D	个	3	
6	PLC	可编程控制器	FX_{2N}—48MR	台	1	

4) PLC 梯形图

根据项目分析的内容,编程时按模块进行,包含投入钱币的检测与统计、能够购买的饮料指示、相应饮料的出货、钱币的存储及钱币的退还。

(1) 投入钱币的检测与统计

钱币的检测是由传感器自动完成,能够分辨出是否是 1 元的硬币,不需要进行程序上的处理。此处的重点是钱币统计。在知识链接中,学习了计数器 C 的使用,当检测到钱币符合要求时,系统通过计数器 C 加 1,从而进行累加,达到钱币统计的效果。钱币统计功能梯形图如图 14.7 所示。

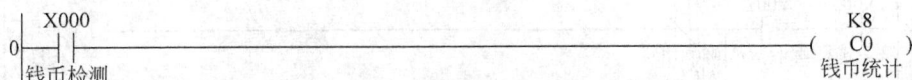

图 14.7　钱币统计功能梯形图

此处计数器 C0 的峰值设为 K8,主要考虑到本售货机不设找零机构,而最贵的啤酒是 8 元,因此当投入的硬币达到 8 元后,无须继续统计,此处数值大于等于 8 均可。

(2) 能够购买的饮料指示

指示主要是用来提醒购买者投入的钱币是否已经能够购买自己所需的饮料。当投入的钱币等于 3 元(也就是计数器 C0 的数值为 3)时,表明可购买雪碧,其指示灯点亮;有时候购买者不小心,投入的钱币大于 3 元时,照样也能够购买雪碧,只不过不能退款而已,所示指示灯继续保持点亮,凉茶、啤酒同样如此。因此,此处只要应用知识链接中的比较指令,通过计数器 C0 的值与饮料的售价进行比较,就能实现指示的功能。饮料指示功能梯形图如图 14.8 所示。

图 14.8　饮料指示功能梯形图

(3) 相应饮料的出货

投入的钱币达到相应饮料的售价(相应饮料指示灯点亮)时,当购买者按下自己所需饮料下方的按钮,相应饮料的存储库阀门就应该打开,然后自动滚落到"取货处",使购买者取走饮料。这里,每种饮料的存储库阀门打开需要两个条件同时满足,因此两个条件是串联的关系。而阀门打开的时间为1s,此处通过定时器T来实现定时。按下饮料选择按钮后,存储库阀门线圈得电,1s时间到了之后,马上断开存储库阀门线圈,使阀门关闭。饮料出货功能梯形图如图14.9所示。

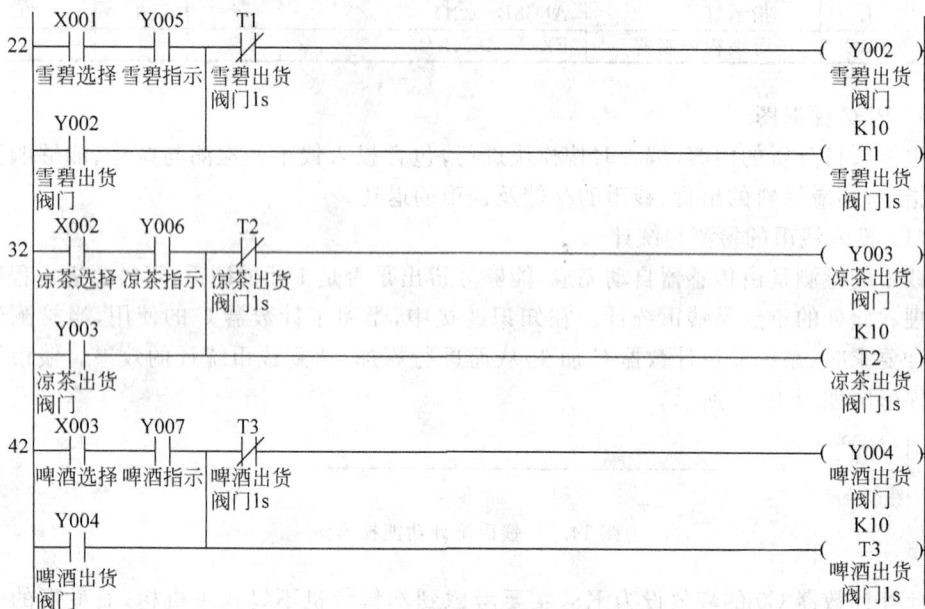

图14.9 饮料出货功能梯形图

(4) 钱币的存储

饮料购买完成之后,对购买者投入的硬币必须存储,不然会导致与下一个购买者投入的钱币混淆。万一退币,会把全部钱币退到"退币槽"。钱币存储的条件是饮料购买完成,也就是三种饮料中有一种出货阀门工作,钱币存储阀门就打开,维持的时间为2s,2s后阀门关闭,钱币存储完成。钱币存储功能梯形图如图14.10所示。

图14.10 钱币存储功能梯形图

　　钱币存储完成(2s定时时间到)后,表明一次购买已经完成,投入钱币的统计计数器C0必须清零,饮料指示灯全部熄灭。这里虽然涉及两方面的动作,但从图14.8所示饮料指示功能梯形图可知,饮料的指示是通过计数器C0与饮料售价进行比较的,因此只要计数器C0清零了,饮料指示灯自然而然就全部熄灭了。钱币统计清零功能梯形图如图14.11所示。

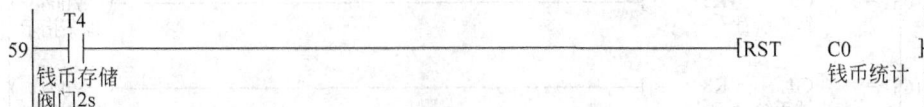

图14.11　钱币统计清零功能梯形图

(5) 钱币的退还

　　当购买者将钱币投入之后,突然又不想购买饮料,此时按下"退币"键,可将投入的钱币返回到"退币槽",购买者可取走自己投入的硬币。退币机构也是由一个阀门控制。当购买者投入钱币之后,即钱币统计计数器C0大于0,若购买者按下"退币"键,退币阀门打开,硬币自动滚落至"退币槽"。阀门的打开时间为2s,时间到后自动关闭,退币完成后,同样必须对钱币统计计数器C0清零,钱币退还功能梯形图如图14.12所示。

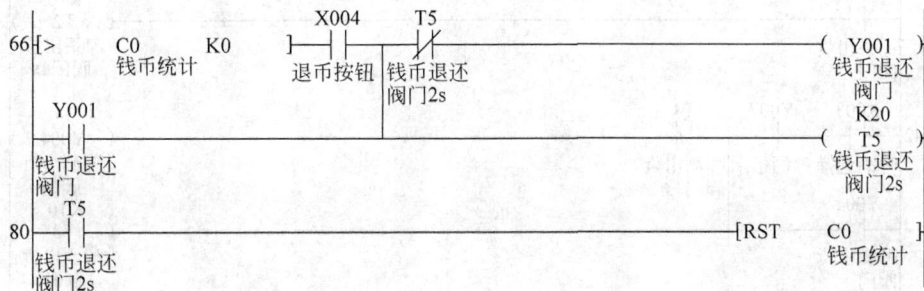

图14.12　钱币退还功能梯形图

　　5个部分的内容各自完成之后,只要将它们结合即可。自动售货机完整功能梯形图如图14.13所示。

　　到此为止,自动售货机的功能全部实现。

5) 调试步骤

　　按照项目要求连接好电气线路,实物图如图14.14所示。

　　编写梯形图写入PLC中后,将梯形图切换到"监视模式",然后按照如下步骤进行调试。

　　① 观察PLC运行指示灯是否点亮。若未亮,将控制开关拨下后重新拨上,并检查电气线路PLC电源。

　　② 从投币口投入硬币,观察钱币统计计数器C0有无增加。

　　③ 投币增加的同时,观察饮料指示灯L_1、L_2、L_3是否按要求点亮。

　　④ 投入钱币大于等于售价时,按下相应饮料按钮,饮料存储库阀门是否打开1s。

　　⑤ 饮料购买完成之后,饮料指示灯是否熄灭,钱币存储阀门是否打开2s,钱币统计计数器C0是否清零。

```
      X000                                                       K8
0     ┤├─────────────────────────────────────────────────────( C0 )
      钱币检测                                                   钱币统计

4     ┤>=    C0      K3 ├──────────────────────────────────────( Y005 )
            钱币统计                                             雪碧指示

10    ┤>=    C0      K5 ├──────────────────────────────────────( Y006 )
            钱币统计                                             凉茶指示

16    ┤>=    C0      K8 ├──────────────────────────────────────( Y007 )
            钱币统计                                             啤酒指示

      X001    X005    T1                                         ( Y002 )
22    ┤├──────┤├──────┤/├───────────────────────────────────────
      雪碧选择 雪碧指示 雪碧出货                                  雪碧出货
                      阀门1s                                     阀门
      Y002                                                       K10
      ┤├────────────┐                                          ( T1 )
      雪碧出货                                                   雪碧出货
      阀门                                                       阀门1s
      X002    Y006    T2                                         ( Y003 )
32    ┤├──────┤├──────┤/├───────────────────────────────────────
      凉茶选择 凉茶指示 凉茶出货                                  凉茶出货
                      阀门1s                                     阀门
      Y003                                                       K10
      ┤├────────────┐                                          ( T2 )
      凉茶出货                                                   凉茶出货
      阀门                                                       阀门1s
      X003    Y007    T3                                         ( Y004 )
42    ┤├──────┤├──────┤/├───────────────────────────────────────
      啤酒选择 啤酒指示 啤酒出货                                  啤酒出货
                      阀门1s                                     阀门
      Y004                                                       K10
      ┤├────────────┐                                          ( T3 )
      啤酒出货                                                   啤酒出货
      阀门                                                       阀门1s
      Y002    T4                                                 ( Y000 )
52    ┤├──────┤/├─────────────────────────────────────────────
      雪碧出货 钱币存储                                          钱币存储
      阀门    阀门2s                                            阀门
      Y003                                                       K20
      ┤├────────────┐                                          ( T4 )
      凉茶出货                                                   钱币存储
      阀门                                                       阀门2s
      Y004
      ┤├────────────┤
      啤酒出货
      阀门
      Y000
      ┤├────────────┘
      钱币存储
      阀门
      T4                                                       [RST  C0 ]
63    ┤├───────────────────────────────────────────────────────
      钱币存储                                                   钱币统计
      阀门2s
```

图 14.13　自动售货机完整功能梯形图

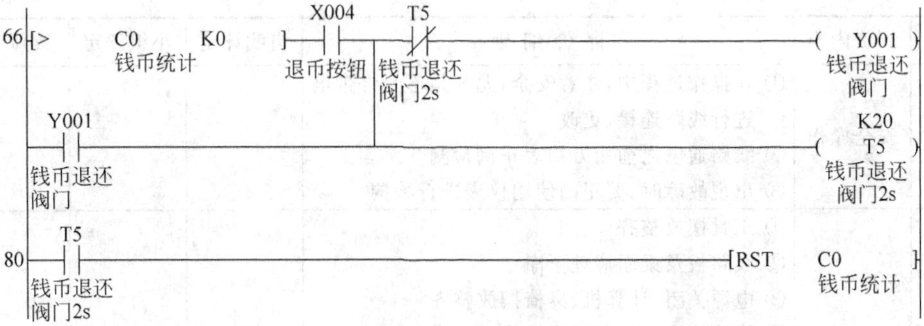

図　14.13(续)

⑥ 投入钱币之后直接按下"退币"按钮,投币机构阀门是否打开 2s,钱币统计计数器 C0 是否清零。

⑦ 调试过程中,如果没有按照要求实现功能,尝试进一步改进。

项目评价

项目完成之后,按表 14.3 中的内容进行评价,"自我评定"由自己填写,"小组评定"由小组组长填写,"教师评定"由任课教师进行总评。优秀的为"A",良好的为"B",合格的为"C",不合格的为"D"。

图 14.14　电气线路连接实物图

表 14.3　项目完成评价表

序号	评价内容	评价细则	自我评定	小组评定	教师评定
1	工具准备	① 学习基本工具——书籍、实训报告、笔 ② 线路连接工具——螺丝刀、尖嘴钳、剥线钳等 ③ 电路检测工具——万用表、验电笔			
2	电气线路	① 电动机控制主电路的连接 ② 根据 PLC 输入、输出地址分配正确连接相关线路 ③ 电动机及 PLC 接地线			
3	程序编写	① 选择正确的 PLC 的型号 ② 熟练使用梯形图编程软件 ③ 根据项目要求,完成梯形图的正确编写			
4	程序调试	① 投入钱币统计 ② 饮料指示灯显示 ③ 饮料的出货机构 ④ 钱币的存储 ⑤ 钱币的退还			

序号	评价内容	评价细则	自我评定	小组评定	教师评定
5	安全操作	① 在操作过程中,注意安全,尤其是不允许带电进行线路连接、更改 ② 线路通电之前用万用表正确检测 ③ 出现故障时,要正确使用仪表进行检测			
6	3Q7S	① 工具摆放整齐 ② 线路板及桌面清理干净 ③ 电源关闭,计算机、桌椅摆放整齐 ④ 线路连接过程中的连接线有无浪费			

项目拓展

有些人在自动售货机上购买饮料时,往往会对自己投入的硬币的数量不是非常清楚,只是根据能够购买的饮料指示灯来观察是否已经满足售价。为了解决这一问题,在冰场边上安装一个显示器,显示投入硬币的数量,这样就会更加清晰,避免多投入不必要的硬币。带有钱币数量显示的自动售货机模型示意图如图 14.15 所示。

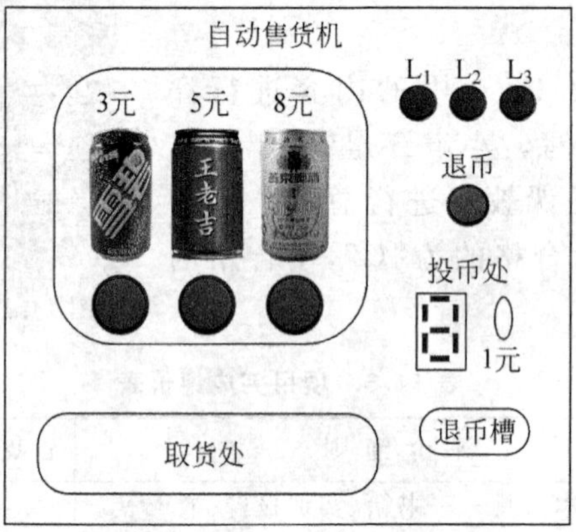

图 14.15　带有钱币数量显示的自动售货机模型示意图

知识巩固

1. 在 FX_{2N} 系列 PLC 内部,通用型计数器是(　　)。

　　A. C0～C99　　　　　　　　　　　　B. C100～C199

　　C. C200～C219　　　　　　　　　　D. C220～C234

2. 在 FX_{2N} 系列 PLC 内部,高速计数器有(　　)。

　　A. 15　　　　　　　　　　　　　　B. 20

　　C. 21　　　　　　　　　　　　　　D. 100

3. 下列计数器中属于断电保持型的是(　　)。

　　A. C0　　　　　　　　　　　　　　B. C100

　　C. C200　　　　　　　　　　　　　D. C219

4. 通用型与断电保持型计数器的区别(   )。

    A. 通用型计数器在停电后能保持原状,断电保持型计数器在停电后不能保持原状

    B. 通用型计数器在停电后不能保持原状,断电保持型计数器在停电后能保持原状

    C. 通用型和断电保持型计数器在停电后都不能保持原状

    D. 通用型和断电保持型计数器在停电后都能保持原状

项目 **15**

制作C6140型普通车床数控化改造控制系统

学习目标

1. 了解 C6140 车床的结构。
2. 巩固 C6140 型普通车床的控制功能及其要求。
3. 采用三菱 FX$_{2N}$ 系列 PLC 对 C6140 型普通车床进行数控化改造。

项目情境

普通车床从诞生至今,一直使用广泛,如图 15.1 所示。这是因为它具有操作简便、价格便宜、维护方便、加工精度高等优点。随着社会的发展,生产效率需逐步提高,必须对传统的普通机床进行数控化改造,在满足原有功能的基础上,增加一些辅助功能,更好地提高生产效率。

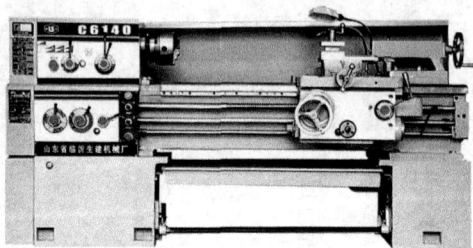

图 15.1 C6140 型普通车床

项目实施要求

C6140 型普通车床主要实现电源的指示、照明灯的控制、主轴的运转、刀架的快速移动及冷却泵的控制,控制操作面板示意图如图 15.2 所示。

具体控制要求如下:

① 系统上电之后,电源指示灯点亮。

② 将"照明开关"打至右侧,照明灯点亮。

③ 按下"主轴启动"按钮,主轴电机开始运转。

图 15.2　普通车床操作面板示意图

④ 在主轴电机启动后,将"冷却泵开关"打至右侧,冷却泵电机开始工作。

⑤ 按下"主轴停止"按钮,主轴电机停止运转。

⑥ 按下"刀架移动"按钮,刀架按预设方向移动;松开"刀架移动"按钮,刀架停止移动。

⑦ 按下"急停开关",车床的主轴、冷却泵、快速移动电机立即停止工作。

⑧ 当三台电机中任意一台发生过载时,车床的主轴、冷却泵、快速移动电机立即停止工作。

项目分析

根据项目要求可知,要完成电源指示、照明灯、主轴电机、冷却泵电机、刀架快速移动、急停开关及过载保护的控制。

1. 电源指示

电源指示功能主要指示在日常工作状态下的车床电源的供给情况。当 C6140 车床提供 380V 电源后,对应的电源指示灯指示电源正常。实现电源指示的方法有两种,一种是通过变压器输出 24V 直接供给指示灯,另外一种是通过 PLC 输出来控制电源指示灯,两种方法都能达到要求。C6140 在改造的过程中,控制的对象较少,所以占用的 I/O 点数也相对较少。采用 PLC 输出来控制电源的指示,其优点是在查看电源正常与否的同时也能够观察到 PLC 的工作状态。当电源指示灯正常的时候,PLC 必然工作在正常状态。在对指示灯 I/O 分配的时候一定要注意,不能把指示灯和继电器分配在同一组内(由不同的 COM 口控制),因为指示灯的电压为 24V,而继电器的电压一般都为 220V 或者 380V。

2. 照明灯

照明电路一般为 12~36V 之间的低压电源。如果电源为 12V,照明灯的功率为 20W,那么它的正常工作电流大于 PLC 的输出继电器额定电流 1A,对 PLC 输出继电器的损害很大,所以在照明线路中直接采用 SA_1 控制照明灯,省去了 PLC 的 I/O 点数,同时避免了对 PLC 触点的损害。

3. 主轴电机

普通车床的主轴需要实现正反转控制，它是依靠换向离合片来实现的，因此只要实现主轴电动机的连续运转控制即可。

4. 冷却泵电机

冷却泵主要是抽取冷却液来使工件和刀具在加工过程中得到冷却，提高工件加工的精度和减少刀具的磨损。因此在没有进行加工时，没有必要打开冷却泵。为了防止浪费，需要在主轴启动后才打开冷却泵。

5. 刀架快速移动

刀架快速移动是用来使刀架在 X 轴和 Z 轴的 4 个方向上快速移动，4 个方向的选择通过"十"字转换开关实现。为了操作安全，要求点动控制，按下移动，松开停止。

6. 急停开关

急停是在出现意外情况时，需要对车床执行立即停止。因此只要按下急停开关，主轴电机、冷却泵电机、快速移动电机需立即停止，而指示灯和照明灯保持原状。

7. 过载保护

过载是电机运行中常会出现的情况，如果不加以保护，会导致线路和电机等设备损坏，因此出现过载时，同样需要使主轴电机、冷却泵电机、快速移动电机需立即停止，而指示灯和照明灯保持原状。

知识链接

C6140 型普通车床结构简单，其具体结构如图 15.3 所示，主要由床身、主轴箱、进给箱、溜板箱、刀架、丝杠、光杠、尾架等部分组成。

C6140 车床的运动形式有切削运动和辅助运动。切削运动包括工件的旋转运动（主运动）和刀具的直线进给运动（进给运动），除此之外的其他运动皆为辅助运动。主运动是指主轴通过卡盘带动工件旋转，主轴的旋转是由主轴电机经传动机构拖动。根据工件材料性质、车刀材料及几何形状、工件直径、加工方式及冷却条件的不同，要求主轴有不同的切削速度。另外，为了加工螺丝，还要求主轴能够正反转。车床的进给运动是刀架带动刀具纵向或横向直线运动。溜板箱把丝杆或光杆的转动传递给刀架部分，变换溜板箱外的手柄位置，经刀架部分使车刀做纵向或横向进给。辅助运动是指刀架的快速移动、尾座的移动以及工件的夹紧与放松等。除此之外，还有在加工过程中用以冷却刀具和工件的冷却液输送电机的控制。

C6140 普通车床整个系统看似比较复杂，并且由多台电机组成，但继电器控制线路并不是太复杂，电气线路原理图如图 15.4 所示。

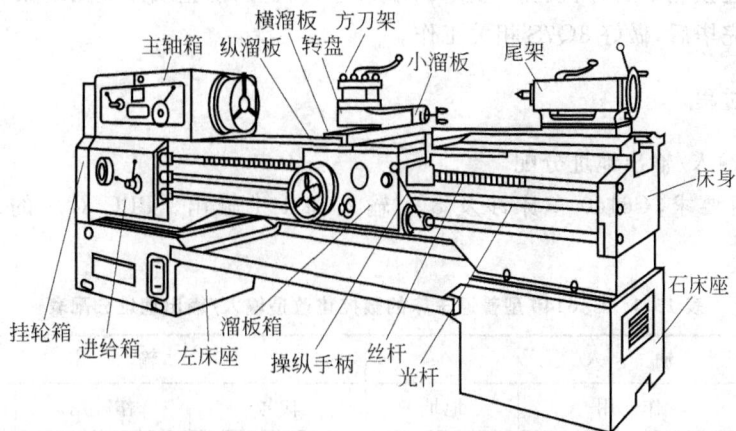

图 15.3　C6140 型普通车床示意图

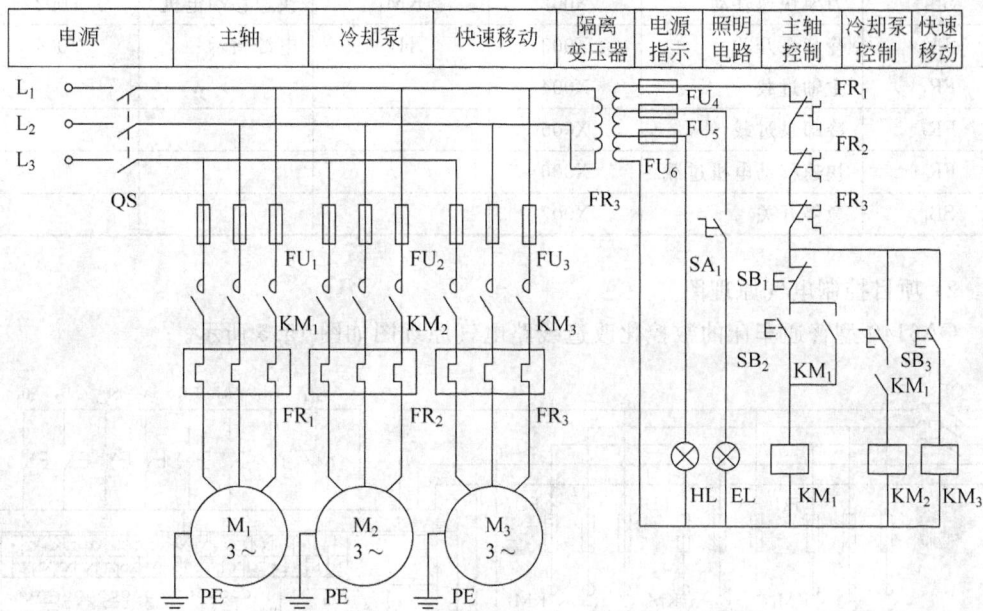

图 15.4　C6140 型普通车床电气原理图

🦉 项目实施

1. 注意事项

① 操作之前,检查工具绝缘性能及相关元器件是否损坏。

② 操作过程中,工具不得随意乱扔,防止安全事故发生。

③ 连接线路时,用力适可而止,不得损坏元器件。

④ 线路连接完毕后,用检测工具(万用表)进行检查,防止线路短路现象。

⑤ 调试完毕后,做好 3Q7S 相关工作。

2. 实施过程

1) PLC 输入/输出地址分配

根据项目要求,C6140 车床涉及 8 个输入和 4 个输出。PLC 对应的地址分配如表 15.1 所示。

表 15.1　CA6140 型普通车床的数控化改造输入/输出地址分配表

输　入			输　出		
代号	作　用	地址	代号	作　用	地址
SB_1	主轴停止	X000	KM_1	主轴电机	Y000
SB_2	主轴启动	X001	KM_2	冷却泵电机	Y001
SB_3	刀架快速移动	X002	KM_3	快速移动电机	Y002
SA_2	冷却泵开关	X003	HL	电源指示	Y004
FR_1	主轴过载	X004			
FR_2	冷却泵过载	X005			
FR_3	快速移动电机过载	X006			
SB_4	急停开关	X007			

2) 项目控制电气原理图

CA6140 型普通车床的数控化改造线路电气原理图如图 15.5 所示。

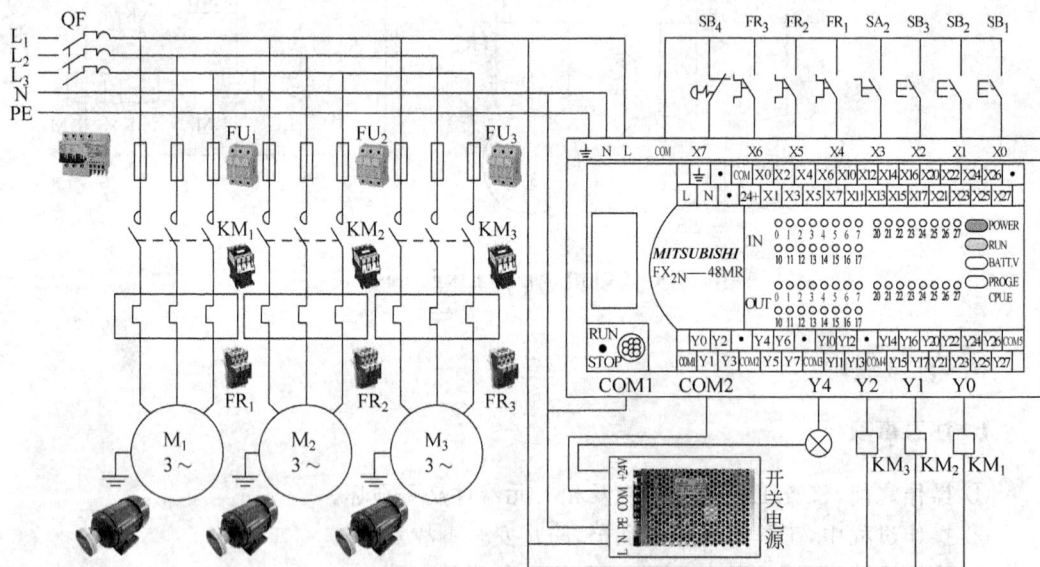

图 15.5　CA6140 型普通车床的数控化改造线路电气原理图

3）元器件清单

根据项目要求和电气原理图可以看出实现 CA6140 型普通车床的数控化改造所需的元器件。选用的元器件清单如表 15.2 所示。

表 15.2　CA6140 型普通车床的数控化改造元器件清单

序号	符号	名　称	型号、规格	单位	数量	备　注
1	QF	断路器	DZ47LE—32 D6	个	1	
2	FU	熔断器	RT18—32	组	3	
3	KM	交流接触器	CJX2—9	个	3	
4	FR	热继电器	JRS1D—25	个	3	
5	M	电动机	WDJ26	台	3	
6	SB	按钮开关	LA68B	个	3	
7	SA	转换开关	LA68B	个	1	
8	SB	急停开关	LA68B	个	1	
9	HL	指示灯	AD58B—22D	个	1	
10	PLC	可编程控制器	FX_{2N}—48MR	台	1	

4）PLC 梯形图

通过项目分析可知,PLC 编程需要完成电源指示、主轴电机、冷却泵电机、刀架快速移动、急停及过载保护的控制。

（1）电源指示

电源指示是只要 PLC 运行,指示灯就点亮,不受任何输入条件限制,因此只有输出的控制对象而没有输入的控制条件。在编写梯形图时,在左母线直接连接线圈是不允许的,必须强行加入一个触点。一种方法可以采用没用到的辅助继电器 M 的常闭触点,只要其线圈不得电,常闭触点就一直保持接通;另一种方法可以采用特殊辅助继电器 M8000,其常开触点在系统运行之后,也一直保持接通。综合考虑,采用特殊辅助继电器 M8000 较为合适,指示灯控制功能梯形图如图 15.6 所示。

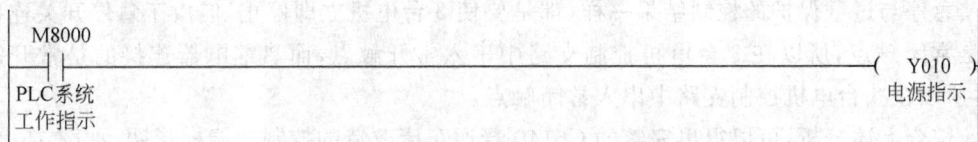

图 15.6　电源指示灯控制功能梯形图

（2）主轴电机

主轴电机需要实现的是连续运转控制,一个启动按钮、一个停止按钮,这在项目 5 重点介绍过。主轴电机控制功能梯形图如图 15.7 所示。

（3）冷却泵电机

冷却泵电机是通过转换开关 SA_2 实现的,但必须在主轴电机运转条件下,因此它属于一种顺序控制的方法。而主轴电机启动的标志是其控制接触器线圈得电,相应的辅助触点动作。根据分析,只要在冷却泵电机控制支路串入控制主轴电机的接触器的常开触

```
  X001    X000
├──┤ ├──┤/├──────────────────────────────────────────────────( Y000 )
  主轴启动 主轴停止                                              主轴电机

  Y000
├──┤ ├──┤
  主轴电机
```

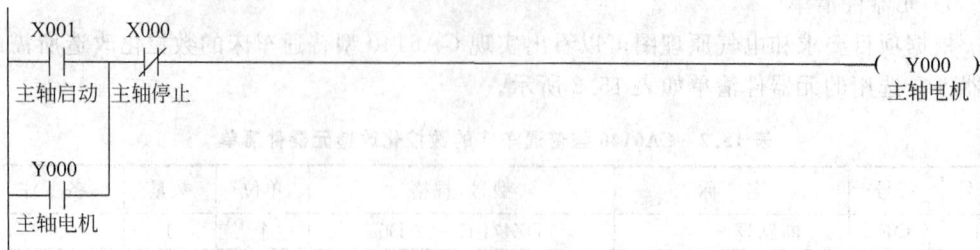

图 15.7　主轴电机控制功能梯形图

点即可。冷却泵电机控制功能梯形图如图 15.8 所示。

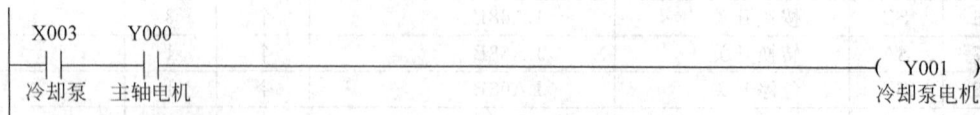

```
  X003    Y000
├──┤ ├──┤ ├────────────────────────────────────────────────( Y001 )
  冷却泵  主轴电机                                             冷却泵电机
```

图 15.8　冷却泵电机控制功能梯形图

（4）刀架快速移动

刀架在设备上电之后，选择 X 轴或 Z 轴的方向就可快速移动，其控制方法为点动方式，功能梯形图如图 15.9 所示。

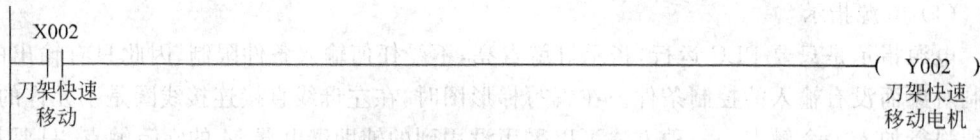

```
  X002
├──┤ ├──────────────────────────────────────────────────────( Y002 )
  刀架快速                                                    刀架快速
  移动                                                        移动电机
```

图 15.9　刀架快速移动电机控制功能梯形图

（5）急停及过载保护

急停与过载保护的控制结果一样，都是要使 3 台电机立即停止，但由于急停开关连接的是常闭触点，所以在 3 台电机控制支路中串入常开触点，而热继电器连接的是常开触点，所以在 3 台电机控制支路中串入常闭触点。

综合上述分析，可以得出完整的 C6140 普通车床改造的控制功能梯形图，如图 15.10 所示。

5）调试步骤

按照项目要求连接好电气线路，实物图如图 15.11 所示。

编写梯形图写入 PLC 中后，将梯形图切换到“监视模式”，然后按照如下步骤进行调试。

① 观察 PLC 运行指示灯是否点亮。若未亮，将控制开关拨下后重新拨上，并检查电气线路 PLC 电源。

② 打开照明灯，查看照明是否正常。

③ 查看电源指示灯是否处于工作状态。如未正常，请检测电气线路连接是否正确。

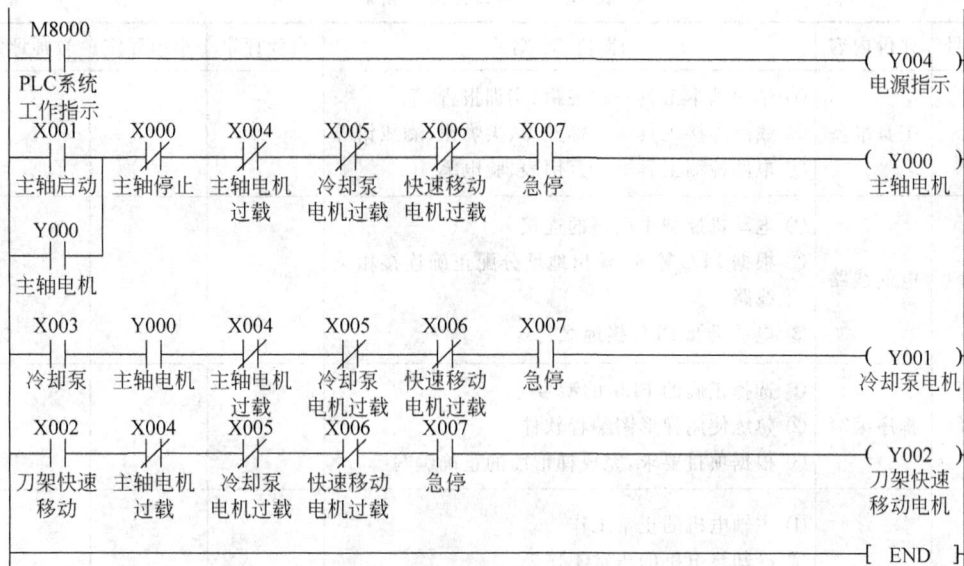

图 15.10　C6140 普通车床改造控制完整功能梯形图

④ 按下主轴启动按钮 SB₂，主轴电机运转。

⑤ 转动 SA₂ 打到"开"的位置，冷却泵电机运转；转动 SA₂ 打到"关"的位置，冷却泵电机立即停止。

⑥ 按住刀架快速移动按钮 SB₃，刀架快速移动电机运转。此时松开 SB₃ 按钮，刀架快速移动电机立即停止。

⑦ 在主轴运转的情况下按下 SB₁ 主轴停止按钮，主轴立即停止。

⑧ 按下急停按钮，车床各电机立即停止。

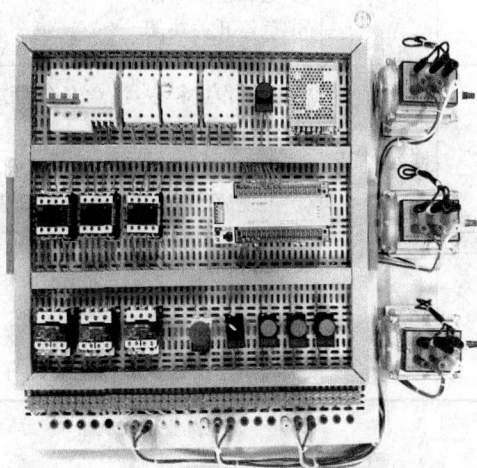

图 15.11　电气线路连接实物图

⑨ 按动任意热继电器试验开关，模拟电动机过载，车床各电机立即停止。

⑩ 调试过程中，如果没有按照要求实现功能，尝试进一步改进。

项目评价

项目完成之后，按表 15.3 中的内容进行评价，"自我评定"由自己填写，"小组评定"由小组组长填写，"教师评定"由任课教师进行总评。优秀的为"A"，良好的为"B"，合格的为"C"，不合格的为"D"。

表 15.3 项目完成评价表

序号	评价内容	评 价 细 则	自我评定	小组评定	教师评定
1	工具准备	① 学习基本工具——书籍、实训报告、笔 ② 线路连接工具——螺丝刀、尖嘴钳、剥线钳等 ③ 电路检测工具——万用表、验电笔			
2	电气线路	① 电动机控制主电路的连接 ② 根据 PLC 输入、输出地址分配正确连接相关线路 ③ 电动机及 PLC 接地线			
3	程序编写	① 选择正确的 PLC 的型号 ② 熟练使用梯形图编程软件 ③ 根据项目要求,完成梯形图的正确编写			
4	程序调试	① 主轴电机的正常工作 ② 冷却泵电机的正常工作 ③ 刀架快速移动电机的正常工作 ④ 车床各电机过载保护功能 ⑤ 电源指示功能 ⑥ 急停开关功能			
5	安全操作	① 在操作过程中,注意安全,尤其是不允许带电进行线路连接、更改 ② 线路通电之前用万用表正确检测 ③ 出现故障时,要正确使用仪表进行检测			
6	3Q7S	① 工具摆放整齐 ② 线路板及桌面清理干净 ③ 电源关闭,计算机、桌椅摆放整齐 ④ 线路连接过程中的连接线有无浪费			

项目拓展

车床在操作过程中有一定的危险性,尽量避免无关人员接近,因此在车床上增加一组警示灯来提醒。当车床正常停止时,红色警示灯常亮;当车床运行时(任一电机工作),绿色警示灯以 1Hz 的频率闪亮。因为按下急停开关或任一电机过载,都使车床立即停止工作,因此为了能够区别,黄色警示灯以不同的方式展示:按下急停开关时,黄色警示灯常亮;主轴电机过载时,黄色警示灯以 1Hz 的频率闪亮;冷却泵电机过载时,黄色警示灯以 2Hz 的频率闪亮;刀架快速移动电机过载时,黄色警示灯以 0.5Hz 的频率闪亮。控制系统效果图如图 15.12 所示。

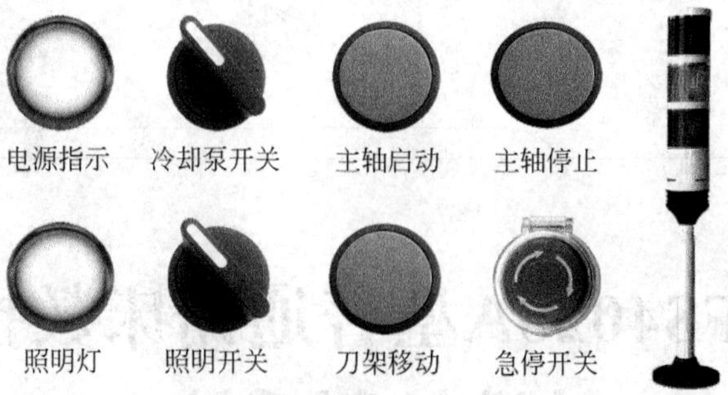

图 15.12　具有警示功能的普通车床控制系统效果图

知识巩固

1. C6140 型普通车床在改造过程中涉及的电机主要有哪几台？分别控制何种运动？
2. 车床的安全照明电路(36V 或者 12V)为什么没有通过 PLC 来控制？
3. 车床具有正削和逆削两种功能，为什么主轴控制过程中没有用到正、反转？

项目 **16**

制作FS4028A型普通锯床数控化改造控制系统

📖 学习目标

1. 了解锯床在机械加工中的作用。
2. 学会锯床的简单操作。
3. 通过编写 PLC 程序,实现普通锯床的数控化改造。

项目情境

　　在机械加工企业通常会遇到需要锯切金属原材料的情况,原始的方法都是采用钢锯进行手工锯切,既费时又费力。现代企业一般都改为锯床进行锯切工作。锯床是以圆锯片、锯带或锯条等为刀具,锯切金属圆料、方料、管料和型材等的机床,如图 16.1 所示。锯床的加工精度一般都不很高,多用于备料车间切断各种棒料、管料等型材,由主动轮和从动轮带动锯条运转,锯条断料方向由导轨控制架控制。通过调整自转轴承,将带锯条调正、调直,经过扫削器将锯屑扫掉。由液压油缸活塞杆支撑导轨控制锯梁下落锯断材料,带锯床上装有手动或液压油缸夹料锁紧机构,以及液压操作阀开关等。

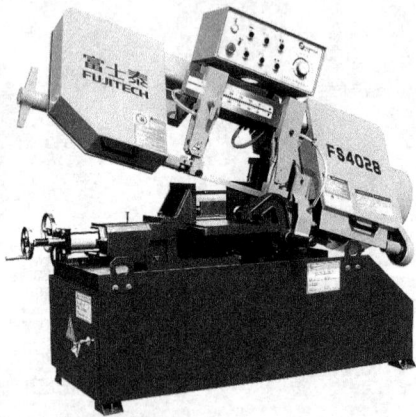

图 16.1　FS4028 型锯床实物图

项目实施要求

　　锯床的动作主要包含锯条回转切割运动,锯梁的上升、下降进给运动,工件的夹紧与张开,使之按一定的工作程序实现正常锯切循环。除此之外,锯床设备的工作状态能够通过指示灯的形式指示设备电源、锯梁的上升与下降、工件的夹紧与张开。FS4028 型锯床操作控制面板如图 16.2 所示。

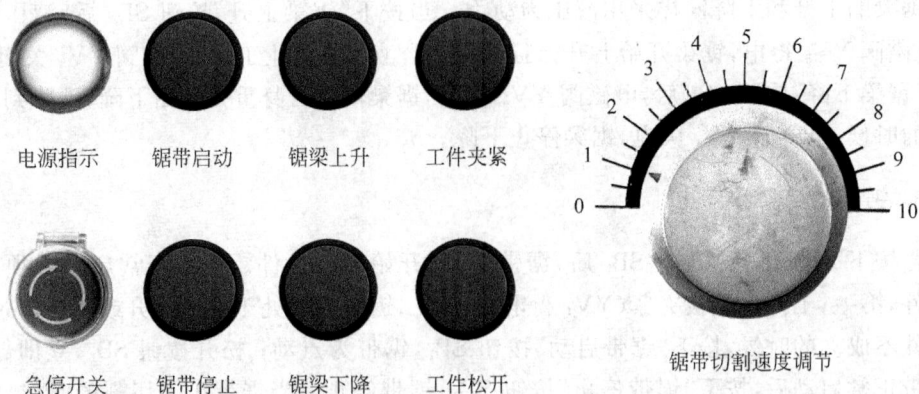

图 16.2　FS4028 型锯床操作控制面板

具体控制要求如下：

① 按下"工件夹紧"按钮后，工件夹紧，开始启动锯带切割工件。

② 按下"锯带启动"按钮，锯带启动切割；同时锯梁缓慢下降，开始切割工件。若工件未夹紧，则锯带为点动。

③ 当锯带启动开始切割工件时，冷却泵电机同时打开，输送冷却液。

④ 当锯带切割完工件后，撞到下限位行程开关，此时锯带自动上升到顶端，撞到顶端上限位行程开关后，锯带停止。

⑤ "锯梁上升"和"锯梁下降"按钮用于手动控制锯梁快速上升和下降。

⑥ 在锯带切割工件过程中，按下"锯带停止"按钮，锯带停止切割工件。

⑦ 在遇到意外情况下，按下"急停开关"按钮，锯床立即停止所有动作。

⑧ 锯床各个动作，包括电源的指示、锯带的运行、锯梁的上升和下降、工件的夹紧和松开，能够通过指示灯显示。

项目分析

根据项目要求，需完成 FS4028 锯床的动作，主要包括工件的夹紧和松开、锯梁的上升和下降、锯带的启动和停止三个动作过程。

1. 工件的夹紧和松开

锯床在切割工件的过程中，工件的固定夹紧依靠液压为动力。当按下"工件夹紧"按钮 SB_5 后，液压泵开始工作；同时液压电磁阀 YV_1 得电，工件开始夹紧。当压力继电器动作后，电磁阀 YV_1 失电。按下"工件松开"按钮 SB_6 时，液压泵得电工作；电磁阀 YV_2 得电，工件松开。松开按钮后，电磁阀 YV_2、液压泵同时停止工作。

2. 锯梁的上升和下降

锯梁的上升和下降同样采用液压为动力。当按下"锯梁上升"按钮 SB_3 后,液压泵打开,电磁阀 YV_3 得电,锯梁开始上升,到达顶端后,液压泵停止工作,电磁阀 YV_3 关闭;当按下"锯梁下降"按钮 SB_4 后,电磁阀 YV_4 得电,锯梁依靠自身重力开始下降,下降到下限位置的时候,电磁阀 YV_4 失电,锯梁停止下降。

3. 锯带的启动和停止

当按下"锯带启动"按钮 SB_1 后,锯带启动,开始切割工件。锯带正常启动必须有几个条件,第一,工件必须被夹紧(YV_1 得电);第二,锯梁不能处于快速上升或者下降过程。当条件不成立的时候,按下"锯带启动"按钮 SB_1,锯带为点动;松开按钮 SB_1,立即停止。当锯带正常启动后,按下"锯带停止"按钮 SB_2,锯带停止。当锯带正常切割的时候,冷却泵打开,电磁阀 YV_5 打开,锯梁缓慢下降,加工进给。当切割完成到达下限位的时候,锯梁快速上升,到达上限位置后停止。

4. 锯床保护功能和动作指示功能

在锯床加工过程中,若遇到紧急情况,按下锯床急停开关,锯床所有动作全部停止;等排除紧急情况后,松开急停开关,锯床可以正常操作。锯床电机在过载情况下,FR_1 或者 FR_2 热继电器动作,锯床立即停止所有动作,等待检修。检修完毕,FR_1、FR_2 复位后,锯床方可启动,切割工件。

锯床在运行过程中,各个动作都有相应的指示灯指示锯床的工作状态,锯梁的上升和下降、工件的夹紧和松开、锯带的工作以及电源都有相应的指示灯指示。

📖 项目实施

1. 注意事项

① 操作之前,检查工具绝缘性能及相关元器件是否损坏。
② 操作过程中,工具不得随意乱扔,防止安全事故发生。
③ 连接线路时,用力适可而止,不得损坏元器件。
④ 线路连接完毕后,用检测工具(万用表)进行检查,防止线路短路现象。
⑤ 调试完毕后,做好 3Q7S 相关工作。

2. 实施过程

1) PLC 输入、输出地址分配

根据项目要求,FS4028 型锯床涉及 12 个输入和 13 个输出。PLC 对应的地址分配如表 16.1 所示。

表 16.1   FS4028 型锯床控制 PLC 输入、输出地址分配表

	输　入			输　出	
代号	作　用	地址	代号	作　用	地址
SB$_1$	锯带启动	X000	KM$_1$	锯带电机和冷却泵	Y000
SB$_2$	锯带停止	X001	KM$_2$	油泵电机	Y001
SB$_3$	锯梁上升	X002	YV$_1$	工件夹紧	Y002
SB$_4$	锯梁下降	X003	YV$_2$	工件松开	Y003
SB$_5$	工件夹紧	X004	YV$_3$	锯梁上升	Y004
SB$_6$	工件松开	X005	YV4	锯梁下降	Y005
SB$_7$	急停开关	X006	YV$_5$	锯梁加工进给	Y006
SQ$_1$	锯梁上限位	X007	HL$_1$	电源指示	Y010
SQ$_2$	锯梁下限位	X010	HL$_2$	锯带工作指示	Y011
KP	压力继电器	X011	HL$_3$	夹紧指示	Y012
FR$_1$	锯带电机过载保护	X012	HL$_4$	松开指示	Y013
FR$_2$	油泵点击过载保护	X013	HL$_5$	锯梁上升指示	Y014
			HL$_6$	锯梁下降指示	Y015

2）项目控制电气原理图

FS4028A 型锯床数控化改造电气原理图如图 16.3 所示。

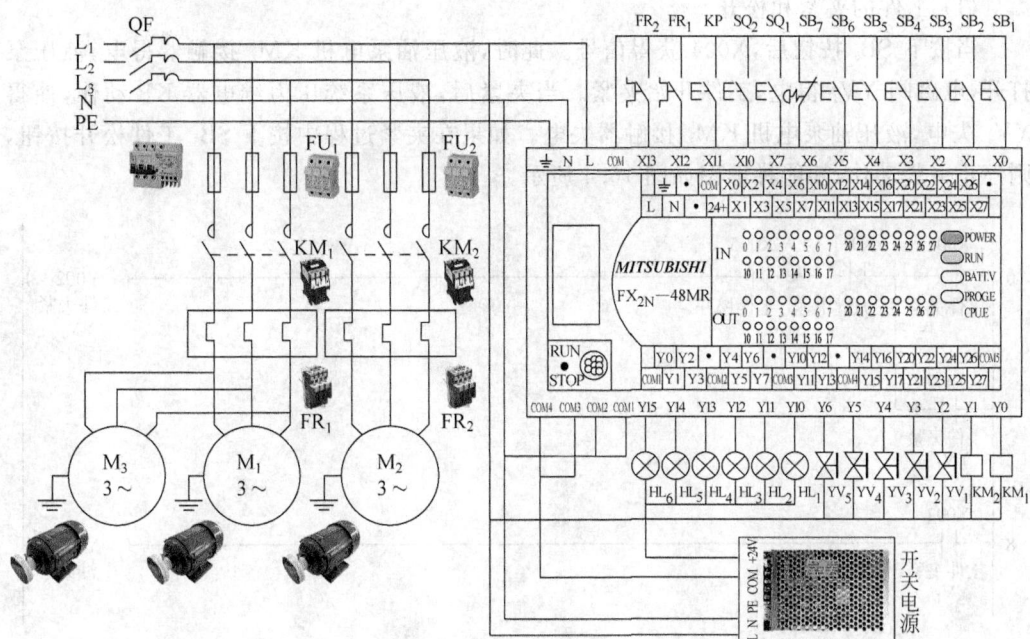

图 16.3   FS4028A 型锯床数控化改造电气原理图

3）元器件清单

根据项目要求和电气原理图可以看出实现 FS4028A 型锯床数控化改造所需的元器件。选用的元器件清单如表 16.2 所示。

表 16.2　FS4028A 型锯床数控化改造元器件清单

序号	符号	名　称	型号、规格	单位	数量	备　注
1	QF	断路器	DZ47LE—32 D6	个	1	
2	FU	熔断器	RT18—32	组	2	
3	KM	交流接触器	CJX2—9	个	2	
4	FR	热继电器	JRS1D—25	个	2	
5	M	电动机	WDJ26	台	3	
6	SB	按钮	Y090—11D	个	6	一体
7	HL	指示灯				
8	SB	急停开关	LA68B	个	1	
9	YV	液压电磁阀	DSG—02—3C2	个	2	
10	YV	液压电磁阀	DSG—02—2B2	个	2	
11	SQ	行程开关	LX19—001	个	2	
12	KP	压力继电器	JCS—02H	个	1	
13	PLC	可编程控制器	FX$_{2N}$—48MR	台	1	

4）PLC 梯形图

根据项目分析，对锯床锯带、锯梁、工件的夹紧与松开，以及锯床的工作指示功能和紧急停止任务依次编程。

（1）工件的夹紧和松开

当按下 SB$_5$ 按钮后，X004 获得信号。此时，液压油泵电机 KM$_2$ 接触器得电，液压泵打开，电磁阀 YV$_1$ 得电，工件开始夹紧。当夹紧后，液压系统压力继电器 KP 动作，使得 YV$_1$ 失电，液压油泵电机 KM$_2$ 接触器失电。如果在夹紧过程中按下 SB$_6$ 工件松开按钮，则停止夹紧动作，功能梯形图如图 16.4 所示。

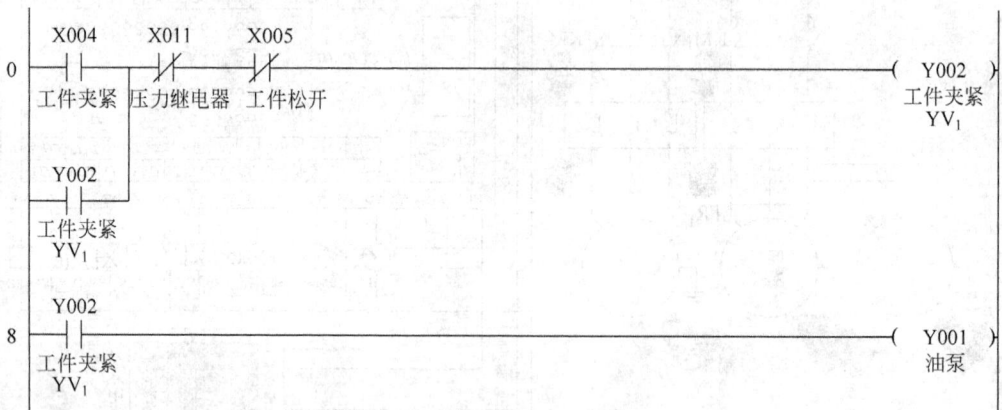

图 16.4　工件夹紧功能梯形图

当按下 SB$_6$ 按钮后，X005 获得信号。此时，液压泵打开，电磁阀 YV$_2$ 得电，工件开始张开。当松开按钮 SB$_6$ 后，YV$_2$ 电磁阀失电，液压油泵失电。功能梯形图如图 16.5 所示。

```
   X005     X004                                          ( Y003 )
   ──┤├──────┤/├─────────────────────────────────────────  工件松开
  工件松开  工件夹紧                                          YV₂

   Y003                                                   ( Y001 )
   ──┤├──────────────────────────────────────────────────  油泵
  工件松开
   YV₂
```

图 16.5　功能工件松开梯形图

（2）锯梁的上升和下降

当按下"锯梁上升"按钮 SB₃ 后，X002 获得信号。此时，液压油泵电机 KM₂ 接触器得电，液压泵打开，电磁阀 YV₃ 得电，锯梁开始上升。到达顶端后，撞击到上限位行程开关，X007 获得信号，液压油泵电机 KM₂ 接触器失电，液压泵停止工作，电磁阀 YV₃ 关闭。当按下"锯梁下降"按钮 SB₄ 后，X003 获得信号。如果在上升过程中，则立即停止上升动作，电磁阀 YV₃ 失电，液压油泵电机停止工作；同时电磁阀 YV₄ 得电，锯梁依靠自身重力开始下降。当下降到达下限位置的时候，撞击到下限位行程开关，X010 获得信号，电磁阀 YV₄ 失电，锯梁停止下降；同时锯梁开始上升动作，直到到达上限位置，撞击到上限位行程开关后，X007 获得信号，锯梁停止动作。锯梁的上升和下降梯形图如图 16.6 所示。

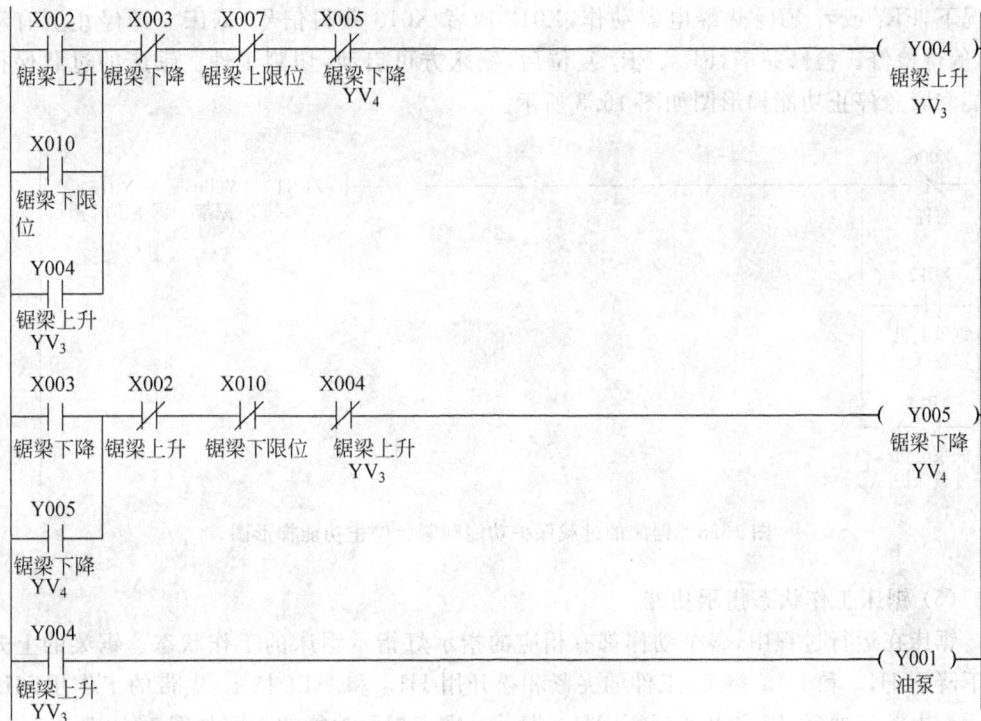

```
   X002     X003     X007     X005                         ( Y004 )
   ──┤├──────┤/├──────┤/├──────┤/├──────────────────────────  锯梁上升
  锯梁上升  锯梁下降  锯梁上限位  锯梁下降                        YV₃
                                  YV₄
   X010
   ──┤├──
  锯梁下限
    位
   Y004
   ──┤├──
  锯梁上升
   YV₃

   X003     X002     X010     X004                         ( Y005 )
   ──┤├──────┤/├──────┤/├──────┤/├──────────────────────────  锯梁下降
  锯梁下降  锯梁上升  锯梁下限位  锯梁上升                        YV₄
                                  YV₃
   Y005
   ──┤├──
  锯梁下降
   YV₄

   Y004                                                   ( Y001 )
   ──┤├──────────────────────────────────────────────────  油泵
  锯梁上升
   YV₃
```

图 16.6　锯梁的上升和下降梯形图

（3）锯带的加工及其进给

按下按钮 SB₁ 后，X000 获得信号。锯带有点动和连续两种情况。当锯梁处于静止且工件被夹紧后，锯带的启动为连续切割；当锯梁处于上升、下降或者工件未被夹紧的时候，锯带的启动方式为点动。锯带在启动期间，加工进给电磁阀得电，锯梁缓慢下降。当工件切割完毕后，撞击到下限位行程开关后，X010 获得信号，锯带自动停止且锯梁快速上升到顶端。当上升到顶端后，撞击到上限位行程开关，X002 获得信号，锯带停止。锯带的加工及其进给功能梯形图如图 16.7 所示。

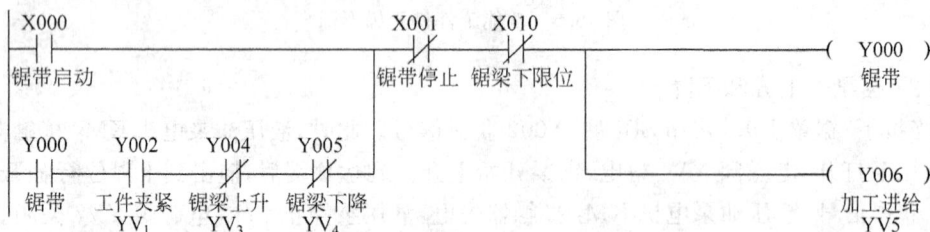

图 16.7　锯带的加工及其进给功能梯形图

（4）锯床的过载保护功能和紧急停止功能

在锯床加工过程中，若遇到紧急情况，按下锯床紧急停止按钮 SB₇，锯床所有动作停止。等排除紧急情况后，松开紧急停止按钮 SB₇，锯床可以正常操作。当锯床电机在过载情况下，FR₁ 或者 FR₂ 热继电器动作，X012 或者 X013 获得信号，锯床立即停止所有动作，等待检修。检修完毕，FR₁、FR₂ 复位后，锯床方可启动，切割工件。锯床的过载保护功能和紧急停止功能梯形图如图 16.8 所示。

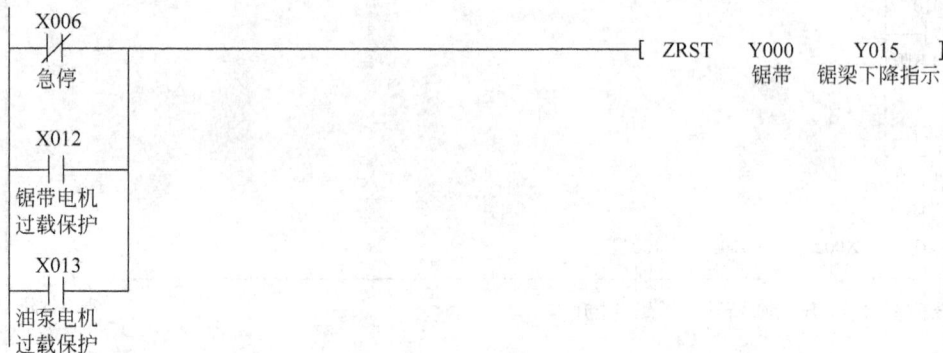

图 16.8　锯床的过载保护功能和紧急停止功能梯形图

（5）锯床工作状态指示功能

锯床在运行过程中，各个动作都有相应的指示灯指示锯床的工作状态。锯梁的上升和下降用 HL₅ 和 HL₆ 指示，工件的夹紧和松开用 HL₃ 和 HL₄ 指示，锯带的工作用 HL₂ 指示。电源接通后，PLC 开始运行，HL₁ 指示。锯床指示功能梯形图如图 16.9 所示。

到此为止，锯床所有功能全部实现，把 5 个部分的梯形图整合起来，就构成了完整的锯床控制梯形图，如图 16.10 所示。

```
      M8000
      ─┤├─────────────────────────────────────────────( Y010 )
                                                          电源指示

      Y001
      ─┤├─────────────────────────────────────────────( Y011 )
      油泵                                              锯带工作指示

      Y002
      ─┤├─────────────────────────────────────────────( Y012 )
      工件夹紧                                            夹紧指示
      YV₁

      Y003
      ─┤├─────────────────────────────────────────────( Y013 )
      工件松开                                            松开指示
      YV₂

      Y004
      ─┤├─────────────────────────────────────────────( Y014 )
      锯梁上升                                            锯梁上升指示
      YV₃

      Y005
      ─┤├─────────────────────────────────────────────( Y015 )
      锯梁下降                                            锯梁下降指示
      YV₄
```

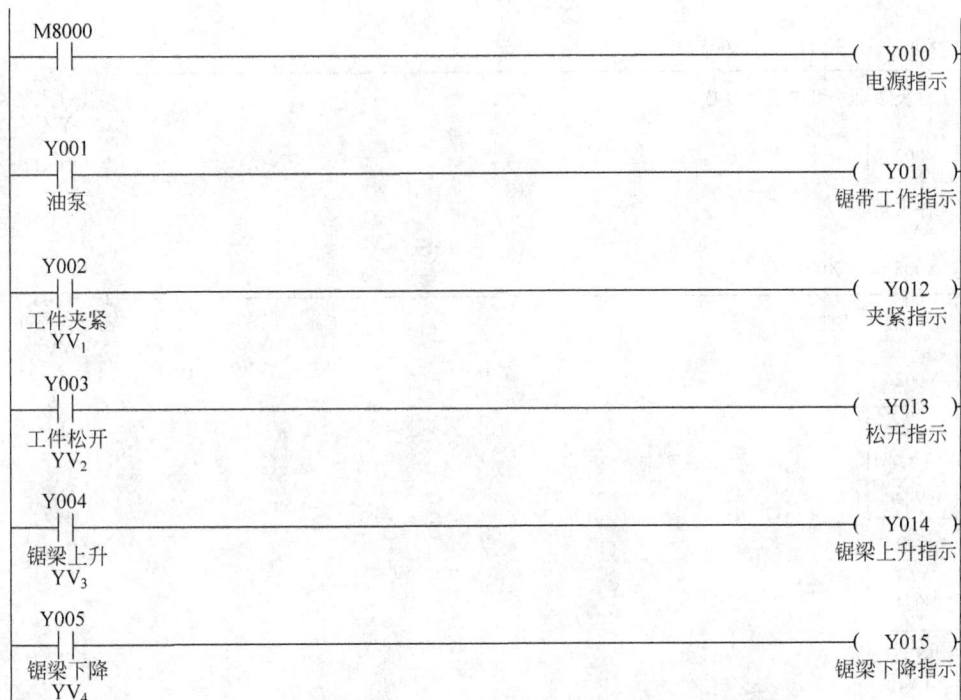

图 16.9　锯床工作状态指示功能梯形图

5）调试步骤

按照项目要求连接好电气线路，实物图如图 16.11 所示。

编写梯形图写入 PLC 中后，将梯形图切换到"监视模式"，然后按照如下步骤进行调试。

① 观察 PLC 运行指示灯是否点亮。若未亮，将控制开关拨下后重新拨上，并检查电气线路 PLC 电源。

② 系统开始后，电源指示灯 HL_1 点亮，指示系统电源接通，PLC 处于运行状态。

③ 按下 SB_5 工件夹紧按钮，控制液压油泵电机运行的接触器 KM_2 吸合，电磁阀 YV_1 得电，工件开始夹紧。当压力继电器动作后，KM_2、YV_1 失电，停止夹紧动作。

④ 按下 SB_6 工件松开按钮，停止夹紧动作并且控制液压油泵电机运行的接触器 KM_2 吸合，电磁阀 YV_2 得电，工件松开。松开 SB_6 按钮，KM_2、YV_2 立即停止。

⑤ 按下 SB_3 锯梁上升按钮，KM_2、YV_3 得电，锯梁开始上升。当到达上限位置撞击到 SQ_1 后，KM_2、YV_3 失电，锯梁停止上升。

⑥ 按下 SB_4 锯梁下降按钮，YV_4 得电，锯梁开始下降。当到达下限位置撞击到 SQ_2 后，YV_4 失电，锯梁停止上升，同时接通 KM_2、YV_3，使得锯梁自动上升到上限位为止。

⑦ 在锯梁上升或者下降过程中，按下 SB_3 和 SB_4 能够相互切换上升和下降的状态。

⑧ 在工件被夹紧状态且锯梁处于静止的时候，按下 SB_1 锯带启动按钮，接触器 KM_1 得电，锯带开始切割工件，冷却泵电机同时跟随锯带启动。若工件未被夹紧，按下 SB_1 锯

```
     X004      X011      X005                                        Y002
0  ──┤├──────┤/├──────┤/├──────────────────────────────────────────( )──
    工件夹紧  压力继电器  工件松开                                     工件夹紧
                                                                       YV₁
     Y002
   ──┤├──
    工件夹紧
      YV₁

     X005      X004                                                  Y003
5  ──┤├──────┤/├──────────────────────────────────────────────────( )──
    工件松开  工件夹紧                                               工件松开
                                                                      YV₂

     Y002                                                            Y001
8  ──┤├──────────────────────────────────────────────────────────( )──
    工件夹紧                                                          油泵
      YV₁
     Y003
   ──┤├──
    工件松开
      YV₂
     Y004
   ──┤├──
    锯梁上升
      YV₃

     X002      X003      X007      Y005                              Y004
12 ──┤├──────┤/├──────┤/├──────┤/├────────────────────────────────( )──
    锯梁上升  锯梁下降  锯梁上限位  锯梁下降                         锯梁上升
                                    YV₄                               YV₃
     X010
   ──┤├──
    锯梁
    下限位
     Y004
   ──┤├──
    锯梁上升
      YV₃

     X003      X002      X010      Y004                              Y005
19 ──┤├──────┤/├──────┤/├──────┤/├────────────────────────────────( )──
    锯梁下降  锯梁上升  锯梁下限位  锯梁上升                         锯梁下降
                                    YV₃                               YV₄
     Y005
   ──┤├──
    锯梁下降
      YV₄

     X000                          X001      X010                   Y000
25 ──┤├──────────────────────────┤/├──────┤/├────────────────────( )──
    锯带启动                       锯带停止  锯梁下限位               锯带

     Y000      Y002      Y004      Y005                             Y006
   ──┤├──────┤/├──────┤/├──────┤/├────────────────────────────────( )──
    锯带      工件夹紧  锯梁上升  锯梁下降                           加工进给
               YV₁       YV₃       YV₄                               YV₅
```

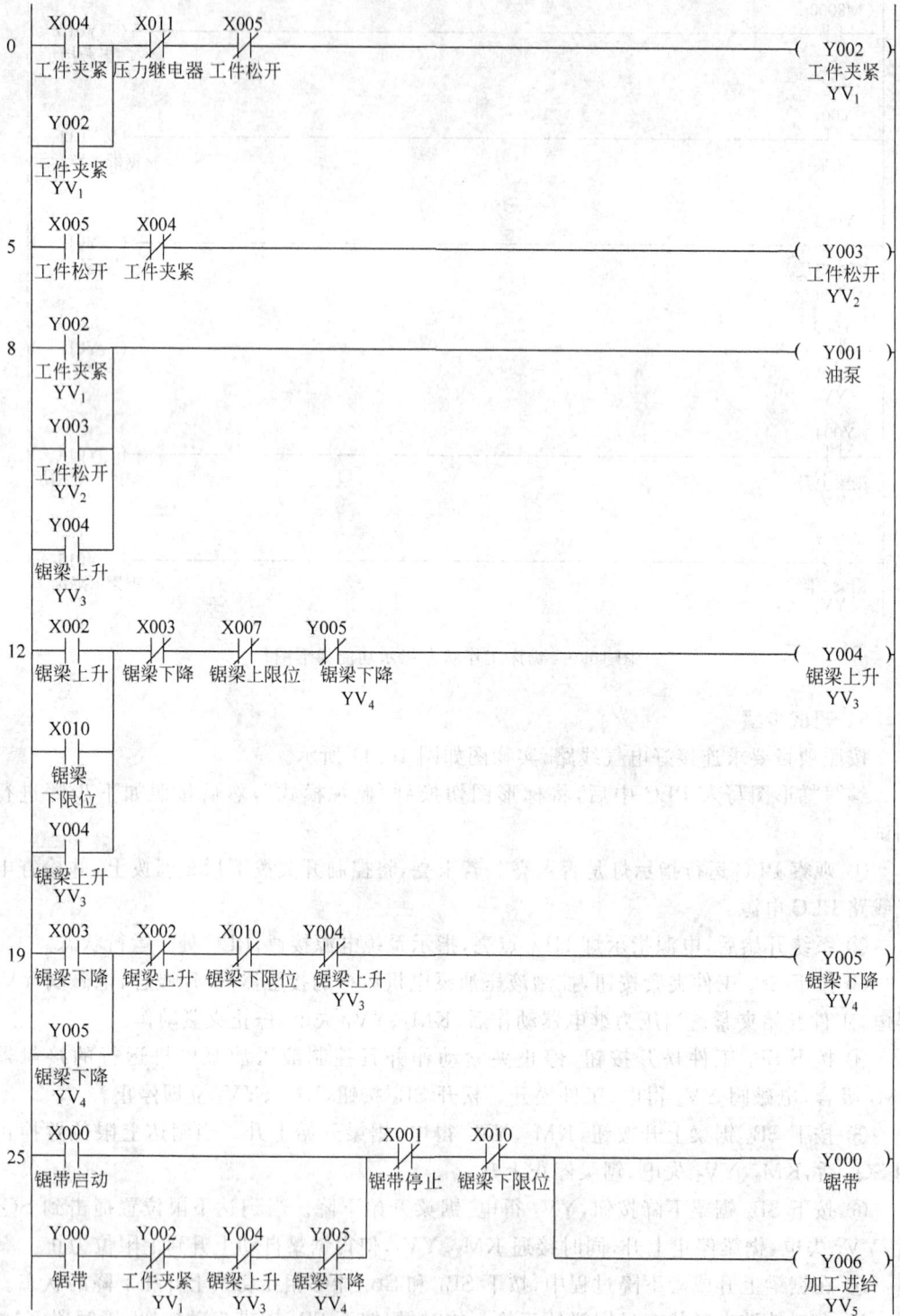

图 16.10　锯床完整功能梯形图

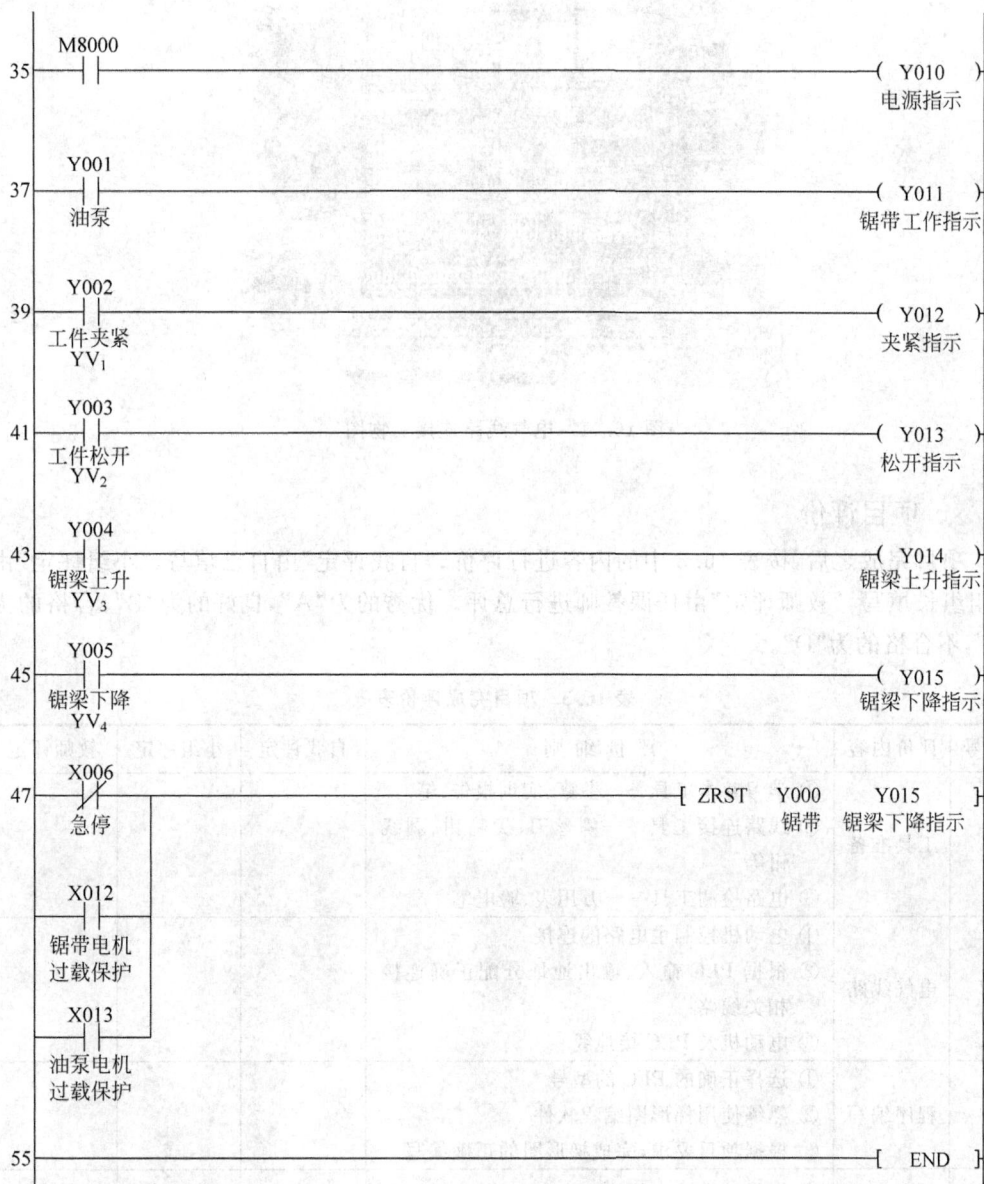

```
         M8000
35  ├──┤ ├────────────────────────────────────────────────( Y010  )
                                                              电源指示

         Y001
37  ├──┤ ├────────────────────────────────────────────────( Y011  )
         油泵                                                 锯带工作指示

         Y002
39  ├──┤ ├────────────────────────────────────────────────( Y012  )
         工件夹紧                                             夹紧指示
         YV₁

         Y003
41  ├──┤ ├────────────────────────────────────────────────( Y013  )
         工件松开                                             松开指示
         YV₂

         Y004
43  ├──┤ ├────────────────────────────────────────────────( Y014  )
         锯梁上升                                             锯梁上升指示
         YV₃

         Y005
45  ├──┤ ├────────────────────────────────────────────────( Y015  )
         锯梁下降                                             锯梁下降指示
         YV₄

         X006
47  ├──┤/├──────────────────────────────────[ ZRST   Y000      Y015  ]
         急停                                         锯带   锯梁下降指示

         X012
    ├──┤ ├──┤
         锯带电机
         过载保护

         X013
    ├──┤ ├──┤
         油泵电机
         过载保护

55  ├──────────────────────────────────────────────────────[ END  ]
```

图　16.10(续)

带启动按钮,锯带无法自锁运行,只能点动运行。

⑨ 锯床在运行过程中,各个动作都有相应的指示灯指示锯床的工作状态。锯梁的上升和下降用 HL_5 和 HL_6 指示,工件的夹紧和松开用 HL_3 和 HL_4 指示,锯带的工作用 HL_2 指示。

⑩ 调试过程中,如果没有按照要求实现功能,尝试进一步改进。

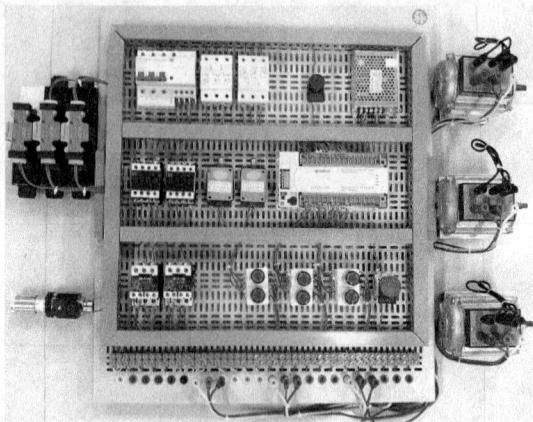

图 16.11　电气线路连接实物图

项目评价

项目完成之后,按表 16.3 中的内容进行评价,"自我评定"由自己填写,"小组评定"由小组组长填写,"教师评定"由任课教师进行总评。优秀的为"A",良好的为"B",合格的为"C",不合格的为"D"。

表 16.3　项目完成评价表

序号	评价内容	评价细则	自我评定	小组评定	教师评定
1	工具准备	① 学习基本工具——书籍、实训报告、笔 ② 线路连接工具——螺丝刀、尖嘴钳、剥线钳等 ③ 电路检测工具——万用表、验电笔			
2	电气线路	① 电动机控制主电路的连接 ② 根据 PLC 输入、输出地址分配正确连接相关线路 ③ 电动机及 PLC 接地线			
3	程序编写	① 选择正确的 PLC 的型号 ② 熟练使用梯形图编程软件 ③ 根据项目要求,完成梯形图的正确编写			
4	程序调试	① 锯带的启动和停止 ② 锯梁的上升和下降功能 ③ 锯梁上升、下降的切换 ④ 工件的夹紧和松开功能 ⑤ 工件夹紧、松开的切换 ⑥ 设备运行状态指示是否能够正常操作 ⑦ 设备的过载保护功能 ⑧ 设备在紧急时候的急停功能			

续表

序号	评价内容	评 价 细 则	自我评定	小组评定	教师评定
5	安全操作	① 在操作过程中,注意安全,尤其是不允许带电进行线路连接、更改 ② 线路通电之前用万用表正确检测 ③ 出现故障时,要正确使用仪表进行检测			
6	3Q7S	① 工具摆放整齐 ② 线路板及桌面清理干净 ③ 电源关闭,计算机、桌椅摆放整齐 ④ 线路连接过程中的连接线有无浪费			

项目拓展

锯床在工作的时候通常会切割多段工件,在切割的过程中,工人师傅经常忘记已经切割的工件数量,而且这种人工计数的方法非常烦琐。可以通过 LED 七段数码管指示当前已经切割的工件数量。显示在数码管上,方便锯床工人直接观察已经切割的数量。切割工件数量的复位方式为持续按下 SB₂ 锯带停止按钮,3s 后自动复位。带有切割工件计数功能的锯床操作面板如图 16.12 所示。

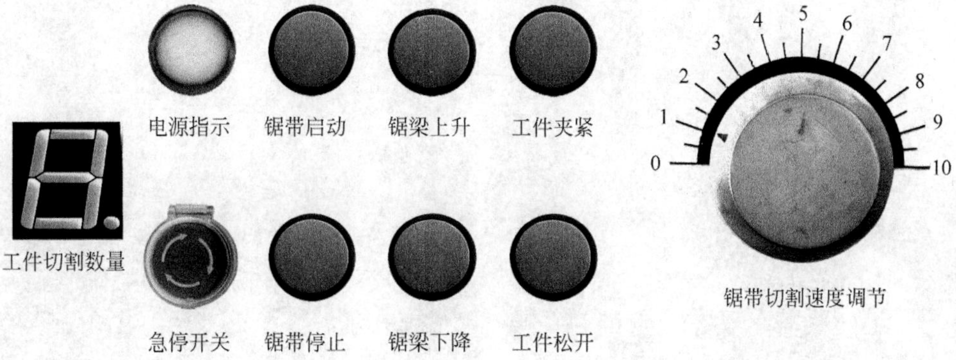

图 16.12　带有切割工件计数功能的锯床操作面板

知识巩固

1. 锯床工件的夹紧、松开和锯梁的上升、下降采用何种控制方式?

2. 在编程过程中,若要用到多个输出继电器 Y,该如何处理?

3. 两地控制时,启动与停止分别是如何处理的?

PLC、变频器、传感器及触摸屏控制系统的综合应用

制作变频器驱动输送带电机控制系统

学习目标

1. 了解变频器的基本机构和工作原理。
2. 掌握变频器内部运行参数的设定。
3. 通过 PLC 对变频器进行简单的外部控制,实现输送带运行。

项目情境

变频器是一种利用电力半导体器件的通断作用将工频电源变换为另一频率的电能控制装置。在三相交流异步电动机的诸多调速方法中,变频调速的性能最好,调速范围大,静态稳定性好,运行效率高。采用通用变频器对笼型异步电动机进行调速控制,使用方便、可靠性高,并且经济效益显著。这种技术被广泛应用于各种电气设备及家用电器产品中,如传输输送带、客货运电梯、变频节能空调、变频洗衣机、变频冰箱等。亚龙 YL—235A 型光机电一体化设备在输送带输送物料过程中就采用了三菱 FR—E700 系列小型变频器对输送带电机进行控制,从而达到输送带机构在输送物料过程中速度控制方便、加减速时间任意调节、方向简单等优点。不同厂家的变频器功能类似,只是外观和调节方式有所不同。不同厂家生产的变频器外观如图 17.1 所示。

项目实施要求

在生产车间生产的产品需要通过输送带运送,带动输送带机构运行的三相异步电动机通过变频器控制。输送带执行机构效果图如图 17.2 所示。

具体控制要求如下:

① 当按下启动按钮 SB₁,输送带电机开始以 15Hz 的速度正转运行。为了使输送带调速运行平滑,所以从停止到启动的加速时间为 1.5s。

② 输送带电机以 15Hz 运行 5s 后,电机速度提升到 25Hz。

③ 输送带电机以 25Hz 同样运行 10s 后,电机速度提升到 35Hz。

④ 运行 15s 后电机平滑停止,停止时间为 1s。

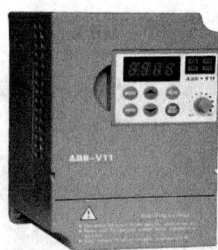
(a) ABB变频器

(b) 西门子变频器

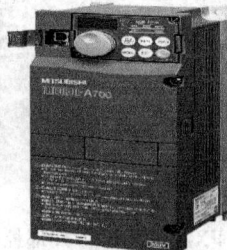
(c) 三菱A700

(d) 松下变频器

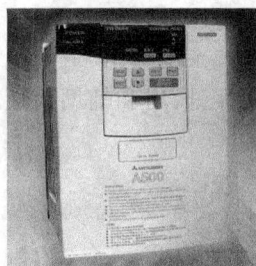
(e) 三菱A500

(f) 德玛变频器

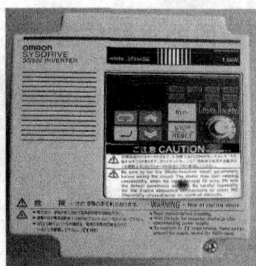
(g) 欧姆龙变频器

(h) 德力西变频器

图 17.1　不同厂家生产的变频器

图 17.2　产品运送执行机构效果图

⑤ 待输送带停止后,输送带电机反方向 25Hz 运行,25s 后自动停止。

⑥ 在输送带机构运行的过程中按下停止按钮 SB_2,输送带机构立即停止。

项目分析

从项目要求可以看到,输送带电机的运行方向、运行速度、加减速时间均由变频器来控制,而变频器的运行由外部控制(属于外部控制模式 Pr.79=2),如图 17.3 所示。电动机的运行方向包括正转和反转;电动机运行速度包括 15Hz、25Hz、35Hz;电动机启动时间和停止时间(加减速时间)分别为加速 1.5s 和减速 1.0s。

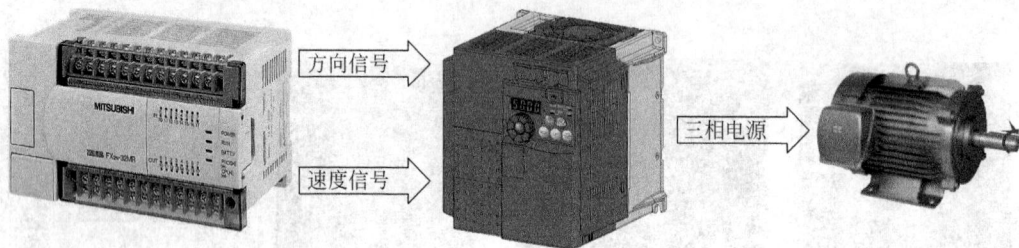

图 17.3　　FX₂ₙ系列 PLC 外部控制变频器驱动三相异步电动机运行

知识链接

1. FR—E700 变频器的外观和结构

三菱 FR—E700 小型变频器的前视图如图 17.4 所示,拆掉前面板、风扇和辅助面板后的视图如图 17.5 所示。

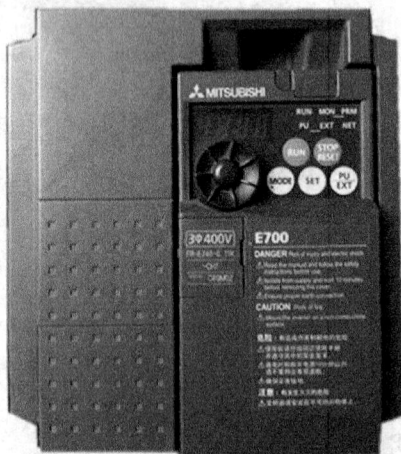

图 17.4　FR—E700 变频器前视图

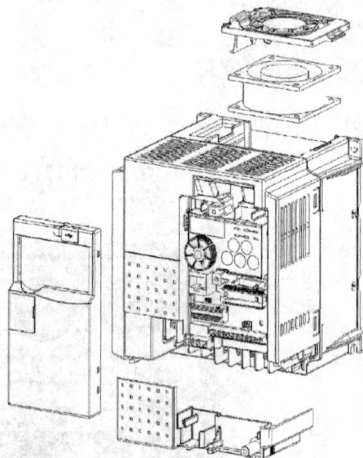

图 17.5　FR—E700 变频器分解图

2. 三菱 FR—E700 变频器的外部接线

FR—E700 变频器的外围电路接线形式如图 17.6 所示,分为主电路和控制电路两个部分。主电路电网三相交流电源从 R/L₁、S/L₂、T/L₃ 三端输入,经过变频后由 U、V、W 输出,连接电动机三相输入。控制电路部分有用以控制方向、速度等外部信号输入和用以检测变频器状态、频率等内部信号输出两部分。

(1) 主电路的接线

三菱 FR—E700 变频器主电路的接线如表 17.1 所示。主电路主要是将外网的电压输入变频器,然后将改变频率的电源输送到电动机,通过改变频率,达到改变电机运行速度的目的。电源从 R/L₁、S/L₂、T/L₃ 三端输入,U、V、W 三相输出,禁止逆向输入,导致变频器内部的 IGBT 模块损坏。

表 17.1　FR—E700 变频器主电路接线端子说明

编号	接线端标号	接线端名称	接线端说明
1	R、S、T	三相电源输入	连接工频 50Hz 三相电源到变频器
2	U、V、W	变频电源输出	将 50Hz 工频电源改变频率后输送给三相电机
3	PR、N/—	连接制动电阻	制动所需,制动电阻器连接于 PR 和 N/—端
4	⏚	接地	为确保人身安全,将变频器外壳可靠接地

（2）控制电路的接线

三菱 FR—E700 变频器控制回路的接线如表 17.2 所示。控制回路主要用以控制变频器输出频率、方向等控制信号的输入,从而达到控制电动机运行速度和方向的目的。

表 17.2　FR—E700 变频器控制回路接线端子说明

编号	接线端标号	接线端名称	接线端说明
1	STR	正转运行	STR 和 SD 接通时为正转
2	STF	反转运行	STF 和 SD 接通时为反转
3	RL	多段速低速	RL 和 SD 接通时为多段速低速运行
4	RM	多段速中速	RM 和 SD 接通时为多段速中速运行
5	RH	多段速高速	RH 和 SD 接通时为多段速高速运行
6	MPS	禁止输出	MPS 和 SD 接通时(20ms 以上),变频器停止输出
7	RES	复位	RES 和 SD 接通时,解除保护回路动作的保持状态
8	SD	输入公共端（漏型）	输入端子的公共端
9	PC	晶体管公共端	晶体管输出用的外部电源公共端接到这个端子
10	10	频率设定用电源	直流 DC 5V 电源,负载能力 10mA
11	2	模拟量电压输入	模拟量电压 0～5V(0～10V),控制输出电源频率
12	4	模拟量电流输入	模拟量电流 4～20mA,控制输出电源频率
13	5	模拟量设定公共端	频率设定信号公共端

三菱 FR—E700 变频器外部接线图如图 17.6 所示。

3. 三菱 FR—E700 变频器的面板介绍

FR—E700 变频器的 PU 面板上有多个按钮和指示组成,各个按钮、指示的功能如图 17.7 所示。

4. 三菱 FR—E700 变频器基本操作

FR—E700 变频器的基本操作主要包含运行模式切换、监视模式切换、运行参数设定、恢复出厂设定。

（1）运行模式切换方法如表 17.3 所示。

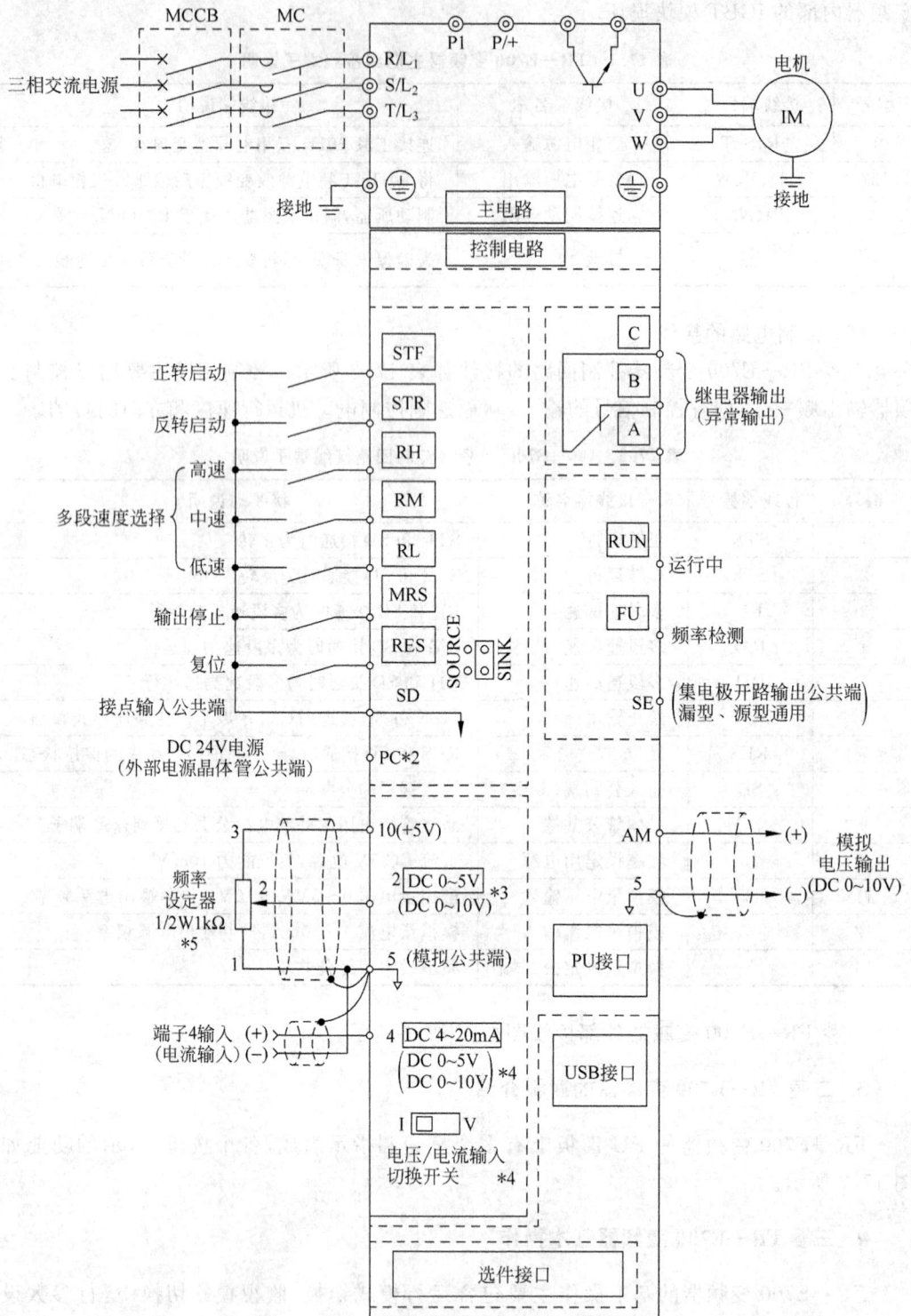

图 17.6　三菱 FR—E700 变频器外部接线图

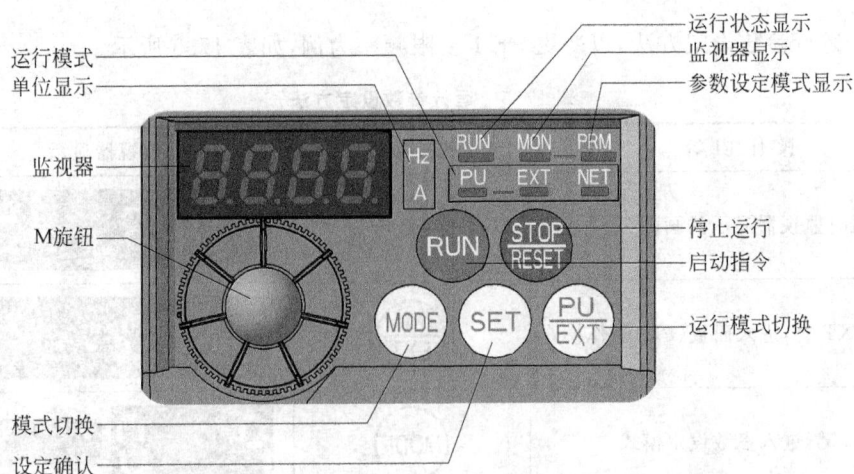

图 17.7　三菱 FR—E700 变频器操作面板

表 17.3　运行模式切换方法

操 作 内 容	操作按钮	监视器显示
接通变频器三相电源	无	
按 PU/EXT 键，进入面板（PU）操作模式	PU/EXT	
按 PU/EXT 键，进入外部（EXT）操作模式	PU/EXT	

（2）监视模式切换方法如表 17.4 所示。

表 17.4　监视模式切换方法

操 作 内 容	操作按钮	监视器显示
接通变频器三相电源	无	
运行中按 SET 键使监视器显示输出频率	SET	
无论在哪种运行模式下，若运行、停止中按 SET 键，监视器上将显示输出电流	SET	
按 SET 键，使监视器显示输出电压	SET	

（3）运行参数设定方法，以变更 Pr.1 上限频率为例，如表 17.5 所示。

表 17.5　运行参数设定方法

操 作 内 容	操作按钮	监视器显示
电源接通时监视器显示的画面	无	 0.00 Hz MON EXT
按 PU/EXT 键，进入面板（PU）操作模式	 PU/EXT	 0.00 Hz MON PU
按 MODE 键，进入参数设定模式	 MODE	 P. 0 PRM
旋转 M 旋钮，将参数设定编号设定为"Pr.1"		P. 1
按 SET 键，读取当前的设定值，显示为"120.0"（120.0Hz 为初始值）	 SET	 120.0 Hz
旋转 M 旋钮，将参数设定为"50.00"		 50.00 Hz
按 SET 键确定，画面闪烁设定完成	 SET	 50.00 Hz P. 1

（4）恢复出厂设定（参数全部清除），方法如表 17.6 所示。

表 17.6　恢复出厂设定方法

操 作 内 容	操作按钮	监视器显示
电源接通时监视器显示的画面	无	 0.00 Hz MON EXT
按 PU/EXT 键，进入面板（PU）操作模式	 PU/EXT	 0.00 Hz MON PU
按 MODE 键，进入参数设定模式	 MODE	 P. 0 PRM
旋转 M 旋钮，将参数设定编号设定为"ALLC"	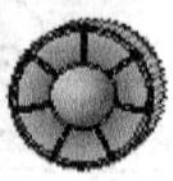	 ALLC

续表

操 作 内 容	操作按钮	监视器显示
按 SET 键读取当前的设定值,显示"0"	SET	0
旋转 M 旋钮,将参数设定为"1"	(M旋钮)	1
按 SET 键确定,画面闪烁设定完成	SET	1 ALLC

5. 三菱 FR—E700 变频器基本运行参数设定

变频器主要运行参数设定如表 17.7 所示。

表 17.7　变频器主要运行参数

参数号	名　　　称	出厂值	设定范围	用　　途
Pr. 1	上限频率	120Hz	0～120Hz	输出频率的上限值和下限值
Pr. 2	下限频率	0Hz	0～120Hz	
Pr. 3	基准频率	50Hz	0～400Hz	电机的额定频率
Pr. 4	高速	50Hz	0～400Hz	三段速频率设定
Pr. 5	中速	30Hz	0～400Hz	
Pr. 6	低速	10 Hz	0～400Hz	
Pr. 7	加速时间	5s	0～3600s	电机加减速时间设定
Pr. 8	减速时间	5s	0～3600s	
Pr. 9	电子过流保护	额定电流	0～500A	电机的额定电流
Pr. 14	适用负荷选择	0	0、1、2、3	选择与负载特性相适宜的输出特性
Pr. 24	第 4 速	9999	0～400Hz	4～7 段速频率设定
Pr. 25	第 5 速	9999	0～400Hz	
Pr. 26	第 6 速	9999	0～400Hz	
Pr. 27	第 7 速	9999	0～400Hz	
Pr. 71	适用电动机	0	0、1、3、4、5 等	选择不同的电机负载
Pr. 77	参数写入或禁止	0	0、1、2	参数写入禁止与允许
Pr. 79	操作模式选择	0	0、1、2、4、6、7	变频器操作模式
Pr. 80	电动机容量	9999	0.1～15kW	选择电机容量
Pr. 82	电动机励磁电流	9999	0～500A	当用通用磁通矢量控制时,设定为电机额定电流
Pr. 83	电动机额定电压	400V	0～1000V	设定电机额定电压
Pr. 84	电动机额定频率	50Hz	0～120Hz	设定电机额定频率

项目实施

1. 注意事项

① 操作之前,检查工具绝缘性能及相关元器件是否损坏。

② 操作过程中,工具不得随意乱扔,防止安全事故发生。

③ 连接线路时,用力适可而止,不得损坏元器件。

④ 线路连接完毕后,用检测工具(万用表)进行检查,防止线路短路现象。

⑤ 调试完毕后,做好 3Q7S 相关工作。

2. 实施过程

(1) PLC 输入、输出地址分配

根据项目要求分析,输送带控制涉及 2 个输入和 5 个输出。PLC 对应的地址分配如表 17.8 所示。

表 17.8　变频器驱动输送带电机 PLC 输入、输出地址分配表

输　入			输　出		
代号	作　用	地址	代号	作　用	地址
SB$_1$	输送带启动	X000	RL	多段速低速	Y000
SB$_2$	输送带停止	X001	RM	多段速中速	Y001
			RH	多段速高速	Y002
			STF	电机正转	Y003
			STR	电机反转	Y004

(2) 项目控制电气原理图

变频器驱动输送带电机电气原理图如图 17.8 所示。

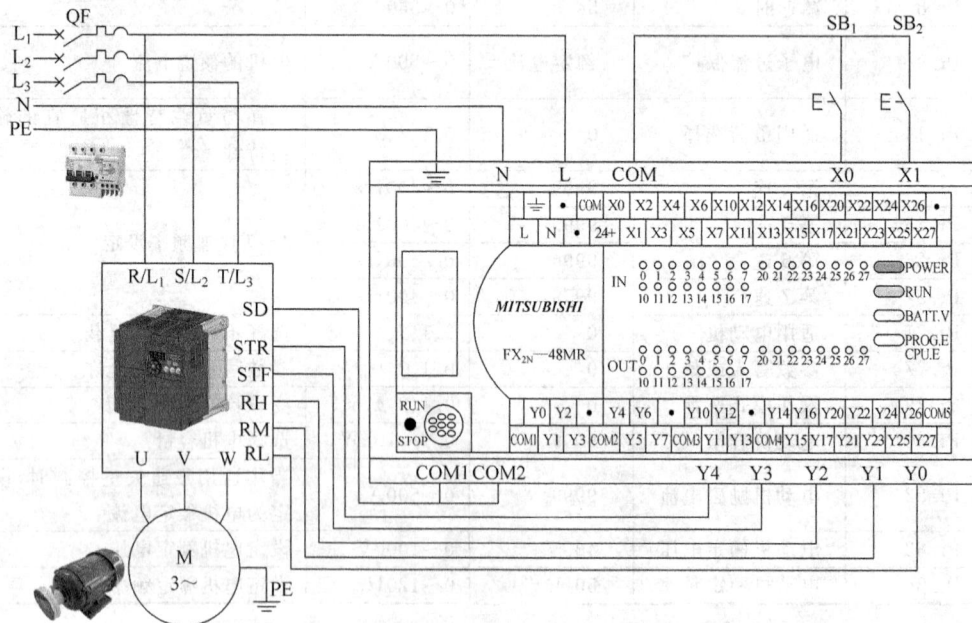

图 17.8　变频器驱动输送带电机电气原理图

（3）元器件清单

根据项目要求和电气原理图可以看出实现变频器驱动输送带电机所需的元器件。选用的元器件清单如表17.9所示。

表17.9 变频器驱动输送带电机元器件清单

序号	符号	名 称	型号、规格	单位	数量	备注
1	QF	断路器	DZ47LE—32 D6	个	1	
2	M	电动机	80YS25GY38	台	1	
3	SB	按钮	L16A	个	2	
4	VF	变频器	FR—E740—0.75K	台	1	
5	PLC	可编程控制器	FX$_{2N}$—48MR	台	1	

（4）设置变频器运行参数

根据项目要求，在按下启动按钮后，输送带电机以15Hz运行，加速时间为1.5s；5s后，输送带电机以25Hz的速度运行。经过10s后，输送带电机提升到35Hz运行；运行15s后，输送带电机停止反转，停止时间为1.0s，速度为25Hz。反转运行25s后，输送带停止。输送带在这个过程中的电机频率有15Hz、25Hz、35Hz；方向有正转和反转；加减速时间分别为1.5s和1.0s；变频器的控制方式为外部控制。需要设定的变频器参数及其相应的参数值如表17.10所示。

表17.10 需要设定的变频器参数

序号	参数号	参数名称	初始值	设定值	设 定 用 途
1	Pr.4	高速	50Hz	35Hz	RH有信号时，输出35Hz频率
2	Pr.5	中速	30Hz	25Hz	RM有信号时，输出25Hz频率
3	Pr.6	低速	10Hz	15Hz	RL有信号时，输出15Hz频率
4	Pr.7	加速时间	5s	1.5s	加速时间设定为1.5s
5	Pr.8	减速时间	5s	1.0s	减速时间设定为1.0s
6	Pr.9	电机过流保护		电机决定	设定电机的额定电流，防止过电流
7	Pr.79	操作模式选择	0	2	选择变频器控制方式为外部操作模式

（5）PLC梯形图

变频器参数设置完毕之后，要使三相异步电动机按要求运行，只要控制相应的变频器端口即可，功能梯形图如图17.9所示。

（6）调试步骤

按照项目要求连接好电气线路，实物图如图17.10所示。

设定变频器运行参数，然后编写梯形图写入PLC中，将梯形图切换到"监视模式"，然后按照如下步骤进行调试。

① 观察PLC运行指示灯是否点亮。若未亮，将控制开关拨下后重新拨上，并检查电气线路PLC电源。

② 按下输送带机构启动按钮SB$_1$，输送带以15Hz速度正转运行。

③ 15Hz正转运行5s以后，速度自动提升到25Hz。

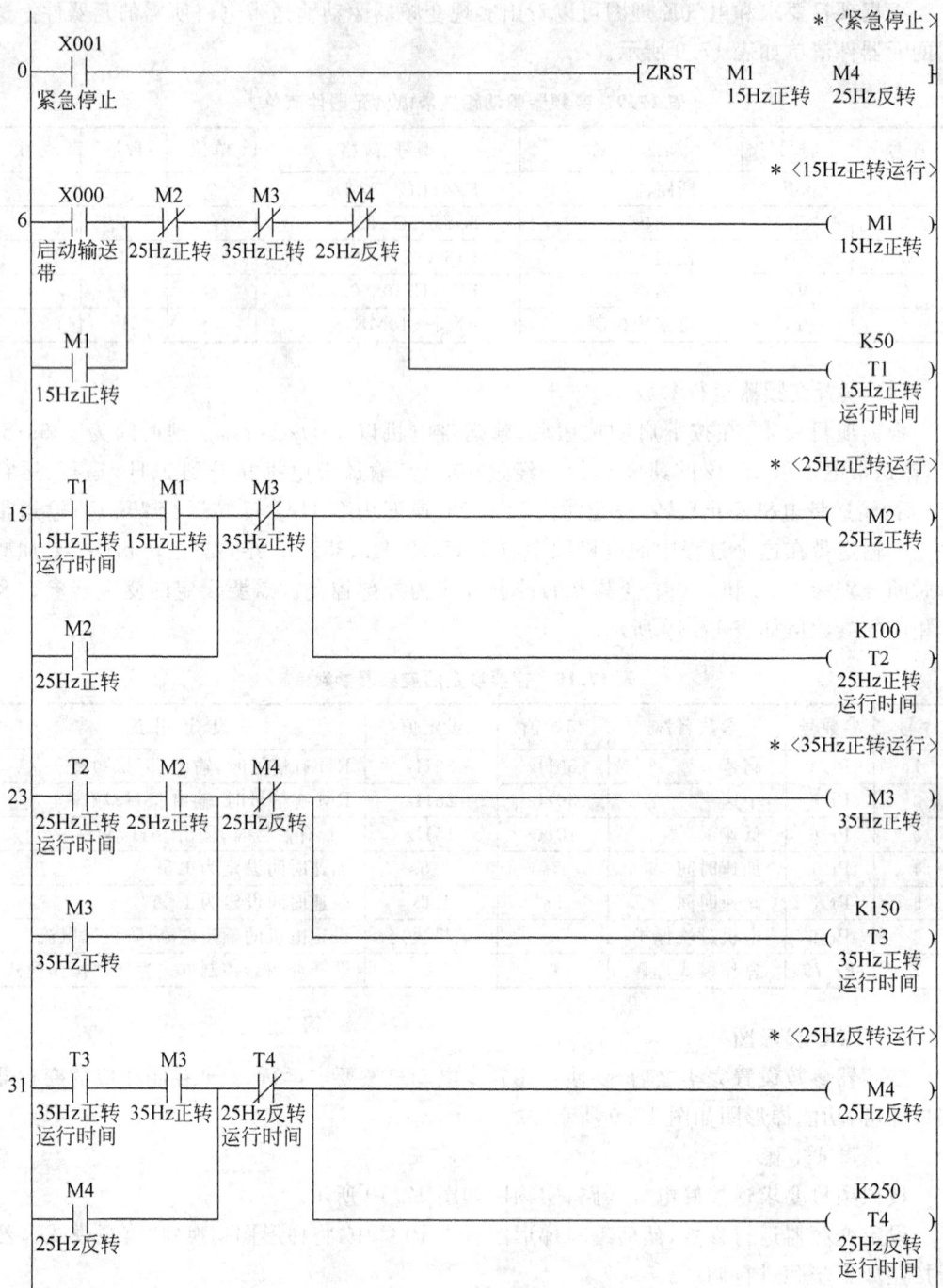

图 17.9 变频器多段速 PLC 控制梯形图

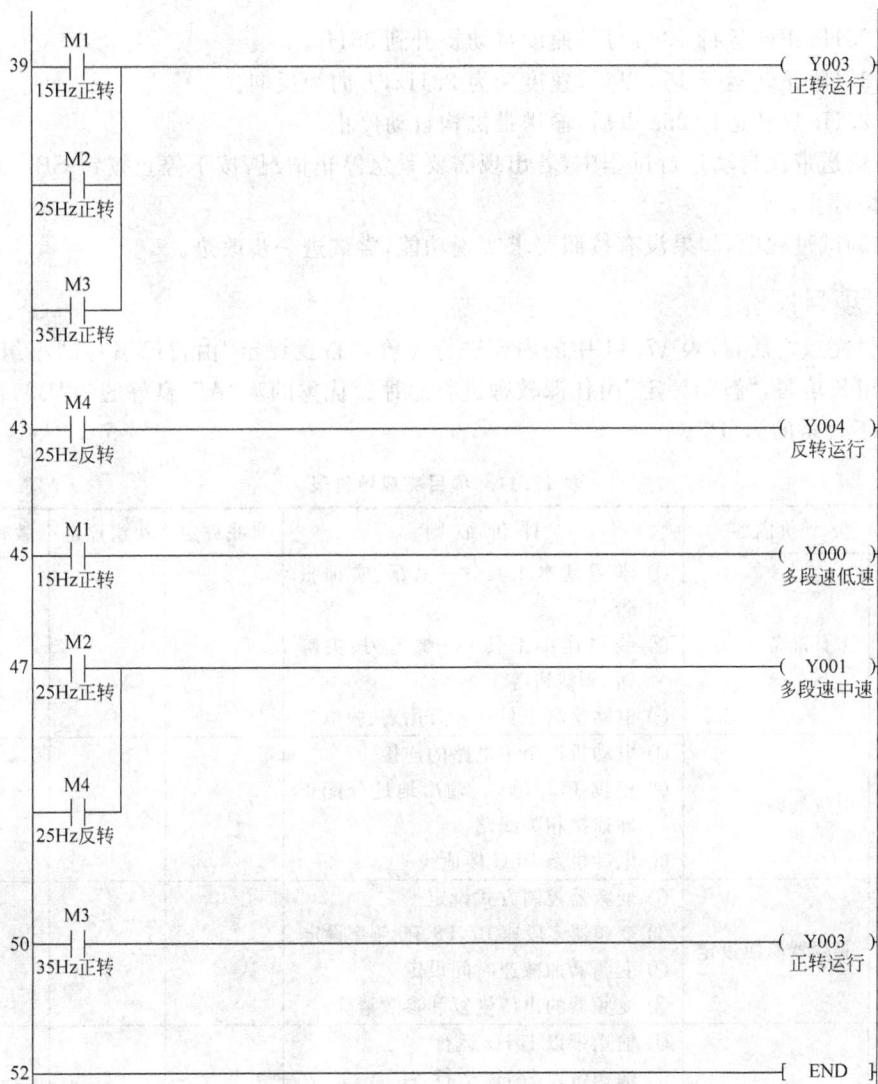

图 17.9(续)

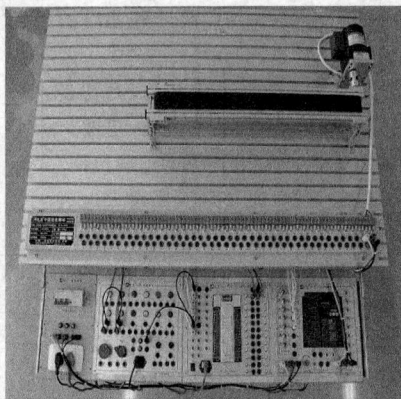

图 17.10 电气线路连接实物图

④ 25Hz正转运行10s以后,速度自动提升到35Hz。

⑤ 35Hz正转运行15s以后,速度变为25Hz,方向为反向。

⑥ 25Hz反转运行25s以后,输送带机构自动停止。

⑦ 输送带在自动运行过程中,若出现需要紧急停止情况,按下停止按钮SB₂,输送带机构立即停止。

⑧ 调试过程中,如果没有按照要求实现功能,尝试进一步改进。

🕐 项目评价

项目完成之后,按表17.11中的内容进行评价,"自我评定"由自己填写,"小组评定"由小组组长填写,"教师评定"由任课教师进行总评。优秀的为"A",良好的为"B",合格的为"C",不合格的为"D"。

表17.11　项目完成评价表

序号	评价内容	评 价 细 则	自我评定	小组评定	教师评定
1	工具准备	① 学习基本工具——书籍、实训报告、笔 ② 线路连接工具——螺丝刀、尖嘴钳、剥线钳等 ③ 电路检测工具——万用表、验电笔			
2	电气线路	① 电动机控制主电路的连接 ② 根据PLC输入、输出地址分配正确连接相关线路 ③ 电动机及PLC接地线			
3	变频器参数设定	① 变频器控制方式设定 ② 变频器多段速P7、P8、P9频率设定 ③ 变频器加减速时间设定 ④ 变频器的出厂恢复和参数清除			
4	程序调试	① 输送带以15Hz运行 ② 输送带以25Hz运行 ③ 输送带以35Hz运行 ④ 输送带电机正转自动切换到反转 ⑤ 输送带电机高、中、低三种速度的自动切换			
5	安全操作	① 在操作过程中,注意安全,尤其是不允许带电进行线路连接、更改 ② 线路通电之前用万用表正确检测 ③ 出现故障时,要正确使用仪表进行检测			
6	3Q7S	① 工具摆放整齐 ② 线路板及桌面清理干净 ③ 电源关闭,计算机、桌椅摆放整齐 ④ 线路连接过程中的连接线有无浪费			

🏃 项目拓展

当按下按钮 SB₁ 的时候,输送带电机开始以 15Hz 的速度正转运行。为了使得输送带调速运行平滑,从停止到启动的加速时间为 2s;输送带电机以 15Hz 运行 5s 后,电机速度提升到 20Hz;输送带电机以 20Hz 运行 10s 后,电机速度提升到 25Hz;运行 15s 后,电机平滑停止,停止时间为 1s;待输送带停止后,输送带电机反方向以 30Hz 运行 20s 后,电机速度提升到 40Hz,运行 30s 后自动停止;在输送带机构运行的过程中按下 SB₂ 急停按钮,输送带机构立即停止。

📋 知识巩固

1. 简述变频器的作用,请列举其应用场合。
2. 在变频器参数设定过程中,高、中、低速分别对应的内部地址是什么?
3. 变频器的控制方式有哪几种? 如何设置控制方式?
4. 在控制电机速度的过程中,如超过 3 种速度,能否实现? 该如何设定?

项目 **18**

制作产品检测与分选控制系统

学习目标

1. 学会光电传感器、电感传感器、光纤传感器及磁性开关的正确使用。
2. 掌握电磁阀、气缸的正确使用。
3. 通过编程、调试,实现产品检测与分选控制。

项目情境

产品从生产到销售,必须经历生产、检验、包装等环节,尤其检验这一环节至关重要。在以往的企业中,往往都是先在生产车间对产品进行加工,完成之后,送至产品检验车间进行检验,看是否满足实际要求。对于符合要求的产品,将其送至包装车间,进行包装,准备出售。对于不符合要求的产品,将其分成两类,一类是送回生产车间重新加工成符合要求的产品,另一类是已无法再加工的废品,要送至废品间集中销毁。这一系列操作都是依靠人完成的。随着科技进步,企业自动化程度越来越高,甚至出现了很多无人车间,实现生产、检验、包装一体化的自动化控制,既节省了人力、物力,也大大提高了生产效率。图 18.1所示为一间产品自动分拣车间。

图 18.1　产品自动分拣车间

项目实施要求

某生产车间生产出来的产品包含合格产品(金属材质)、可再加工产品(白色材质)以及废品(黑色材质),现需要对它们进行自动检测与分选。如图18.2所示为产品检测与分选控制设备效果图。

图18.2　产品检测与分选控制设备效果图

具体控制要求如下:

① 按下启动按钮 SB_1,输送带以10Hz的频率运行。

② 将产品从"产品入口"处放入,输送带马上变成以30Hz的频率运行。

③ 当检测的产品为"合格产品"时,将其推入"合格产品槽";当检测到的产品是"可再加工产品",将其推入"可再加工产品槽";当检测到的产品是"废品",将其推入"废品槽"。

④ 一个产品检测与分选完毕后,输送带马上变成以10Hz的频率运转,等待下一产品的检测与分选。

⑤ 在运行过程中,按下停止按钮 SB_2,输送带马上停止,在输送带上的产品需人工检测与分选,并将其处理掉。

项目分析

从项目要求可知,此项目需完成的内容较多,包含设备的启动与停止、输送带的速度切换、产品质量的检测及产品的自动移出。其中,设备的启动与停止、输送带的速度切换在项目17中已经详细分析,此处重点分析产品质量的检测和产品的自动移出。

1. 产品质量的检测

产品质量的检测是此项目的核心。在以往是通过人的观察、仪器的手动测量等实现的,但随着生产效率的提高及自动化控制的不断应用,人为的检测已经不能满足实际需求,因此必须寻找新的检测方式。

在此项目中,主要将产品分为三类:合格产品(金属材质)、可再加工产品(白色材质)及废品(黑色材质),因此只要找到能检测三种材质的传感器即可。金属材质检测采用电感传感器实现,实物图如图18.3所示。白色材质和黑色材质可采用光电传感器和光纤传

图 18.3　电感传感器

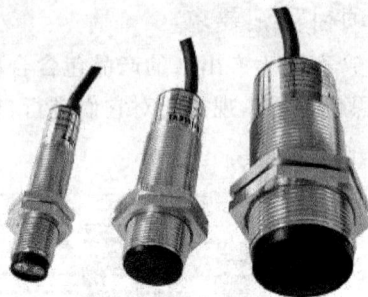

图 18.4　光电传感器

感器实现,实物图如图 18.4 和图 18.5 所示。

在本项目中,检测产品质量的传感器位于 3 个不同的位置:检测金属材质的电感传感器位于第一位置,检测白色材质的光纤传感器位于第二位置,检测黑色材质的光纤传感器位于第三位置。由于白色和黑色是塑料材质,因此第一个传感器只检测到金属,白色和黑色无法检测到,就会通过输送带往后输送;第二个传感器只检测到白色,黑色无法检测到,继续往后输送;直到第三个传感器检测到黑色为止。在控制过程中,要求检测到相应材质时就停留在相应传感器下方,等待处理。

图 18.5　光纤传感器

2. 产品自动移出

产品质量检测完成之后,必须将其移出输送带,等待下一产品检测。传统的产品移出是通过人工实现的,这在自动检测中并不适合,因此需设计自动入槽装置,让产品根据质量移出到相应位置。

在实际企业中,应用最广泛的是通过气缸动作来实现产品的移出。气缸回路结构示意图如图 18.6 所示。此气动回路主要包含两部分:单线圈电磁阀和气缸,其工作流程如下:当电磁阀线圈得电时,压缩空气从蓝色气管流入到气缸中,推动气缸杆向右运动,气缸中原有的空气通过红色气管返回到电磁阀中进行释放;当气缸杆移到最右边时,气缸伸出限位检测到信号,气缸杆伸出到位;当电磁阀线圈失电时,压缩空气从红色气管流入到气缸中,推动气缸杆向左运动,气缸中原有的空气通过蓝色气管返回到电磁阀中进行释放;当气缸杆移到最左边时,气缸缩回限位检测到信号,气缸杆缩回到位,一个工作流程完成。

只要将气缸固定到产品检测传感器的下方,当传感器检测到相应产品时,使相应电磁阀线圈得电,相应的气缸杆伸出,将产品推入相应槽中,伸出到位后再使气缸杆缩回,准备下一次工作。

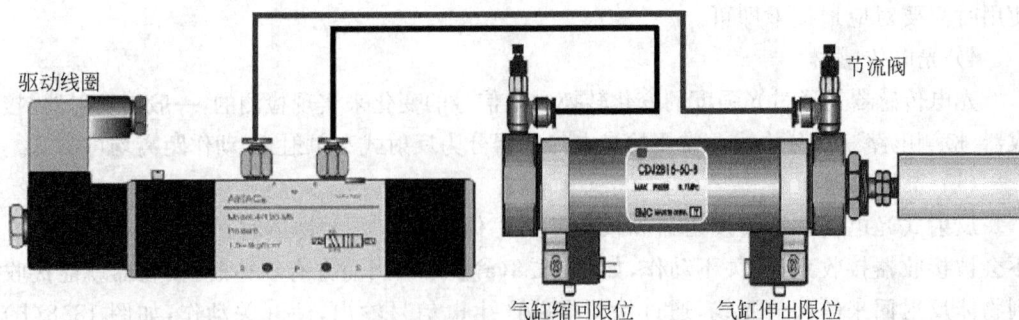

图 18.6　单线圈电磁阀控制气缸工作示意图

🔧 知识链接

1. 传感器的基本知识

传感器是指能感受规定的被测量,并按照一定规律转换成可用输出信号的器件或装置。

1) 传感器结构

传感器通常由敏感元件、转换元件及转换电路组成。敏感元件是指传感器中能直接感受(或响应)被测量的部分;转换元件是能将感受到的非电量直接转换成电信号的器件或元件;转换电路是对电信号进行选择、分析、放大,并转换为需要的输出信号等的信号处理电路。

2) 传感器图形符号

不同的传感器图形符号有所区别,电感传感器、光电传感器及磁性开关的图形符号如图 18.7 所示。

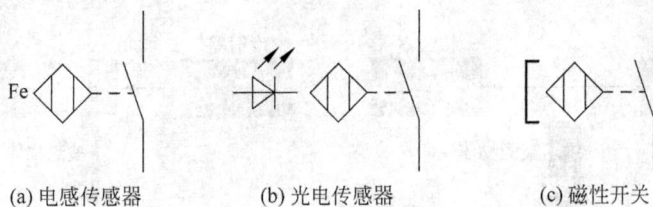

(a) 电感传感器　　　(b) 光电传感器　　　(c) 磁性开关

图 18.7　传感器图形符号

3) 电感传感器

(1) 工作原理

电感传感器由高频振荡、检波、放大、触发及输出电路等组成。振荡器在传感器检测面产生一个交变电磁场,当金属物料接近传感器检测面时,金属中产生的涡流吸收了振荡器的能量,使振荡减弱以至停滞。将振荡器的振荡及停振这两种状态转换为电信号,通过整形放大器转换成二进制的开关信号,经功率放大后输出。

(2) 使用方法

电感传感器为直流三线制,棕色为"电源正极"、蓝色为"电源负极"、黑色为"信号线",

使用时只要对应地接上即可。

4）光电传感器

光电传感器是通过光强度的变化转换成电信号的变化来实现检测的，一般由发射器、接收器、检测电路三部分构成。常用的光电传感器分为反射式和对射式，动作距离均可调节。

（1）工作原理

反射式光电传感器集发射器和接收器为一体。在前方无物体时，发射器发射出的光不会被接收器接收到，开关不动作，如图18.8(a)所示；当前方有物体时，接收器就能接收到物体反射回来的部分光线，通过检测电路产生电信号输出，使开关动作，如图18.8(b)所示。其有效作用距离是由目标的反射能力决定的，即由目标表面的性质和颜色决定。

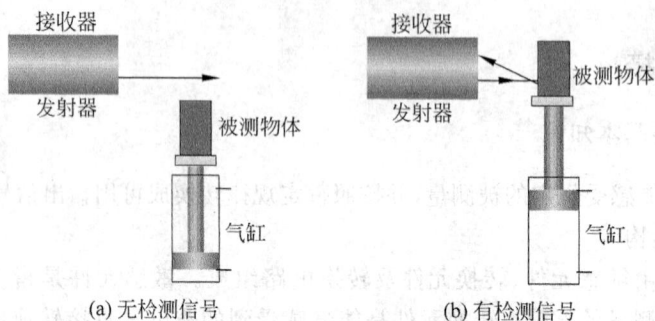

图18.8　反射式光电传感器工作原理示意图

对射式光电传感器的发射器和接收器是分离的，在发射器和接收器中间没有物体遮挡，发射器发出的光线能被接收器接收到，开关不动作，如图18.9(a)所示；当中间有物体遮挡时，接收器接收不到发射器发出的光线，传感器产生输出信号，开关动作，如图18.9(b)所示。

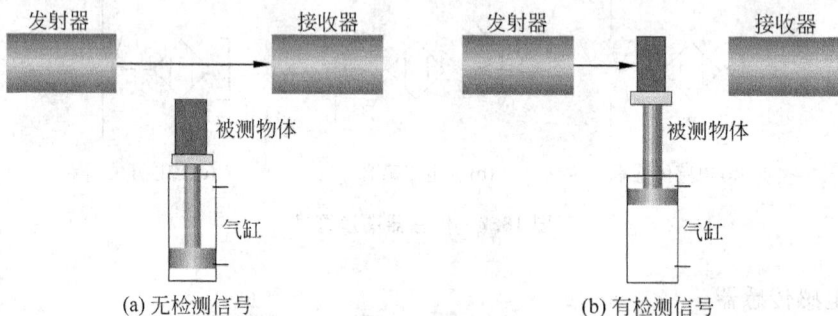

图18.9　对射式光电传感器工作原理示意图

（2）使用方法

在实际应用中，反射式光电传感器一般为直流三线制，棕色为"电源正极"、蓝色为"电源负极"、黑色为"信号线"，使用时只要对应地接上即可。而对射式光电传感器由于发射器和接收器独立，因此必须分开连线。发射器一般为直流两线制："电源正极"和"电源负极"；接收器则为直流三线制，棕色为"电源正极"、蓝色为"电源负极"、黑色为"信号线"，使用时要分别连上。

5）光纤传感器

（1）工作原理

光纤传感器与光电传感器工作原理类似，不同的是它利用光导纤维进行信号传输，将发射器发出的光线用光导纤维引导检测点，再把检测到的光信号用光纤引导到接收器来实现检测，可实现较远区域的检测。在长距离光线传输系统中，必须在线路的适当位置设立中级放大器，对衰减和失真的光脉冲信号进行处理及放大。

（2）使用方法

光纤传感器采用直流三线制，棕色为"电源正极"、蓝色为"电源负极"、黑色为"信号线"，使用时按对应的接口接上。由于光纤传感器可检测任何颜色，因此在使用前必须对放大器的灵敏度进行调节。

此处介绍 E3X—NA11 光量条显示带旋钮设定型放大器的灵敏度调节方式。图 18.10 所示为面板说明图。

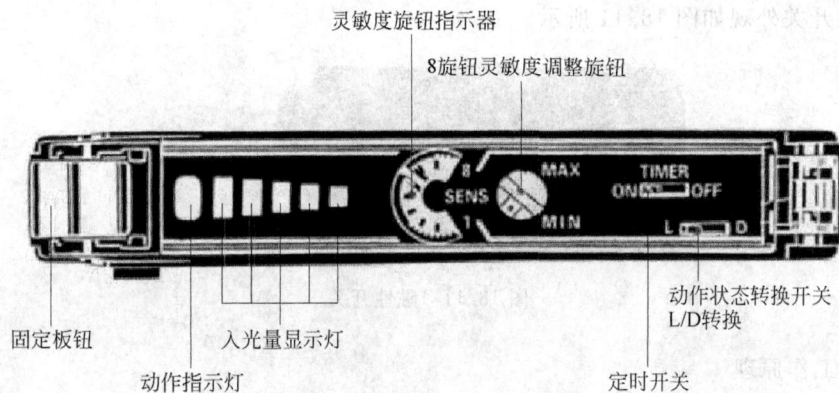

图 18.10　E3X—NA11 放大器面板说明图

在灵敏度调整过程中，通过专用"一"字螺丝刀顺时针旋转灵敏度调整旋钮，可增大传感器的灵敏度，反之减小。要检测相应颜色时，将光纤头对准检测物体，然后调整灵敏度，根据表 18.1 所示光量条指示的含义，调整到状态 4 或 5 即可。将光纤头离开检测物体，光量条指示为状态 1 或 2。

表 18.1　LED 光量条指示含义

状态	指示灯状态	动作显示灯	入　光　量
1		灯熄	动作量的约 80% 以下
2		灯熄	动作量的 80%～90%

续表

状态	指示灯状态	动作显示灯	入　光　量
3		灯熄或灯亮	动作量的 90%～100%
4		灯亮	动作量的 100%～110%
5		灯亮	动作量的 110%～120%

6) 磁性开关

磁性开关外观如图 18.11 所示。

图 18.11　磁性开关

(1) 工作原理

磁性开关是液压和气动系统中常用的传感器,可以将其直接安装在气缸缸体上。当带有磁环的活塞移动到磁性开关所在位置时,磁性开关内的金属簧片在磁环磁场的作用下吸合,发出信号。当活塞离开金属簧片时,触点自动断开,信号切断。

(2) 使用方法

磁性开关一般为直流两线制,蓝色为"电源负极"、棕色为"信号线",将其安装到气缸的相应位置后,对应接线即可。

2. 气动控制

1) 气缸

气缸的正确运动将不同质量的产品推到相应的位置,只要交换进、出气的方向,就能改变气缸的伸出(缩回)运动。气缸两侧的磁性传感器可以识别气缸是否已经运动到位。气缸示意图如图 18.12 所示。

2) 电磁阀

利用电磁线圈通电时,静铁芯对动铁芯产生的电磁吸力,使阀芯改变位置,实现换向的方向控制阀称为电磁换向阀,简称电磁阀。一般有单线圈电磁阀和双线圈电磁阀两种。

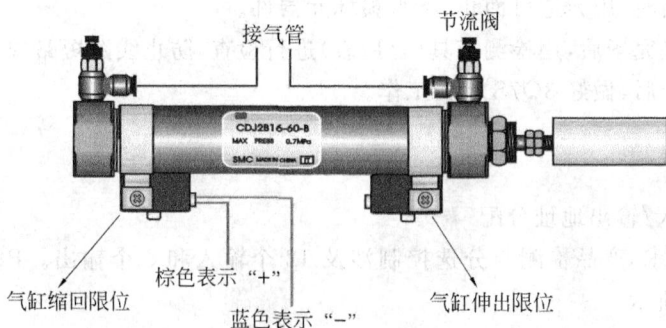

图18.12 气缸示意图

(1) 双线圈电磁阀

双线圈电磁阀可以实现气缸的伸出、缩回运动,在相应线圈失电之后能保持在相应的位置。电磁阀内装的红色指示灯有正、负极性,如果极性接反了,也能正常工作,但指示灯不会亮。双向电磁阀示意图如图18.13所示。

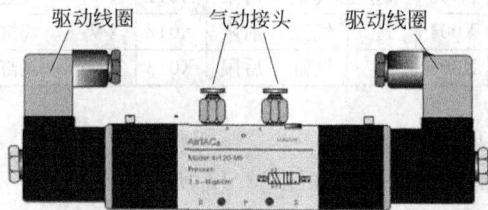

图18.13 双线圈电磁阀示意图

(2) 单线圈电磁阀

单线圈电磁阀同样可以实现气缸的伸出、缩回运动,但由于只有一个线圈,线圈得电时,可使气缸动作;当线圈失电时,气缸自动复位。单线圈电磁阀示意图如图18.14所示。

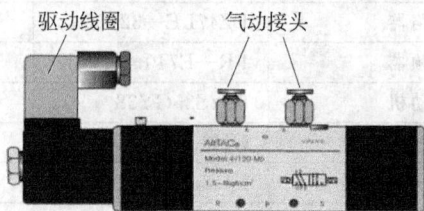

图18.14 单线圈电磁阀示意图

项目实施

1. 注意事项

① 操作之前,检查工具绝缘性能及相关元器件是否损坏。

② 操作过程中,工具不得随意乱扔,防止安全事故发生。

③ 连接线路时,用力适可而止,不得损坏元器件。

④ 线路连接完毕后,用检测工具(万用表)进行检查,防止线路短路现象。

⑤ 调试完毕后,做好3Q7S相关工作。

2. 实施过程

1) PLC 输入/输出地址分配

根据项目要求,产品检测与分选控制涉及 12 个输入和 6 个输出。PLC 对应的地址分配如表 18.2 所示。

表 18.2　产品检测与分选控制 PLC 输入/输出地址分配表

输　入						输　出		
代号	作　用	地址	代号	作　用	地址	代号	作　用	地址
T_0	入口检测传感器	X000	T_{11}	气缸一前限	X006	STF	变频器正转	Y001
T_1	金属检测传感器	X001	T_{12}	气缸一后限	X007	RL	变频器10Hz	Y002
T_2	白色检测传感器	X002	T_{21}	气缸二前限	X010	RM	变频器30Hz	Y003
T_3	黑色检测传感器	X003	T_{22}	气缸二后限	X011	YV_1	气缸一电磁阀线圈	Y004
SB_1	启动	X004	T_{31}	气缸三前限	X012	YV_2	气缸二电磁阀线圈	Y005
SB_2	停止	X005	T_{32}	气缸三后限	X013	YV_3	气缸三电磁阀线圈	Y006

2) 项目控制电气原理图

产品检测与分选控制电气原理图如图 18.15 所示。

3) 元器件清单

根据项目要求和电气原理图可以看出实现产品检测与分选控制所需的元器件,选用的元器件清单如表 18.3 所示。

表 18.3　产品检测与分选控制元器件清单

序号	符号	名　称	型号、规格	单位	数量	备注
1	QF	断路器	DZ47LE—32 D6	个	1	
2	VF	变频器	FR—E740—0.75K	台	1	
3	M	电动机	80YS25GY38	台	1	
4	T	光电传感器	GH3—N1810NA	个	1	
5	T	金属传感器	LJ12A3—4—A/BX	个	1	
6	T	光纤传感器	E3X—NA11	个	2	
7	T	磁性开关	D—C73	个	6	
8	SB	按钮	L16A	个	2	
9	YV	单线圈电磁阀	4V110—M5	个	3	
10	VC	开关电源	YL—032A	个	1	
11	QG	气缸	CDJ2KB10—60—B	个	3	
12	PLC	可编程控制器	FX_{2N}—48MR	台	1	

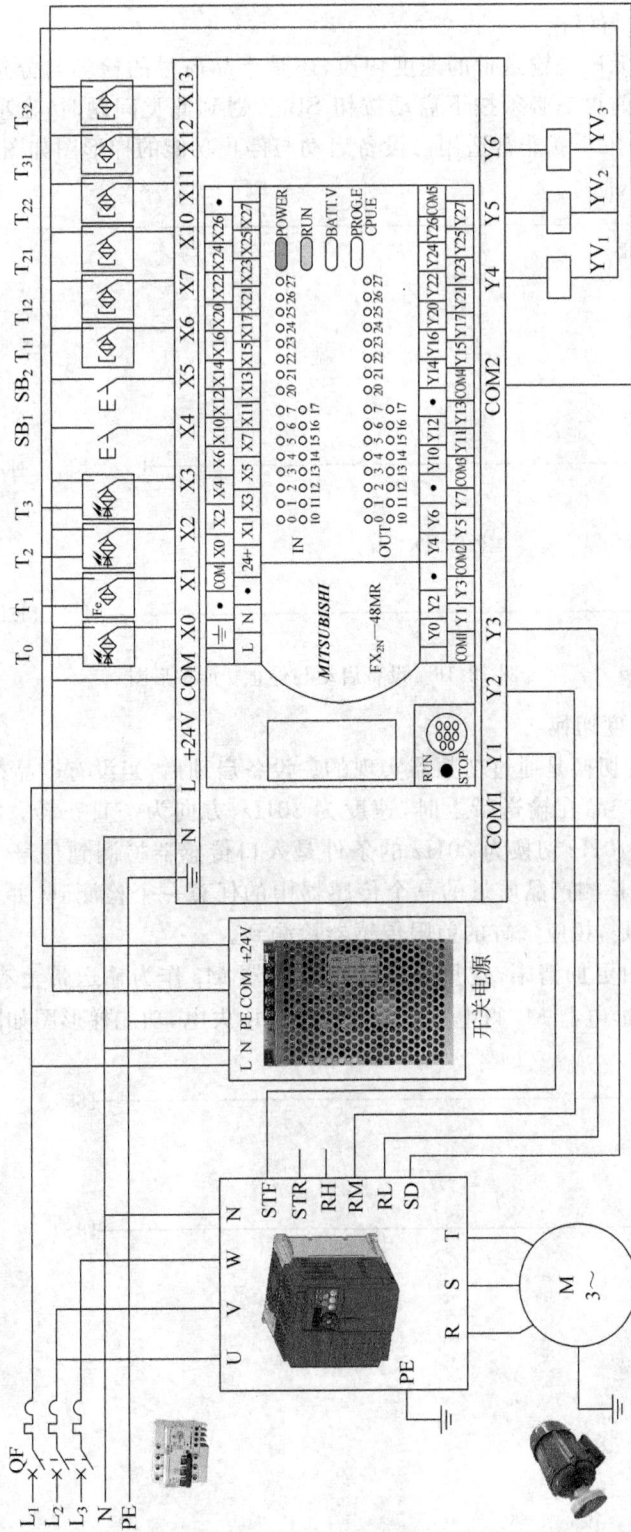

图 18.15 产品检测与分选控制电气原理图

4）PLC 梯形图

（1）系统启动与停止

在此项目中，无论是输送带的速度切换，还是产品质量的检测与分选，均需在设备运行的情况下完成，前提是必须按下启动按钮 SB_1。遇到此类问题时，在项目 10 中学习的主控指令 MC 与 MCR 就非常适用。设备启动与停止功能的梯形图如图 18.16 所示。

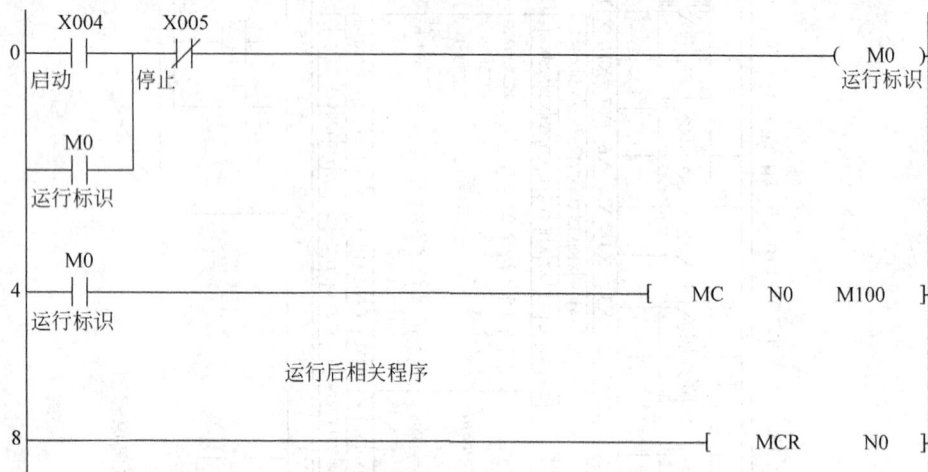

图 18.16　设备启动与停止功能梯形图

（2）输送带速度切换

输送带的速度切换是通过变频器实现的。设备启动后，当没有产品在输送带上时，速度为 10 Hz；当有产品在输送带上时，速度为 30 Hz，方向为一直正转。根据项目要求可知，输送带速度从 10 Hz 切换为 30 Hz 的条件是入口传感器检测到信号，而从 30 Hz 切换为 10 Hz 的条件是检测产品质量的三个传感器中的任意一个检测到，并被对应的气缸推入相应的槽，也就是，相应气缸的前限传感器检测到。

为了使梯形图更加清晰，这里采用辅助继电器 M_1 作为输送带上有无产品的标志。当有产品时，辅助继电器 M_1 得电；当无产品时，M_1 失电，功能梯形图如图 18.17 所示。

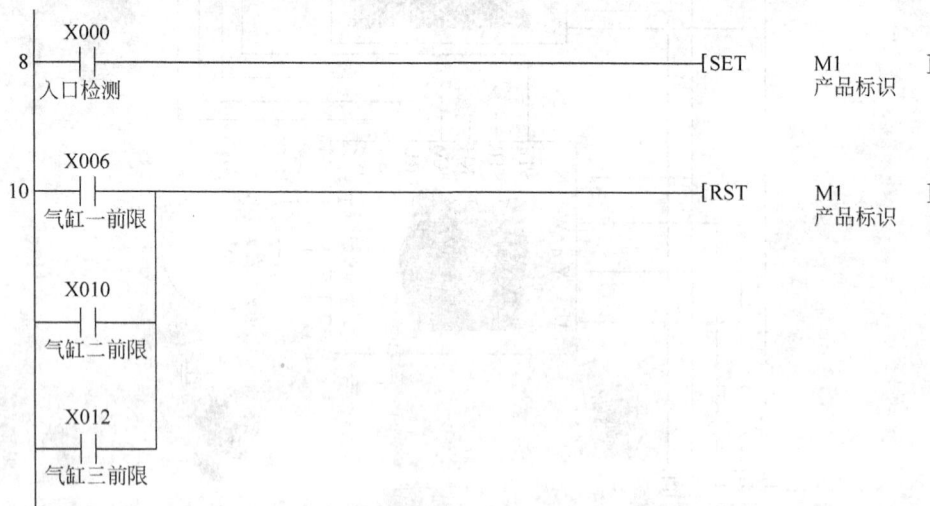

图 18.17　输送带产品有无识别功能梯形图

在识别了输送带上有无产品之后,再来控制输送带电机速度就相对容易了。方向是一直正转,因此 Y001 始终得电,当输送带上无产品时(辅助继电器 M_1 失电),Y002 得电,Y003 失电;而当输送带上有产品时(辅助继电器 M_1 得电),Y003 得电,Y002 失电,速度控制功能梯形图如图 18.18 所示。

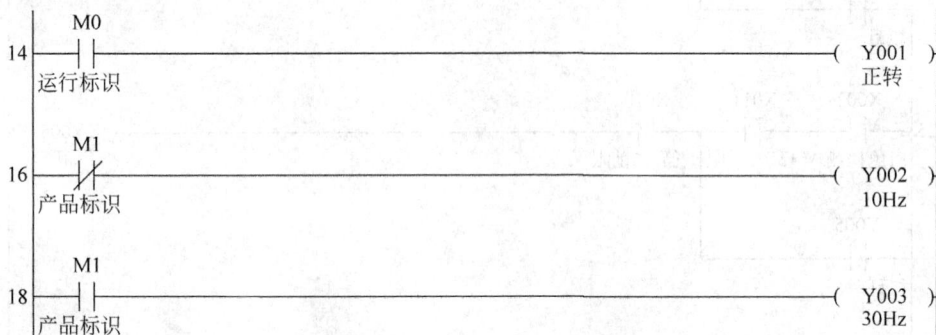

```
      M0
14  ──┤ ├──────────────────────────────────( Y001 )
     运行标识                                    正转

      M1
16  ──┤/├──────────────────────────────────( Y002 )
     产品标识                                    10Hz

      M1
18  ──┤ ├──────────────────────────────────( Y003 )
     产品标识                                    30Hz
```

图 18.18　速度控制功能梯形图

完整的输送带速度切换功能梯形图综合图 18.17 和图 18.18 即可。

(3) 产品质量检测及自动移出

产品的质量检测是通过三个传感器自动完成的。检测到时发出信号,因此不用程序来处理。

产品的自动移出通过各自气缸的气缸杆来实现,气缸由对应的电磁阀来控制。电磁阀得电,气缸杆伸出,电磁阀失电,气缸杆缩回。当检测相应产品时,气缸开始动作,在保证气缸杆在原位的情况下,使气缸杆伸出,将产品推入槽中,伸出到位之后才能使气缸杆缩回,否则会出现产品未准确入槽的现象。三个气缸的动作形式一致,只不过相应的条件和控制对象不同。产品自动移出功能梯形图如图 18.19 所示。

5) 变频器参数设置

根据项目要求可知,输送带的运行速度有两种：10Hz 和 30Hz,因此需要对变频器进行设置,具体设置参数如表 18.4 所示。

表 18.4　变频器参数

序号	参数代号	参数值	说　　明
1	P5	30Hz	中速
2	P6	10Hz	低速
3	P79	2Hz	电动机控制模式(外部操作模式)

在变频器参数设置之前,将模块上的各个控制开关处于断开位置;然后接通变频器电源,将变频器参数恢复为出厂值;再依次设置表 18.4 中所列的参数;最后恢复到频率监视模式,并操作各控制开关,检查参数设置是否正确。

6) 调试步骤

按照项目要求连接好电气线路,实物图如图 18.20 所示。

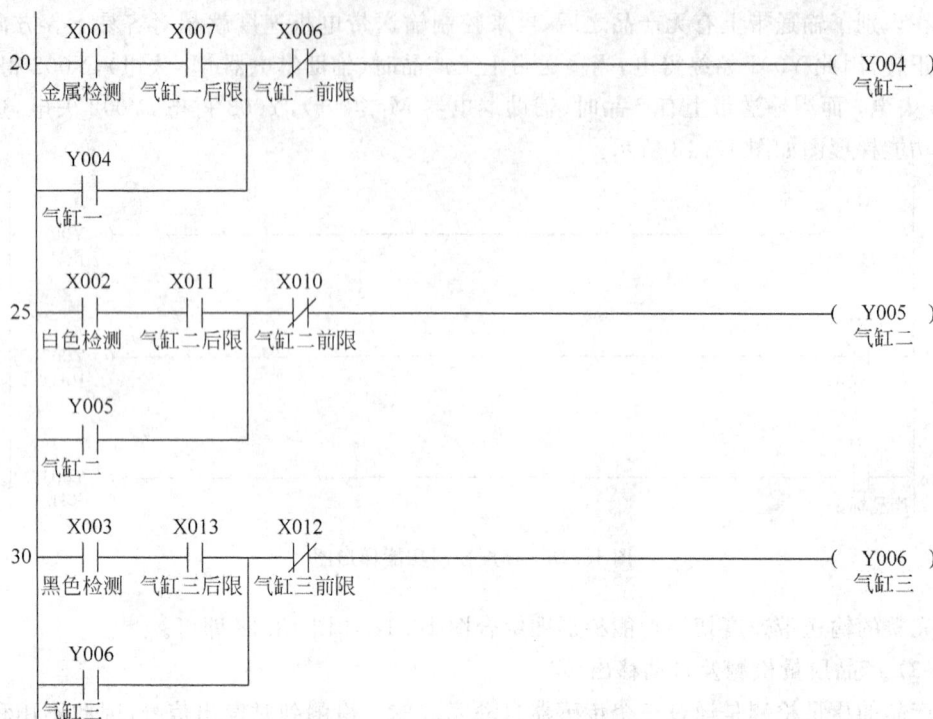

图 18.19　产品自动移出功能梯形图

编写梯形图写入 PLC 中后,将梯形图切换到"监视模式",然后按照如下步骤进行调试。

① 观察 PLC 运行指示灯是否点亮。若未亮,将控制开关拨下后重新拨上,并检查电气线路 PLC 电源。

② 按下启动按钮 SB_1,输送带以 10Hz 的频率运行。

③ 将任意产品从"产品入口处"放入,输送带以 30Hz 的频率运行。

④ 当产品为"合格产品"时,运行到传感器下方,气缸一的气缸杆伸出,产品入槽,气缸杆缩回。

⑤ 当产品为"可再加工产品"时,运行到传感器下方,气缸二的气缸杆伸出,产品入槽,气缸杆缩回。

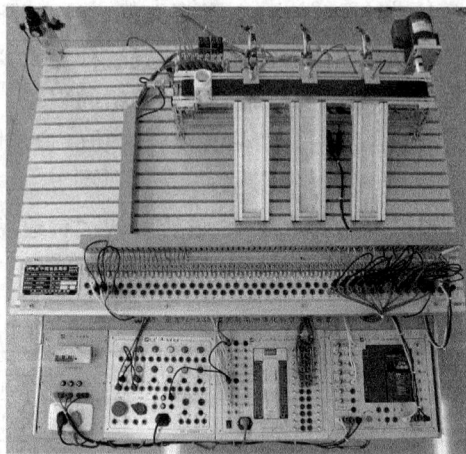

图 18.20　电气线路连接实物图

⑥ 当产品为"废品"时,运行到传感器下方,气缸三的气缸杆伸出,产品入槽,气缸杆缩回。

⑦ 按下停止按钮 SB_2,输送带马上停止。

⑧ 调试过程中,如果没有按照要求实现功能,尝试进一步改进。

项目评价

项目完成之后,按表 18.5 中的内容进行评价,"自我评定"由自己填写,"小组评定"由小组组长填写,"教师评定"由任课教师进行总评。优秀的为"A",良好的为"B",合格的为"C",不合格的为"D"。

表 18.5 项目完成评价表

序号	评价内容	评 价 细 则	自我评定	小组评定	教师评定
1	工具准备	① 学习基本工具——书籍、实训报告、笔 ② 线路连接工具——螺丝刀、尖嘴钳、剥线钳等 ③ 电路检测工具——万用表、验电笔			
2	电气线路	① 电动机控制主电路的连接 ② 根据 PLC 输入、输出地址分配正确连接相关线路 ③ 电动机及 PLC 接地线			
3	程序编写	① 选择正确的 PLC 的型号 ② 熟练使用梯形图编程软件 ③ 根据项目要求,完成梯形图的正确编写			
4	程序调试	① 设备的启动与停止 ② 输送带的速度切换 ③ 产品质量的检测与自动推出			
5	安全操作	① 在操作过程中,注意安全,尤其是不允许带电进行线路连接、更改 ② 线路通电之前用万用表正确检测 ③ 出现故障时,要正确使用仪表进行检测			
6	3Q7S	① 工具摆放整齐 ② 线路板及桌面清理干净 ③ 电源关闭,计算机、桌椅摆放整齐 ④ 线路连接过程中的连接线有无浪费			

项目拓展

对不同质量的产品分拣之后,需要对其进行处理,"合格产品"需包装,"可再加工产品"需重新加工,"废品"需集中处理。其中,"合格产品"的包装是在出售之前必不可少的,因此需在原来的基础上增加功能。在分拣过程中,当"合格产品"的数量达到 5 个时,产品检测与分选装置停止工作,蜂鸣器以 1Hz 的频率报警,提醒可进行包装;10s 后,装置重新开始工作,继续进行检测与分拣。改进型产品检测与分选控制设备效果图如图 18.21 所示。

图 18.21 改进型产品检测与分选控制设备效果图

知识巩固

1. 下列传感器的供电电源为直流二线制的是（　　　）。

   A. 光电传感器 　　　　B. 电感传感器 　　　　C. 光纤传感器 　　　　D. 磁性开关

2. 对于反射式光电传感器，当外部有物体遮挡时，（　　　）接收到信号。

   A. 能 　　　　　　　　B. 不能 　　　　　　　C. 不一定

3. 下列图形符号表示光纤传感器的是（　　　）。

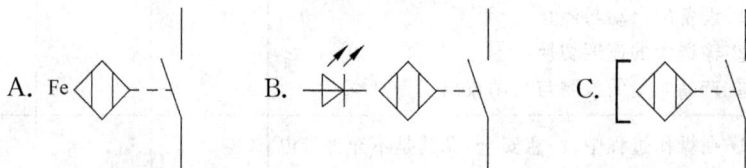

4. 用于气缸位置检测的传感器是（　　　）。

   A. 光电传感器 　　　　　　　　　　　　B. 电感传感器

   C. 磁性开关 　　　　　　　　　　　　　D. 光纤传感器

项目 **19**

制作触摸屏的PLC控制系统

学习目标

1. 熟悉触摸屏在工业自动控制系统中的应用。
2. 掌握 TPC7062K 触摸屏与 FX$_{2N}$ 系列 PLC 之间的通信方式和参数设置。
3. 学会 MCGS 组态软件的使用,能够建立简单的触摸屏组态工程。
4. 通过触摸屏组态工程和 PLC 的通信,控制相应的外部设备。

项目情境

在工业控制中,可编程逻辑控制器的输入、输出接口一般较少,通常采用的三菱系列 FX$_{2N}$—48MR 只有 24 个输入和 24 个输出。在复杂的工业控制现场,这些输入、输出点数远远不够。在复杂的工程中,一般输出控制的执行机构有电磁阀、指示灯、继电器等,其中指示灯所占的比例较高。在输入信号中有传感器、按钮、开关等,其中按钮和开关所占的比例高于系统中的传感器等信号。指示灯、开关、按钮等信号其实都是人与机器相互交流的通道,在现代工业控制中正在逐步以触摸屏(见图 19.1)代替指示灯、开关、按钮等输入、输出信号。通过触摸屏控

图 19.1 昆仑通态触摸屏

制系统的工作状态,同样以触摸屏实现系统的工作状态。所谓的触摸屏,又称为"触控屏"或"触控面板",是一种可接收触觉等输入信号的感应式液晶显示装置,当接触了屏幕上的图形按钮时,屏幕上的触觉反馈系统可根据预先编写的程序驱动各种连接装置,以取代机械式的按钮面板,并借由液晶显示画面制造出生动的影音效果。它是目前最简单、方便、自然的一种人—机交互方式。因此,触摸屏技术现在广泛应用于各种场合,大到公共服务项目查询、博物馆、银行、纪念馆、机场、码头、火车,小到家用电器、手机等通信产

品等。

项目实施要求

采用昆仑通态 TPC7062K 触摸屏控制某车间生产设备的启动、停止,以及显示该生产设备的运行状态,包括运行的情况指示、输送带速度指示、产品包装数量指示、系统时间参数等。设备生产的产品包含合格产品(金属材质)、可再加工产品(白色材质)以及废品(黑色材质),现需要对它们进行自动检测与分选。如图 19.2 所示为产品检测与分选控制设备效果图。

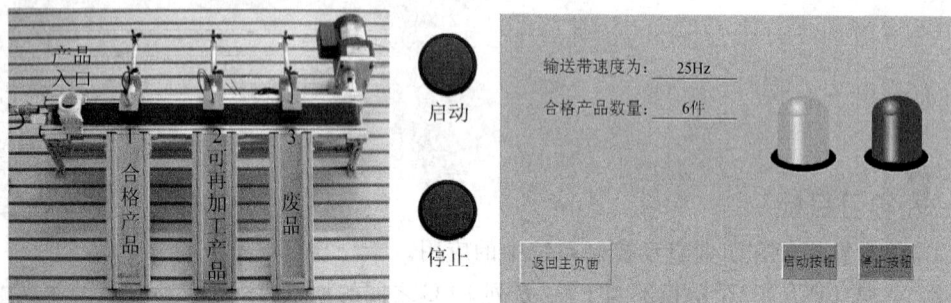

图 19.2   TPC7062K 触摸屏控制生产设备效果图

具体控制要求如下:

① 按下外部启动按钮 SB_1 或者触摸屏启动按钮 SB_1,输送带以 10 Hz 的频率运行。

② 将产品从"产品入口"处放入,输送带电机马上变成以 30 Hz 的频率运行,输送带频率由触摸屏显示。

③ 当检测的产品为"合格产品"时,将其推入"合格产品槽",并且在触摸屏上显示当前"合格产品"的具体数量。

④ 当检测到的产品是"可再加工产品",将其推入"可再加工产品槽"。

⑤ 当检测到的产品是"废品",将其推入"废品槽"。

⑥ 一个产品检测与分选完毕后,输送带马上转为以 10 Hz 的频率运转,等待下一产品的检测与分选。

⑦ 在运行过程中,按下停止按钮 SB_2 或者触摸屏的停止按钮 SB_2,输送带马上停止,触摸屏输送带显示"0 Hz"。

⑧ 长按(3s)停止按钮 SB_2 或者触摸屏停止按钮 SB_2 后,合格产品数量清除,变为"0"。

⑨ 在设备运行过程中,触摸屏红色运行警示灯闪亮;设备停止运行后,绿色警示灯闪亮。

项目分析

从项目要求可知,控制的对象为输送带,通过 PLC 将合格产品(金属材质)、可再加工产品(白色材质)以及废品(黑色材质)进行检测与分选,检测与分选的控制过程在项目 18 中已经详细介绍,本项目不做重点讲解。本项目主要是编写触摸屏组态程序,建立 TPC7062K 触摸屏和三菱 FX_{2N} 系列 PLC 的通信,通过触摸屏控制 PLC,然后通过 PLC 去控制工业现场,最后通过传感器等信号把工业现场采集的信号传递给触摸屏,在触摸屏中显示当前输送带变频器的驱动速度、合格产品(金属材质)数量等信息。在操作设备的过程中,外部按钮 SB_1、SB_2 和触摸屏控制按钮 SB_1、SB_2 互不影响,可以任意操作设备。

知识链接

1. 触摸屏的接口

TPC7062K 触摸屏通信接口、电源接口如图 19.3 所示。

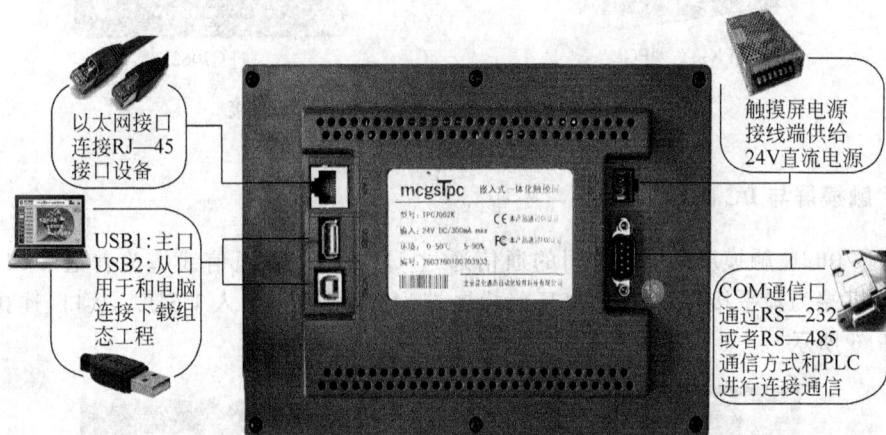

图 19.3 TPC7062K 触摸屏接口

2. COM 通信接口的定义

COM 通信接口是 PLC 控制器和触摸屏之间信息流通、传输的通道,它能将 PLC 内部的数据传输到触摸屏中,然后显示在工程组态中,使用户能够直观地查看到 PLC 控制设备的运行状态;能将触摸屏的点击触摸控制信息通过 COM 口输送到 PLC,达到控制自动化设备生产过程的目的。触摸屏 COM 通信接口的外观如图 19.4 所示,接口定义如表 19.1 所示。

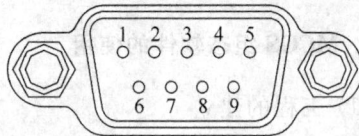

图 19.4 TPC7062K 触摸屏 COM 通信接口

表 19.1 TPC7062K 触摸屏 COM 通信接口

接口	PIN	引脚定义
COM1	2	RS—232 RXD
	3	RS—232 TXD
	5	GND
COM2	7	RS—485＋
	8	RS—485－

3. 触摸屏与 PLC 的连接

TPC7062K 触摸屏与 PLC 之间的通信通过 RS—232 完成，PLC 通信接口为 8 针 DIN 圆形公头，触摸屏通信接口为 9 针 D 型母头，连接方式如图 19.5 所示。

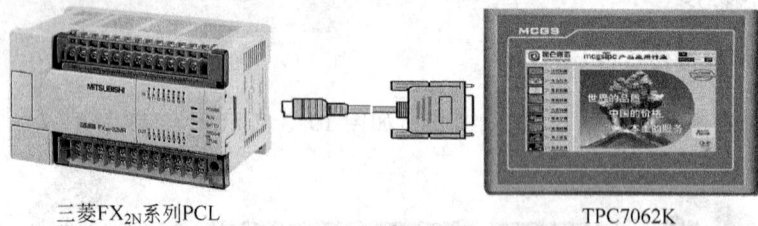

三菱FX$_{2N}$系列PCL   TPC7062K

图 19.5　TPC7062K 与 FX$_{2N}$ 系列 PLC 连接

4. 触摸屏与 PC 的连接

TPC7062K 触摸屏与 PC 之间的通信通过 USB 完成。通信线缆为普通 USB 连接线，计算机端为扁平接口，TPC7062K 触摸屏端为微型接口，插入 USB2：从口，连接方式如图 19.6 所示。

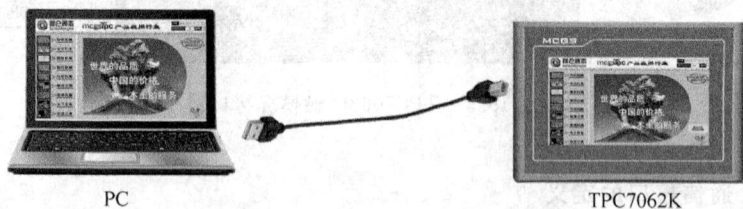

PC   TPC7062K

图 19.6　TPC7062K 与 PC 的连接

5. MCGS 组态软件的使用

（1）工程的建立

双击程序快捷方式"MCGSE 组态环境"，打开嵌入版组态软件。单击"文件"菜单中的"新建工程选项"，弹出"新建工程设置"页面，如图 19.7 所示。选择 TPC 类型为"TPC7062K"，选择合适的背景颜色后单击"确定"按钮，弹出工作台：新建工程窗口，如图 19.8 所示。单击"文件"菜单下的"工程另存为"，选择合适的路径保存工程，创建新工程完毕。

（2）建立与三菱 FX$_{2N}$ 系列 PLC 通信的参数设置

建立组态工程后要与 PLC 通信，在工作台

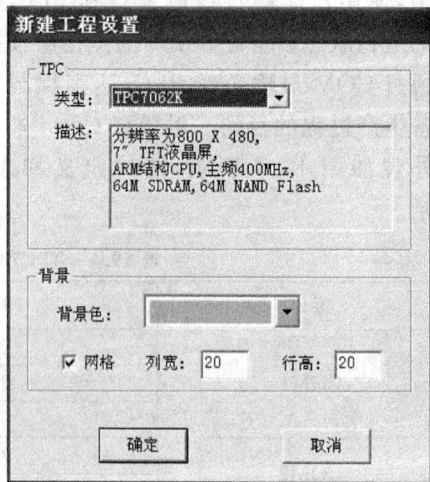

图 19.7　"新建工程设置"页面

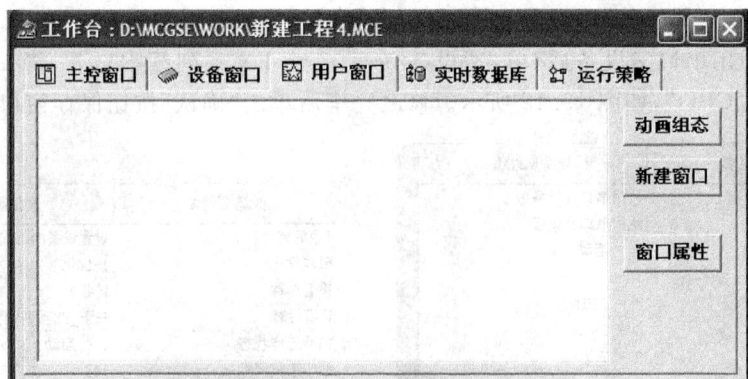

图19.8 工作台新建工程页面

中找到并激活"设备窗口",然后单击工具条中的图标 ✖ 打开"设备工具箱",如图19.9所示。在设备工具箱中添加"通用串口父设备"及"三菱_FX系列编程口",如图19.10所示。

图19.9 设备管理界面

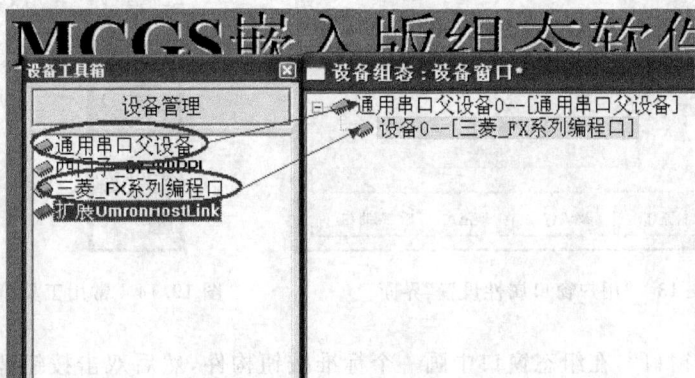

图19.10 添加"通用串口父设备"和"三菱_FX系列编程口"的设备管理界面

添加完毕后双击添加进去的"通用串口父设备",如图19.11所示。在"基本属性"中修改串口号(计算机一般都为COM1),修改数据位位数为"0-7位",停止位位数为"0-1位",

数据校验方式为"偶校验"。设置完毕后,单击"确认"按钮。

设置完通用串口父设备后,单击"设备 0—[三菱_FX 系列编程口]",将 CPU 类型修改为"2—FX$_{2N}$CPU",如图 19.12 所示。修改完毕后单击"确认"按钮保存窗口。

设备属性名	设备属性值
设备名称	通用串口父设备0
设备注释	通用串口父设备
初始工作状态	1 - 启动
最小采集周期(ms)	1000
串口端口号(1~255)	0 - COM1
通讯波特率	6 - 9600
数据位位数	0 - 7位
停止位位数	0 - 1位
数据校验方式	2 - 偶校验

图 19.11　串口父设备设置

设备属性名	设备属性值
[内部属性]	设置设备内部属性
采集优化	1-优化
设备名称	设备0
设备注释	三菱_FX 系列编程口
初始工作状态	1 - 启动
最小采集周期(ms)	100
设备地址	0
通讯等待时间	200
快速采集次数	0
CPU类型	2 - FX2NCPU

图 19.12　三菱_FX 系列编程设置

(3) 建立一个简单组态界面

在工作台中激活"用户窗口",然后单击"新建窗口",建立"窗口 1"。右击"窗口 1",将窗口名称修改为"通讯演示",如图 19.13 所示。单击"确认"按钮后双击"窗口演示",进入组态编辑窗口。单击工具条中的工具箱图标 ✖ 打开工具箱,如图 19.14 所示。

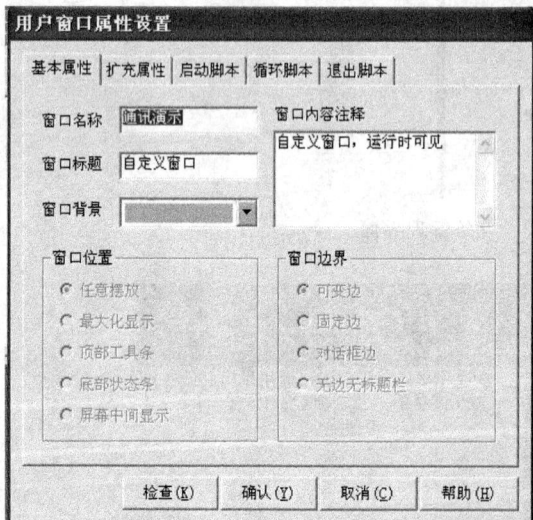

图 19.13　"用户窗口属性设置"界面

图 19.14　常用工具箱符号、按钮等

单击"标准窗口",在组态窗口中画一个标准按钮构件,然后双击按钮调出"标准按钮构件属性设置"窗口。在"基本属性"中设置按钮的颜色、文字等信息,在"操作属性"中将"数值对象值"改为"按 1 松 0",通道类型改为"M 辅助寄存器",通道地址改为"0",然后单击"确认"按钮,如图 19.15 所示。设置完毕后,再设置一个"关"的按钮,颜色为红色,PLC对应地址为"M1"。

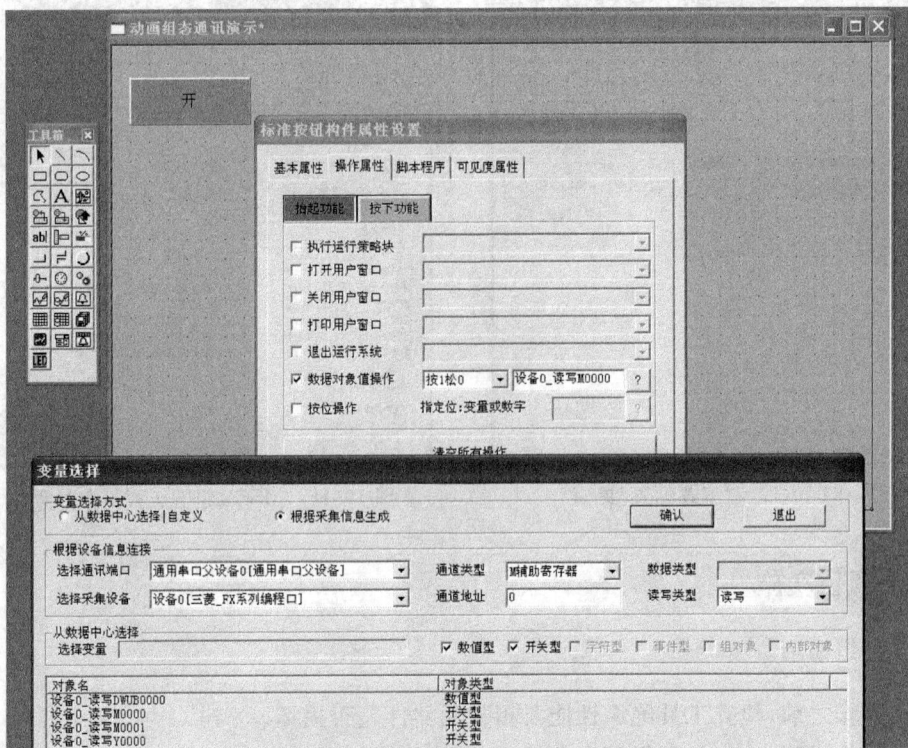

图 19.15　标准按钮构件建立

建立完标准按钮构件后建立一个指示灯。右击弹出菜单后,选择"插入元件"选项,然后选择一个合适的指示灯符号,如图 19.16 所示。数据对象连接通道改为"Y 输出继电器",通道地址改为"0",然后单击"确认"按钮,指示灯和 PLC 输出 Y000 连接成功。当 PLC 输出点 Y000 有输出的时候,触摸屏指示灯发光指示。

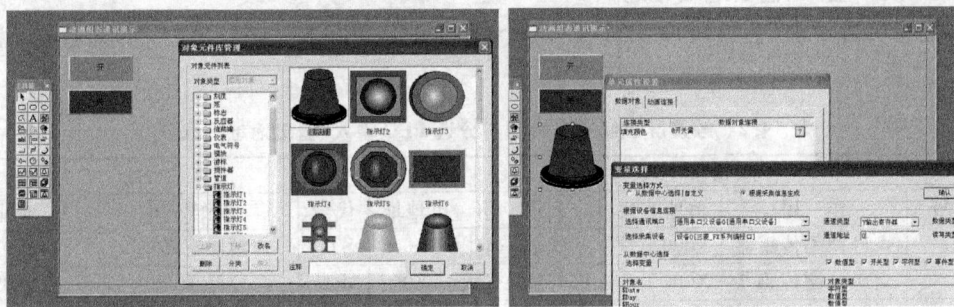

图 19.16　指示灯构件的建立

（4）组态工程的下载

单击菜单栏中"工具"下的"下载配置",或者直接单击工具条中的 ▣ 按钮,出现"下载配置"对话框,如图 19.17 所示。修改对话框中的连接方式为"USB 通讯",单击"连机运行"按钮后再单击"工程下载"按钮,工程开始下载到触摸屏中,如图 19.18 所示。

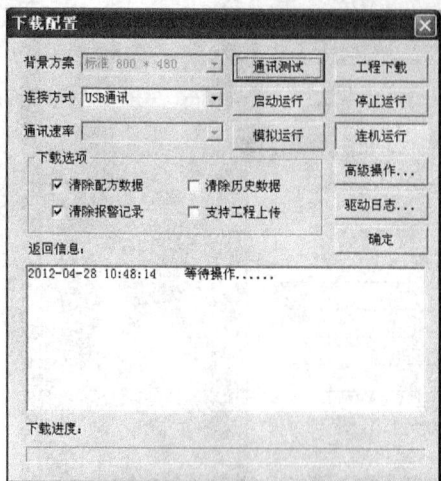

图 19.17　"下载配置"界面　　　　　图 19.18　MSGS 组态工程下载过程

项目实施

1. 注意事项

① 操作之前,检查工具绝缘性能及相关元器件是否损坏。

② 操作过程中,工具不得随意乱扔,防止安全事故发生。

③ 连接线路时,用力适可而止,不得损坏元器件。

④ 线路连接完毕后,用检测工具(万用表)进行检查,防止线路短路现象。

⑤ 调试完毕后,做好 3Q7S 相关工作。

2. 实施过程

1）PLC 输入、输出地址分配

根据项目要求,触摸屏应用涉及 12 个输入和 6 个输出。PLC 对应的地址分配如表 19.2 所示。

表 19.2　触摸屏控制产品检测与分选 PLC 输入、输出地址分配表

输　入						输　出		
代号	作　用	地址	代号	作　用	地址	代号	作　用	地址
T_0	入口检测传感器	X000	T_{11}	气缸一前限	X006	STF	变频器正转	Y001
T_1	金属检测传感器	X001	T_{12}	气缸一后限	X007	RL	变频器10Hz	Y002
T_2	白色检测传感器	X002	T_{21}	气缸二前限	X010	RM	变频器30Hz	Y003
T_3	黑色检测传感器	X003	T_{22}	气缸二后限	X011	YV_1	气缸一电磁阀线圈	Y004
SB_1	启动	X004	T_{31}	气缸三前限	X012	YV_2	气缸二电磁阀线圈	Y005
SB_2	停止	X005	T_{32}	气缸三后限	X013	YV_3	气缸三电磁阀线圈	Y006

2）项目控制电气原理图

触摸屏控制产品检测与分选装置电气原理图如图 19.19 所示。

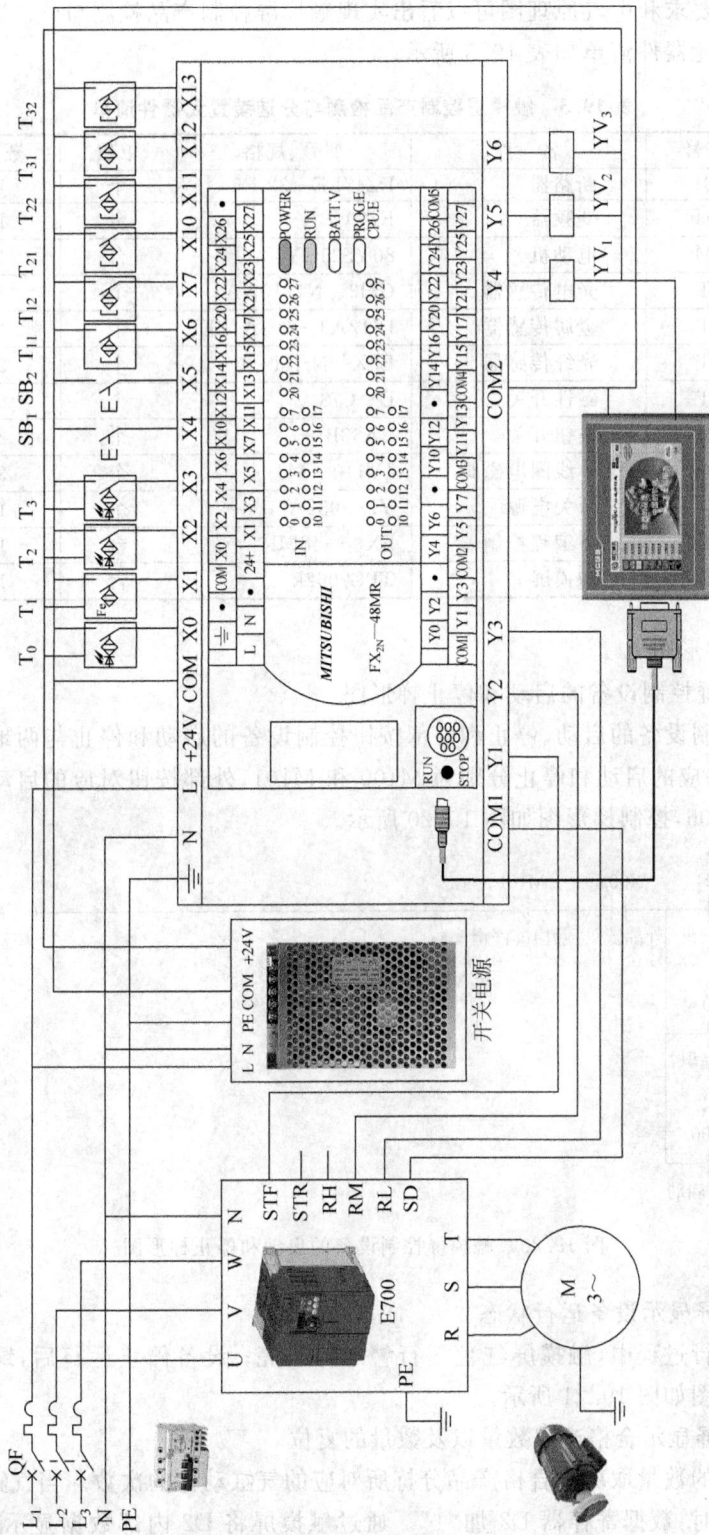

图 19.19　触摸屏控制产品检测与分选装置电气原理图

3) 元器件清单

根据项目要求和电气原理图可以看出实现触摸屏控制产品检测与分选装置所需的元器件。选用的元器件清单如表19.3所示。

表19.3　触摸屏控制产品检测与分选装置元器件清单

序号	符号	名　称	型号、规格	单位	数量	备注
1	QF	断路器	DZ47LE—32 D6	个	1	
2	VF	变频器	E700	台	1	
3	M	电动机	80YS25GY38	台	1	
4	T	光电传感器	GH3—N1810NA	个	1	
5	T	金属传感器	LJ12A3—4—A/BX	个	1	
6	T	光纤传感器	E3X—NA11	个	2	
7	T	磁性开关	D—C73	个	6	
8	SB	按钮开关	LA68B	个	2	
9	YV	单线圈电磁阀	4V110—M5	个	3	
10	TC	开关电源	YL—032A	个	1	
11	PLC	可编程控制器	FX$_{2N}$—48MR	台	1	
12	HIM	触摸屏	TPC7062k	台	1	

4) PLC梯形图

(1) 触摸屏控制设备的启动和停止梯形图

触摸屏控制设备的启动、停止和外部按钮控制设备的启动和停止与两地控制的类型类似,触摸屏对应的启动和停止分别为M100和M101,外部按钮对应的启动和停止分别为X004和X005,控制梯形图如图19.20所示。

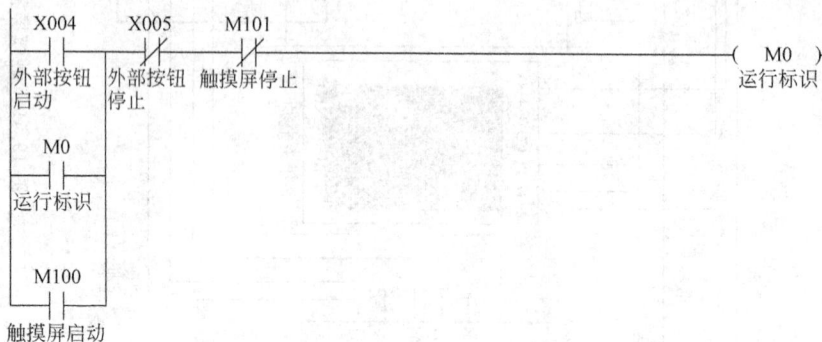

图19.20　触摸屏控制设备的启动和停止梯形图

(2) 触摸屏显示设备运行状态

在设备运行过程中,触摸屏红色运行警示灯闪亮;设备停止运行后,绿色警示灯闪亮。控制梯形图如图19.21所示。

(3) 触摸屏显示合格产品数量以及数量的复位

合格产品的数量取决于合格产品分拣所对应的气缸动作的次数。当气缸杆伸出推入合格产品的同时,数据寄存器D2加"1"。通过触摸屏将D2内部数据显示在触摸屏上。

图 19.21　触摸屏显示设备运行状态梯形图

合格产品数量的复位方式为长按 3s "停止" 按钮或者 "触摸屏停止" 按钮, 数据寄存器 D2 复位清空, 控制梯形图如图 19.22 所示。

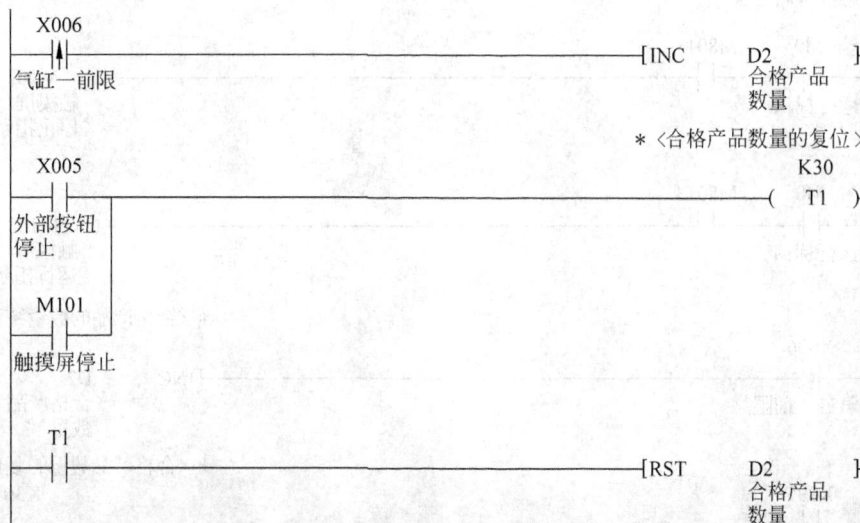

图 19.22　触摸屏显示合格产品数量以及数量的复位

(4) 触摸屏显示输送带机构电机传输速度

传输机构电机通过变频器控制, 通过触摸屏显示当前变频器的运行速度。速度数据传输至数据寄存器 D1 后, 触摸屏将数据寄存器 D1 内部的数据显示在规定位置, 控制梯形图如图 19.23 所示。

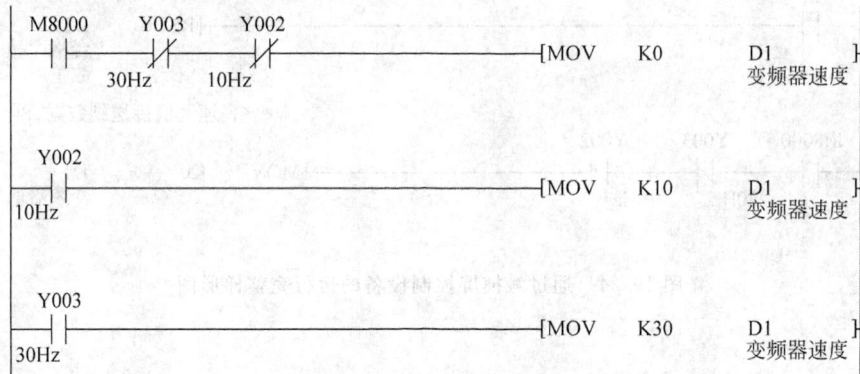

图 19.23　触摸屏显示输送带机构电机传输速度

到此为止，触摸屏控制程序完成，设备的运行程序参照项目18。将触摸屏的控制程序和设备的运行程序整合起来，如图 19.24 所示。

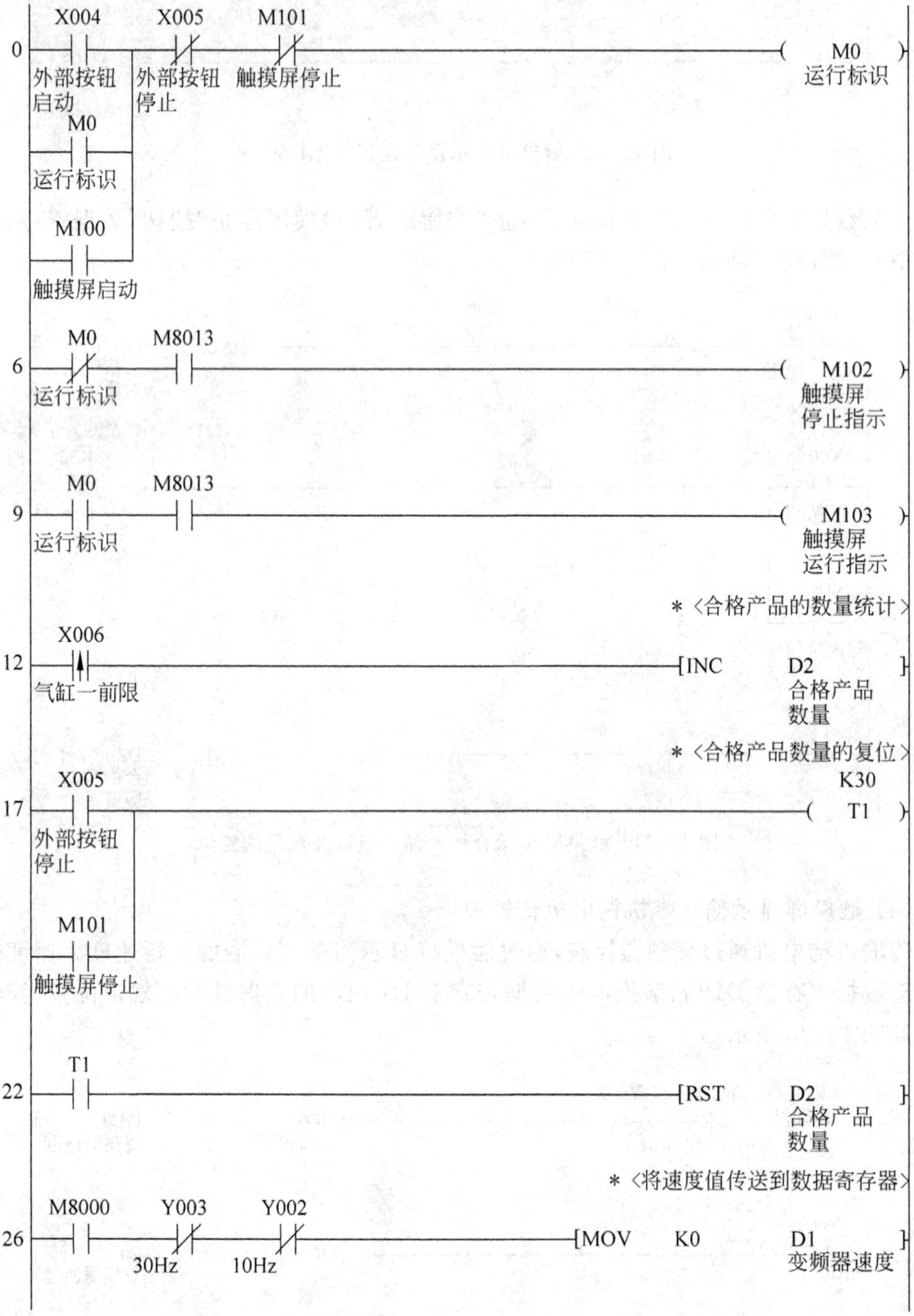

图 19.24　通过触摸屏控制设备的运行完整梯形图

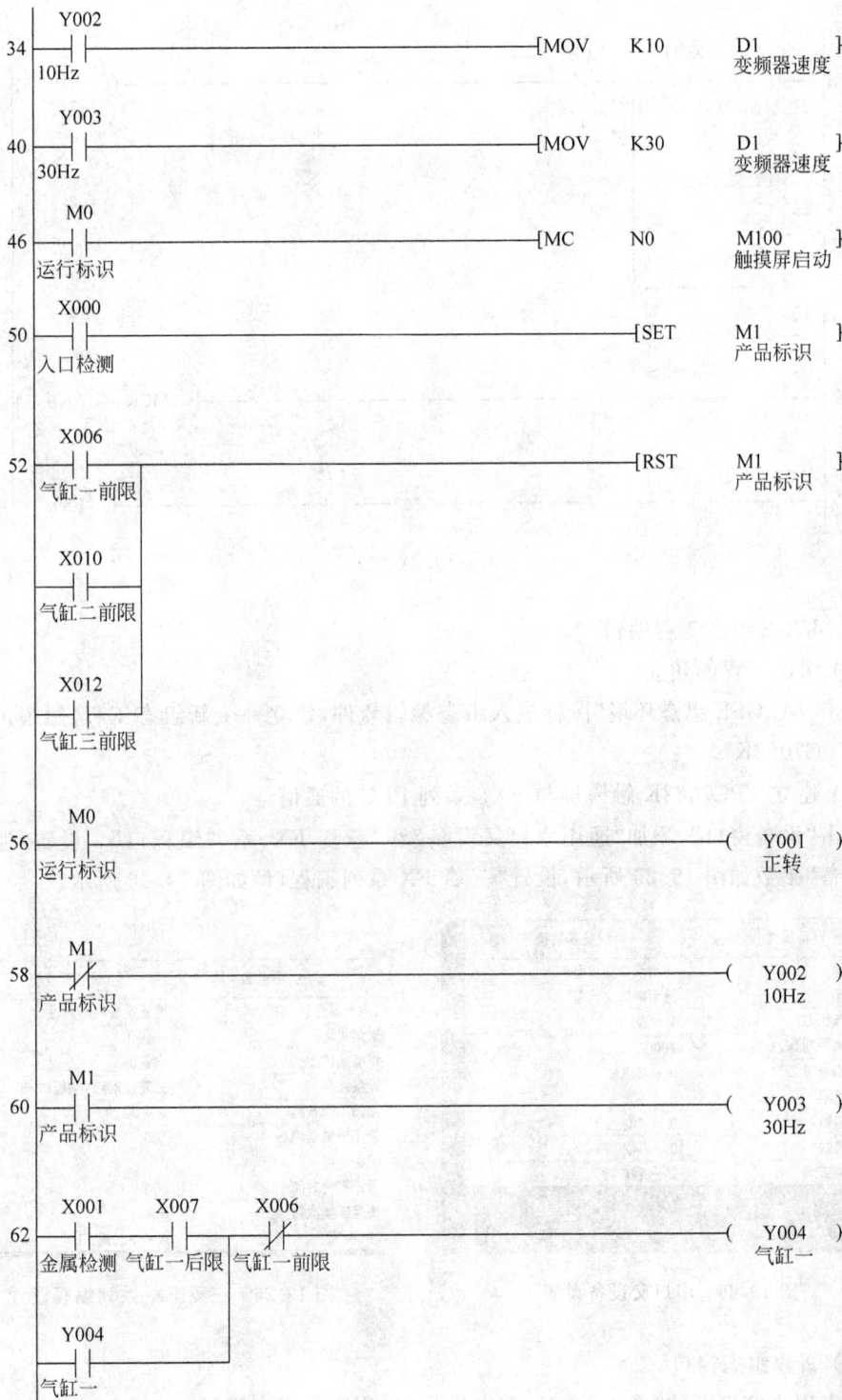

```
      Y002
34    ─┤├──────────────────────────────────────[MOV   K10      D1  ]─
      10Hz                                                     变频器速度

      Y003
40    ─┤├──────────────────────────────────────[MOV   K30      D1  ]─
      30Hz                                                     变频器速度

      M0
46    ─┤├──────────────────────────────────────[MC    N0       M100]─
      运行标识                                                 触摸屏启动

      X000
50    ─┤├──────────────────────────────────────────────[SET   M1  ]─
      入口检测                                                 产品标识

      X006
52    ─┤├──┬───────────────────────────────────────────[RST   M1  ]─
      气缸一前限 │                                             产品标识
          │
      X010 │
      ─┤├──┤
      气缸二前限 │
          │
      X012 │
      ─┤├──┘
      气缸三前限

      M0
56    ─┤├──────────────────────────────────────────────────────( Y001 )─
      运行标识                                                      正转

      M1
58    ─┤/├─────────────────────────────────────────────────────( Y002 )─
      产品标识                                                      10Hz

      M1
60    ─┤├──────────────────────────────────────────────────────( Y003 )─
      产品标识                                                      30Hz

      X001    X007    X006
62    ─┤├──┬──┤├──────┤/├───────────────────────────────────────( Y004 )─
      金属检测 │ 气缸一后限 气缸一前限                                 气缸一
           │
      Y004 │
      ─┤├──┘
      气缸一
```

图　19.24(续)

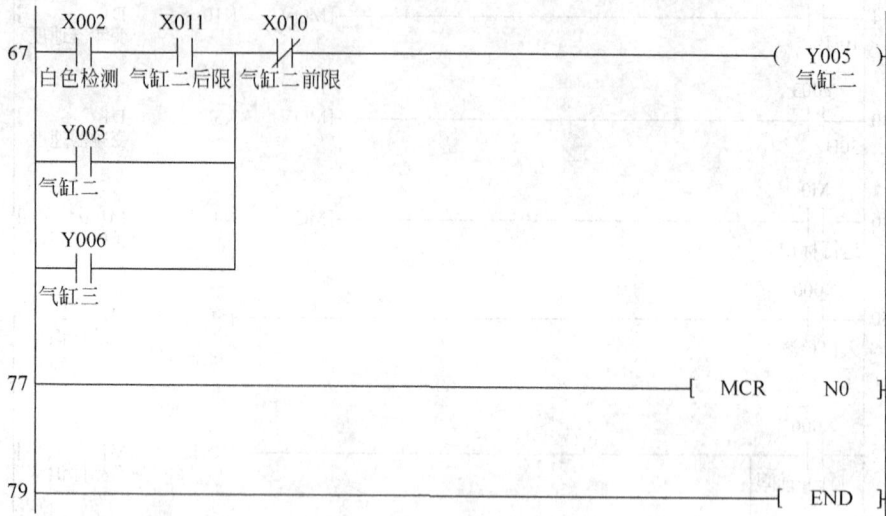

图　19.24(续)

5) MCGS 组态工程编辑

（1）组态工程的建立

双击"MCGSE 组态环境"图标进入组态编辑软件，建立一个新组态工程，触摸屏型号选择"TPC7062K"。

（2）建立 TPC7062K 触摸屏与 FX$_{2N}$ 系列 PLC 的通信

双击"设备窗口"，添加"通用串口父设备"和"三菱 FX_系列编程口"。设置"通用串口父设备"参数如图 19.25 所示，设置"三菱 FX 系列编程口"如图 19.26 所示。

设备属性名	设备属性值
设备名称	通用串口父设备0
设备注释	通用串口父设备
初始工作状态	1 - 启动
最小采集周期(ms)	1000
串口端口号(1~255)	0 - COM1
通讯波特率	6 - 9600
数据位位数	0 - 7位
停止位位数	0 - 1位
数据校验方式	2 - 偶校验

图 19.25　串口父设备设置

设备属性名	设备属性值
[内部属性]	设置设备内部属性
采集优化	1-优化
设备名称	设备0
设备注释	三菱_FX系列编程口
初始工作状态	1 - 启动
最小采集周期(ms)	100
设备地址	0
通讯等待时间	200
快速采集次数	0
CPU类型	2 - FX2NCPU

图 19.26　三菱 FX_系列编程设置

（3）新建组态窗口

单击用户窗口下的"新建"窗口，双击进入，出现空白组态窗口。

（4）标准按钮构件（设备的启动和停止）

单击工具箱中的"标准按钮构件"，在空白组态中画出按钮形状，然后双击进入编辑按钮属性。在"文本"框中输入"启动按钮"字符,将"背景色"改为"绿色",将"数据对象值操作"修改为"按 1 松 0",然后单击空白框后的"?"进入地址设置。选择"根据采集信息生成",通道类型改为"M 辅助寄存器",通道地址修改为"100",然后单击"确定"按钮,建立启动按钮完毕。用同样的方式创建一个停止按钮,颜色为"红色",通道地址为"M 辅助继电器 101"。

（5）指示灯（停止和启动的指示）

右击"插入原件",选择"指示灯 10"和"指示灯 11"分别为停止和启动指示。双击指示灯符号进入指示灯"单元属性设置",将"数据对象连接"修改为"M 辅助继电器 102",停止指示灯建立完毕。用同样的方式创建一个启动指示灯,通道地址为"M 辅助继电器 103"。

（6）数据的显示（合格产品数量和变频器速度）

单击工具箱中的"标签"画一个大小合适的标签栏,然后双击进入"属性设置",勾选"显示输出",将边线颜色改为"没有边线",再单击表达式中的"?";然后从采集信息中选择通道类型为"D 数据寄存器",通道地址为"1",将输出类型改为"数值量输出",勾选单位输入"Hz",然后单击"确定"按钮。同样地,用标签做一个文本串,在文本内容中输入"输送带速度为:"字符,再调整合适的位置和大小,建立变频器速度完毕。用同样的方式建立合格产品的信息输出,通道地址为"D 数据寄存器 2",单位为"件"。

组态页面编写到此为止,通道地址如表 19.4 所示,外观如图 19.27 所示。

表 19.4　通道地址分配表

功　能	构件名称	通道地址
停机指示	指示灯构件	M102
运行指示	指示灯构件	M103
启动按钮	标准按钮构件	M100
停止按钮	标准按钮构件	M101
速度数据显示	标签构件	D1
工件数据显示	标签构件	D2

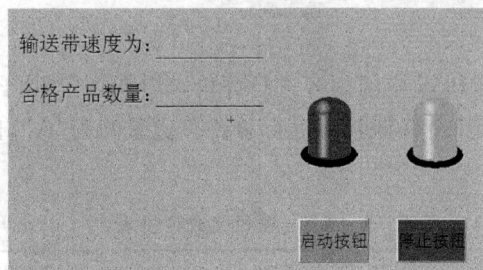

图 19.27　组态页面布局图

组态程序编写完毕后,单击菜单栏中"工具"菜单下的"下载配置",将组态程序下载到触摸屏。

6）调试步骤

按照项目要求连接好电气线路，实物图如图 19.28 所示。

编写梯形图写入 PLC 中后，将梯形图切换到"监视模式"，然后按照如下步骤进行调试。

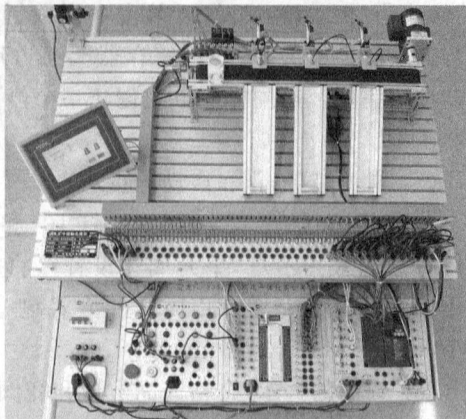

图 19.28　电气线路连接实物图

① 观察 PLC 运行指示灯是否点亮。若未亮，将控制开关拨下后重新拨上，并检查电气线路 PLC 电源。

② 观察触摸屏停机指示灯 HL_1 是否闪烁指示。

③ 按下启动按钮 SB_1，或者触摸屏启动按钮 SB_1，输送带以 10 Hz 的频率运行，触摸屏显示当前输送带速度为 10 Hz。

④ 观察触摸屏开机指示灯 HL_2 是否闪烁指示。

⑤ 将任意产品从"产品入口处"放入，输送带以 30 Hz 的频率运行，触摸屏显示当前输送带速度为 30 Hz。

⑥ 当产品为"合格产品"时，运行到传感器下方，气缸一气缸杆伸出，产品入槽，然后气缸杆缩回，触摸屏合格产品数量加 1。

⑦ 当产品为"可再加工产品"时，运行到传感器下方，气缸二气缸杆伸出，产品入槽，然后气缸杆缩回。

⑧ 当产品为"废品"时，运行到传感器下方，气缸三气缸杆伸出，产品入槽，然后气缸杆缩回。

⑨ 按下停止按钮 SB_2，或者触摸屏停止按钮 SB_2，输送带马上停止。

⑩ 长按停止按钮 SB_2，或者触摸屏停止按钮 SB_2，触摸屏当前合格产品数量复位，变为"0"。

⑪ 调试过程中，如果没有按照要求实现功能，尝试进一步改进。

项目评价

项目完成之后，按表 19.5 中的内容进行评价，"自我评定"由自己填写，"小组评定"由小组组长填写，"教师评定"由任课教师进行总评。优秀的为"A"，良好的为"B"，合格的为"C"，不合格的为"D"。

表 19.5　项目完成评价表

序号	评价内容	评 价 细 则	自我评定	小组评定	教师评定
1	工具准备	① 学习基本工具——书籍、实训报告、笔 ② 线路连接工具——螺丝刀、尖嘴钳、剥线钳等 ③ 电路检测工具——万用表、验电笔			

续表

序号	评价内容	评 价 细 则	自我评定	小组评定	教师评定
2	电气线路	① 电动机控制主电路的连接 ② 根据 PLC 输入、输出地址分配正确连接相关线路 ③ 电动机及 PLC 接地线			
3	程序编写	① 选择正确的 PLC 的型号 ② 熟练使用梯形图编程软件 ③ 根据项目要求,完成梯形图的正确编写			
4	程序调试	① 设备的启动与停止 ② 输送带的速度切换 ③ 产品质量的检测与自动推出			
5	触摸屏组态程序	① 选择正确的触摸屏型号(TPC7062K) ② 建立 TPC7062K 触摸屏与 FX_{2N} 系列 PLC 的通信 ③ 输送带速度的正确显示 ④ 合格产品数量的正确显示 ⑤ 通过触摸屏启动和停止设备 ⑥ 通过触摸屏显示设备的当前运行状态			
6	安全操作	① 在操作过程中,注意安全,尤其是不允许带电进行线路连接、更改 ② 线路通电之前用万用表正确检测 ③ 出现故障时,要正确使用仪表进行检测			
7	3Q7S	① 工具摆放整齐 ② 线路板及桌面清理干净 ③ 电源关闭,计算机、桌椅摆放整齐 ④ 线路连接过程中的连接线有无浪费			

项目拓展

对不同质量的产品分拣之后,需要对其进行处理,"合格产品"需包装。当到达一定件数后,进行包装处理,包装期间停机 30s。30s 后设备自动运行。数量由触摸屏输入,如图 19.29 所示。

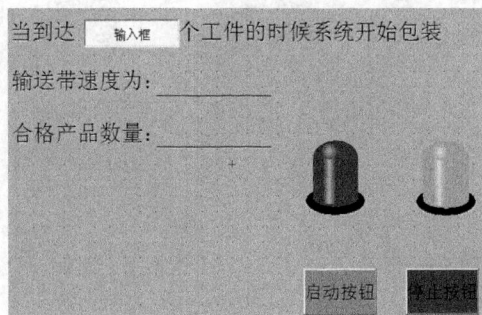

图 19.29 组态页面布局图

知识巩固

1. TPC7062K 触摸屏和 FX_{2N} 系列 PLC 通信的参数如何设定？

2. 触摸屏显示速度、数量等数据采用何种构件编辑？ 采用数值量输出，还是开关量输出？

3. 触摸屏启动、停止以及设备的运行指示分别采用何种构件编辑？

制作工业机械手的PLC控制系统

学习目标

1. 巩固电磁阀、气缸、电感传感器及磁性开关的正确使用。
2. 掌握步进梯形图的编写格式。
3. 通过编程、调试,实现工业机械手的控制。

项目情境

在工业生产和其他领域内,由于工作的需要,人们经常受到高温、腐蚀及有毒气体等因素的危害,增加了劳动强度,甚至于危害生命。基于以上问题,需要一种东西代替人在恶劣的环境中作业。随着社会进步,工业自动化产品的性能日益加强,价格因电子技术的高速发展而不断下降,机械手就这样诞生了,如图 20.1 所示。机械手不仅可以代替人在各种恶劣的环境中作业,而且大大提高了生产效率。

图 20.1　工业机械手

项目实施要求

某生产车间将加工好的产品放到指定的区域。当进行产品检测时,通过机械手将其一一搬运至输送带上进行检测。此机械手包含 4 个自由度动作:手臂左转、右转,手臂伸出、缩回,手爪上升、下降,以及手爪夹紧、松开。通过这些动作,实现产品在不同平面的搬运。工业机械手搬运示意图如图 20.2 所示。

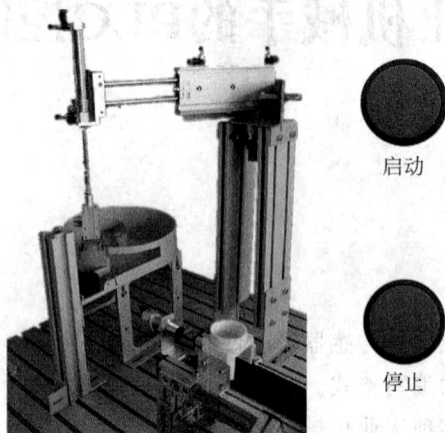

图 20.2 工业机械手搬运控制示意图

具体控制要求如下:

① 初始位置:系统启动后,机械手手臂在左侧等待,手臂缩回到位,手爪上升到位,手爪松开。

② 按下启动按钮,机械手按下列规律工作:手臂伸出→手爪下降→等待 0.5s→手爪夹紧→等待 0.5s→手爪上升→手臂缩回→手臂右转→手臂伸出→手爪下降→等待 0.5s→手爪松开→等待 0.5s→手爪上升→手臂缩回→手臂左转→手臂伸出→……

③ 在机械手工作过程中,按下停止按钮,机械手不能马上停止,而是要等待机械手回到初始位置后才能停止。

项目分析

此项目需要完成初始位置的动作、气缸的循环运作及系统的启动与停止。

1. 气缸的控制

通过观察机械手的结构可以看出,4 个自由度的动作是通过 4 个气缸来实现的,分别是旋转气缸(左转、右转)、双杆气缸(伸出、缩回)、单杆气缸(上升、下降)、气动手爪(夹紧、松开)。各种气缸实物图如图 20.3 所示。

双杆气缸主要是控制手臂的伸出与缩回,而且伸出和缩回后都要维持一段时间,因此本项目采用双线圈电磁阀来控制气缸。气动回路结构示意图如图 20.4 所示。

此气动回路主要包含电磁阀和气缸两部分,其工作流程如下:当电磁阀左侧线圈得电时,压缩空气从蓝色气管流入气缸中,推动气缸杆向右运动(手臂伸出),气缸中原有的

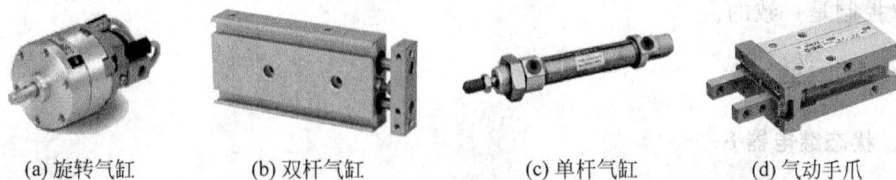

(a) 旋转气缸　　　　(b) 双杆气缸　　　　(c) 单杆气缸　　　　(d) 气动手爪

图 20.3　4 种气缸实物图

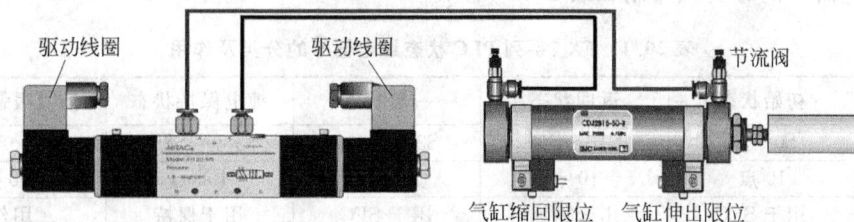

图 20.4　气动回路结构示意图

空气通过红色气管返回到电磁阀中进行释放。当气缸杆移到最右边时,气缸伸出限位检测到信号,表明气缸杆伸出到位,此时即使左侧线圈失电,气缸还是保持伸出状态。当右侧电磁阀线圈得电时,压缩空气从红色气管流入到气缸中,推动气缸杆向左运动(手臂缩回),气缸中原有的空气通过蓝色气管返回到电磁阀中进行释放。当气缸杆移到最左边时,气缸缩回限位检测到信号,表明气缸杆缩回到位,同样,此时右侧线圈失电,气缸还是保持缩回状态。

其他 3 个气缸的原理是一致的,不同的是控制的动作不一样。旋转气缸实现的是手臂的左转和右转,单杆气缸实现的是手爪的上升和下降,气动手爪实现的是手爪的夹紧和松开。

除了电磁阀正确控制相应气缸之外,磁性开关的位置检测是至关重要的。8 个动作是否完成,全靠这些磁性开关检测完成,它的具体使用在项目 18 中介绍过,此处不再重复。

机械手要完成一个循环,需完成 16 个动作:手臂伸出→手爪下降→等待 0.5s→手爪夹紧→等待 0.5s→手爪上升→手臂缩回→手臂右转→手臂伸出→手爪下降→等待 0.5s→手爪松开→等待 0.5s→手爪上升→手臂缩回→手臂左转。这些动作可以采用相应的传感器作为条件来实现,但相对较烦琐,尤其是有几个动作是重复的,只不过位置不同。

2. 初始位置动作

系统的初始位置动作主要是将机械手的手臂左转、手臂缩回、手爪上升、手爪松开。其实不用考虑机械手现在处于何处,只要执行上述 4 个动作,没有回到初始位置的就会执行,原本就在初始位置的就不用再执行了。

3. 系统的启动与停止

在本系统中,启动相对来说较为简单,需要注意的是系统的停止。并不是按下停止按钮后系统立即停止,而是要等机械手回到初始位置后才能停止。这与项目 11 多种液体混合装置控制是一致的。

知识链接

1. 状态继电器 S

状态继电器 S 是用于编写顺序控制程序的一种编程元件,与步进顺控指令组合使用。状态继电器 S 的分类及作用如表 20.1 所示。

表 20.1   FX$_{2N}$ 系列 PLC 状态继电器 S 的分类及作用

类别	初始状态	返回状态	一般状态	掉电保持状态	信号报警状态
编号	S0～S9	S10～S19	S20～S499	S500～S899	S900～S999
点数	10 点	10 点	480 点	400 点	100 点
用途	用于 SFC 的初始状态	用于返回原点状态	用于 SFC 的中间状态	用于保持停电前状态	用作报警元件

当状态继电器 S 不与步进顺控指令组合使用时,可作为辅助继电器使用,且具有断电保持功能。

2. 步进梯形图

编写步进梯形图时,需涉及步进顺控指令 STL、步进返回指令 RET 以及状态继电器 S。

(1) 步进顺控指令 STL

STL 步进触点指令用于"激活"某个状态,通过状态继电器 S 来区分各个步进块。STL 触点可以直接驱动或通过别的触点驱动 Y、M、S、T 等元件的线圈和应用指令。STL 的相关应用如图 20.5 所示。

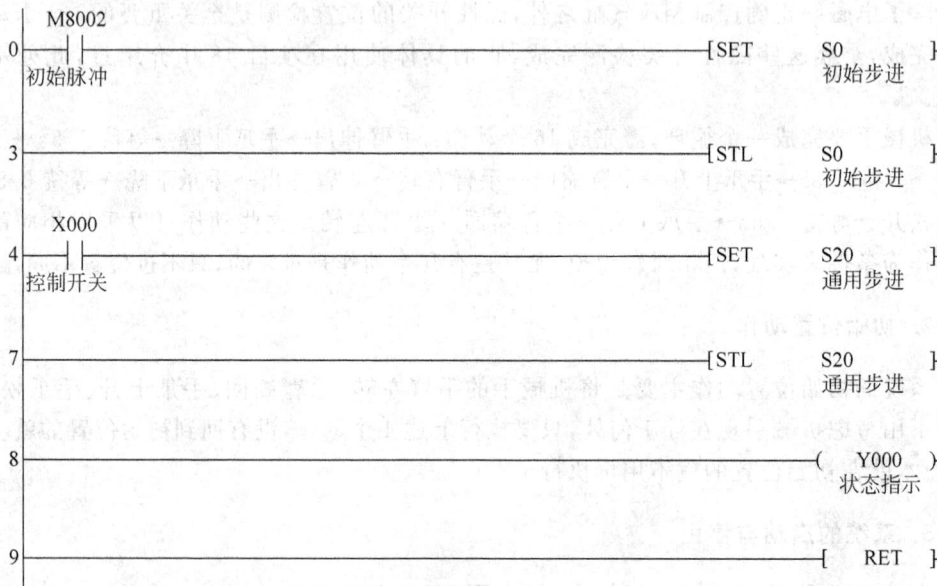

图 20.5   步进梯形图应用示例

在 PLC 运行之后,M8002 产生一个初始脉冲,激活初始步进状态继电器 S0。状态继电器 S0 被激活后,STL 触点后面直接驱动 Y000 线圈。初始步进被激活之后,当控制开关 X000 触点由断开变为接通时,S20 步进块被激活,从而 STL 触点后面直接驱动 Y001 线圈。

由于 CPU 只执行活动步对应的电路块,因此使用 STL 指令时,允许双线圈输出,但在同一个扫描周期内,在步的活动状态的转移过程中,相邻两步的状态继电器会同时为 ON,可能引发瞬时的双线圈问题,所以应尽量避免相邻两步之间出现同一线圈。

(2) 步进返回指令 RET

步进返回指令 RET 用于步进梯形图的结束,应用方式如图 20.5 所示。

项目实施

1. 注意事项

① 操作之前,检查工具绝缘性能及相关元器件是否损坏。

② 操作过程中,工具不得随意乱扔,防止安全事故发生。

③ 连接线路时,用力适可而止,不得损坏元器件。

④ 线路连接完毕后,用检测工具(万用表)进行检查,防止线路短路现象。

⑤ 调试完毕后,做好 3Q7S 相关工作。

2. 实施过程

1) PLC 输入、输出地址分配

根据项目要求,工业机械手涉及 9 个输入和 8 个输出。PLC 对应的地址分配如表 20.2 所示。

表 20.2　工业机械手控制 PLC 输入、输出地址分配表

输　入						输　出					
代号	作用	地址	代号	作用	地址	代号	作用	地址	代号	作用	地址
T_0	左侧到位	X000	T_5	下降到位	X005	YV_0	手臂左转	Y000	YV_4	手爪上升	Y004
T_1	右侧到位	X001	T_6	手爪夹松	X006	YV_1	手臂右转	Y001	YV_5	手爪下降	Y005
T_2	伸出到位	X002	SB_1	启动按钮	X007	YV_2	手臂伸出	Y002	YV_6	手爪夹紧	Y006
T_3	缩回到位	X003	SB_2	停止按钮	X010	YV_3	手臂缩回	Y003	YV_7	手爪松开	Y007
T_4	上升到位	X004									

2) 项目控制电气原理图

工业机械手控制电气原理图如图 20.6 所示。

3) 元器件清单

根据项目要求和电气原理图可以看出实现工业机械手控制所需的元器件。选用的元器件清单如表 20.3 所示。

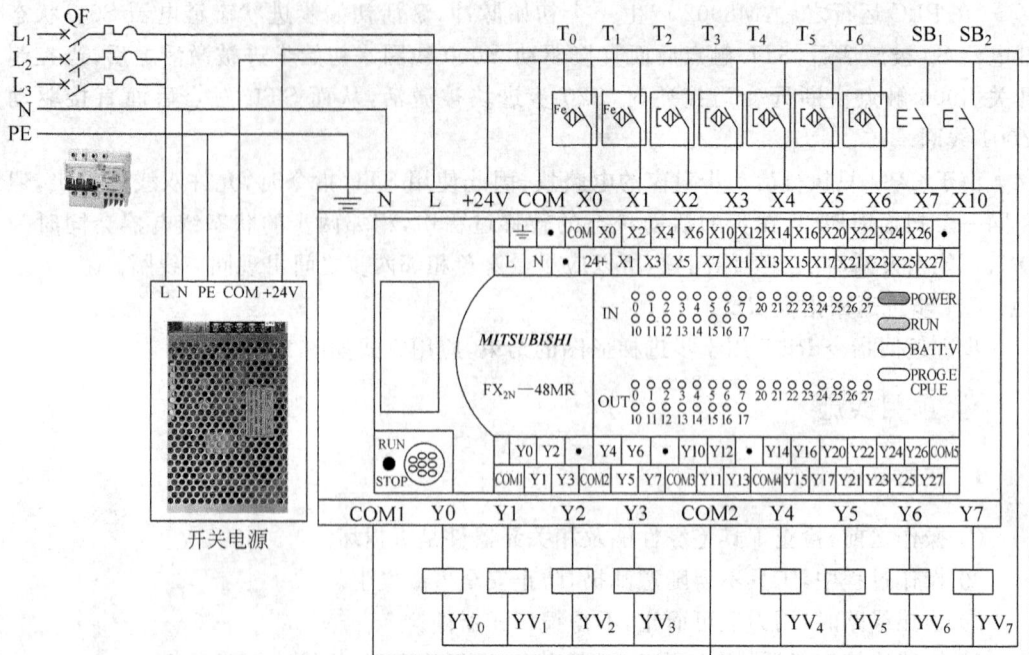

图 20.6 工业机械手控制电气原理图

表 20.3 工业机械手控制元器件清单

序号	符号	名 称	型号、规格	单位	数量	备注
1	QF	断路器	DZ47LE—32 D6	个	1	
2	T	金属传感器	LJ12A3—4—A/BX	个	2	
3	T	磁性开关	D—C73	个	2	
4	T	磁性开关	D—Z73	个	3	
5	SB	按钮	L16A	个	1	
6	QG	旋转气缸	CDRB2BW20—180S	个	1	
7	QG	悬臂气缸	CXSM15—100	个	1	
8	QG	手臂气缸	CDJ2KB16—75—B	个	1	
9	QG	手爪气缸	MHz2—10D1E—X5651	个	1	
10	YV	双线圈电磁阀	4V120—06	个	4	
11	VC	开关电源	YL—032A	个	1	
12	PLC	可编程控制器	FX$_{2N}$—48MR	台	1	

4) PLC 梯形图

（1）系统的初始化

根据项目分析可知,不管机械手位于何处,只要 PLC 运行,就立刻执行手臂左转、手臂缩回、手爪上升、手爪松开 4 个动作。当各自动作到位传感器检测到之后,动作停止,等待系统循环运行。初始化功能梯形图如图 20.7 所示。

在初始化功能梯形图中,用特殊辅助继电器 M8002 来触发初始步进 S0,触发后就不

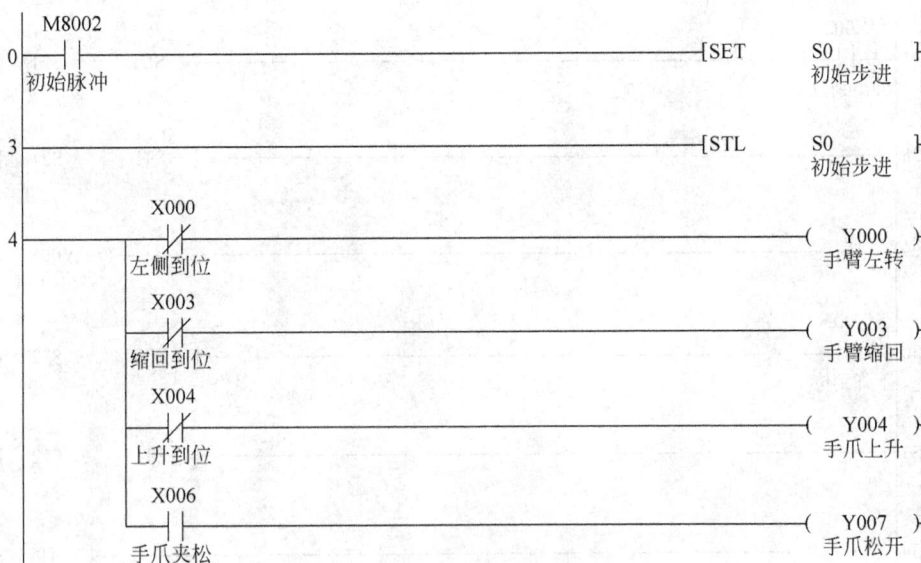

图 20.7　系统初始化功能梯形图

再接通，只有一个时钟周期有效。

（2）机械手的启动

机械手要开始循环工作，必须具备 5 个条件：启动按钮按下、手臂左转到位、手臂缩回到位、手爪上升到位、手爪松开到位。5 个条件具备之后就可执行手臂伸出动作。此处采用步进梯形图编写，功能梯形图如图 20.8 所示。

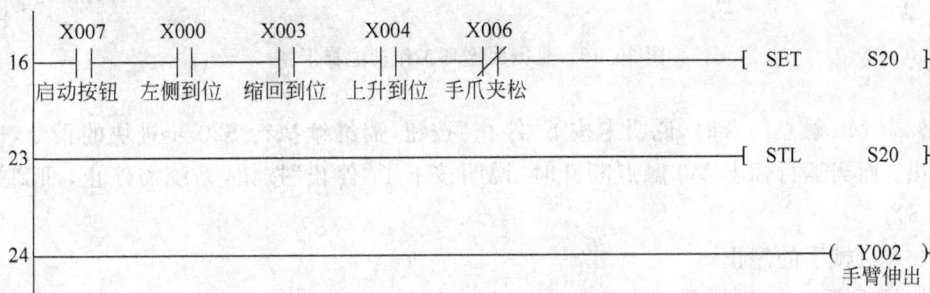

图 20.8　机械手循环启动功能梯形图

（3）机械手的循环工作

手臂伸出之后，当伸出到位传感器检测到之后，就要执行手爪的下降。手爪下降到位之后要停顿 0.5s，后面的工作都是按顺序执行，直到一个周期完成，功能梯形图如图 20.9 所示。

当机械手执行完一个周期回到位置后，必须进行判别。如果在执行过程中按下过"停止"按钮，机械手就要停止工作；如果在执行过程中没有按下过"停止"按钮，机械手就继续执行第二个周期。因此这里必须分为两路进行判别，功能梯形图如图 20.10 所示。

在图 20.10 所示梯形图中，当机械手完成一个周期左转到位时，X000 触点闭合；当

```
25    X002                                          [ SET    S21 ]
      ┤├
      伸出到位

28    ─────────────────────────────────────────────[ STL    S21 ]

29    ────────────────────────────────────────────────( Y005 )
                                                         手爪下降

30    X005                                          [ SET    S22 ]
      ┤├
      下降到位

33    ─────────────────────────────────────────────[ STL    S22 ]

                                                          K5
34    ────────────────────────────────────────────────( T0 )
                                                         0.5s
```

图 20.9　机械手周期工作部分功能梯形图

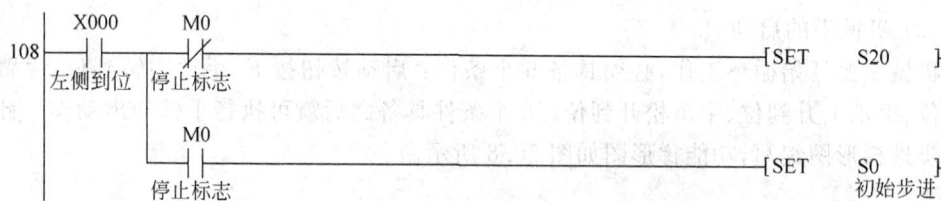

```
108   X000    M0                                    [SET    S20 ]
      ┤├      ┤/├
      左侧到位  停止标志

              M0                                    [SET    S0 ]
              ┤/├                                          初始步进
              停止标志
```

图 20.10　机械手循环工作功能梯形图

运行标志 M0 触点闭合时,说明未按下"停止"按钮,需继续执行 S20 步进块的指令,即手臂伸出;而当运行标志 M0 触点断开时,说明按下了"停止"按钮,系统需停止,回到初始步进 S0。

（4）机械手的停止

机械手要停止,需满足两个条件:在运行过程中按下了"停止"按钮、机械手回到了初始位置。通过项目分析可知,必须对"停止"按钮的信号进行记忆,然后配合初始位置来判断是否停止。由于初始位置在机械手工作过程中会多次涉及,尤其是左侧到位,因此必须用到位的上升沿来实现,功能梯形图如图 20.11 所示。

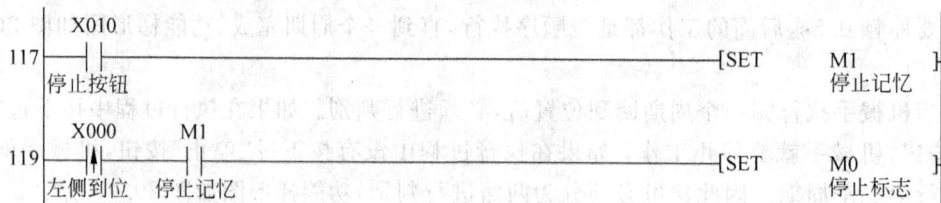

```
117   X010                                          [SET    M1 ]
      ┤├                                                   停止记忆
      停止按钮

119   X000    M1                                    [SET    M0 ]
      ┤↑├     ┤├                                          停止标志
      左侧到位  停止记忆
```

图 20.11　机械手停止功能梯形图

在图 20.11 所示梯形图中,通过左侧传感器 X000 的上升沿来区分每个周期中出现的多次初始位置。机械手停止之后,"停止记忆"M1 和"停止标志"M0 此时都已经被置为"1",要使机械手能够重新工作,必须对其复位。标志复位功能梯形图如图 20.12 所示。

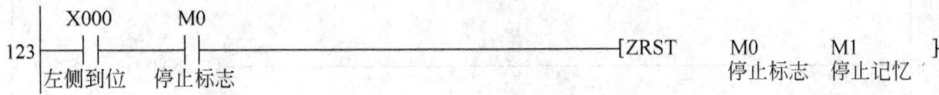

图 20.12　标志复位功能梯形图

到此为止,工业机械手的控制功能梯形图基本完成,完整的功能梯形图如图 20.13 所示。

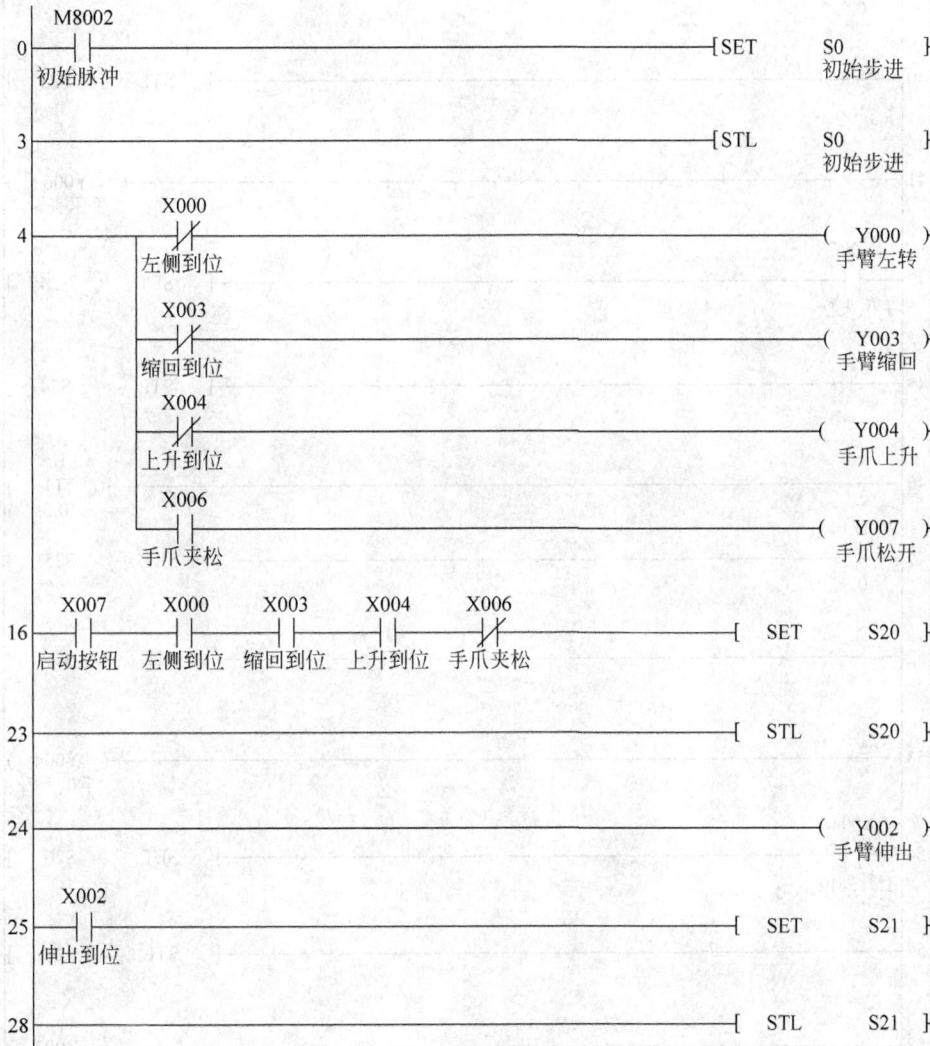

图 20.13　工业机械手完整功能梯形图

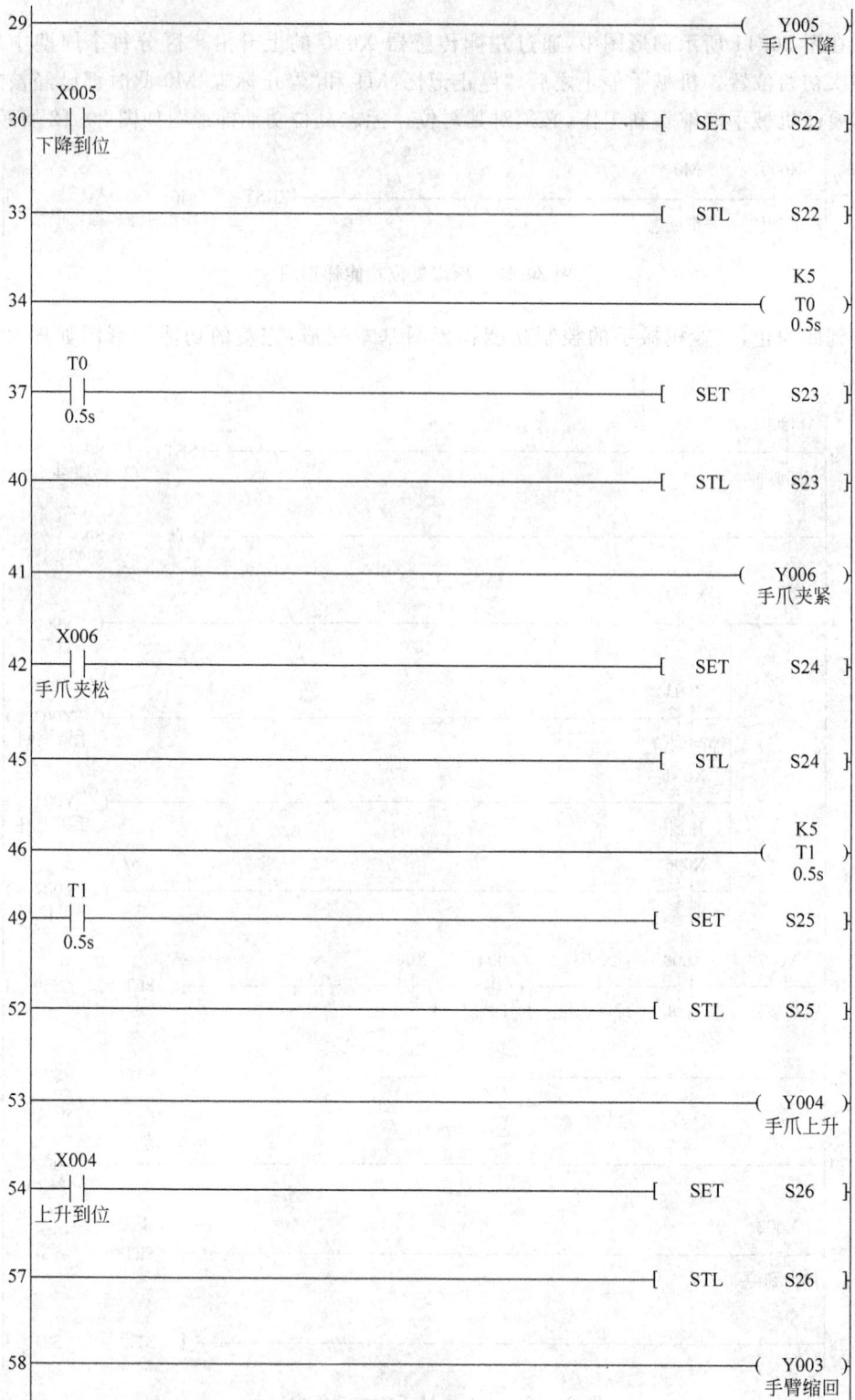

29		(Y005) 手爪下降

| 30 | X005
├┤├
下降到位 | [SET   S22] |

| 33 | | [STL   S22] |

| 34 | | K5
(T0)
0.5s |

| 37 | T0
├┤├
0.5s | [SET   S23] |

| 40 | | [STL   S23] |

| 41 | | (Y006)
手爪夹紧 |

| 42 | X006
├┤├
手爪夹松 | [SET   S24] |

| 45 | | [STL   S24] |

| 46 | | K5
(T1)
0.5s |

| 49 | T1
├┤├
0.5s | [SET   S25] |

| 52 | | [STL   S25] |

| 53 | | (Y004)
手爪上升 |

| 54 | X004
├┤├
上升到位 | [SET   S26] |

| 57 | | [STL   S26] |

| 58 | | (Y003)
手臂缩回 |

图   20.13(续)

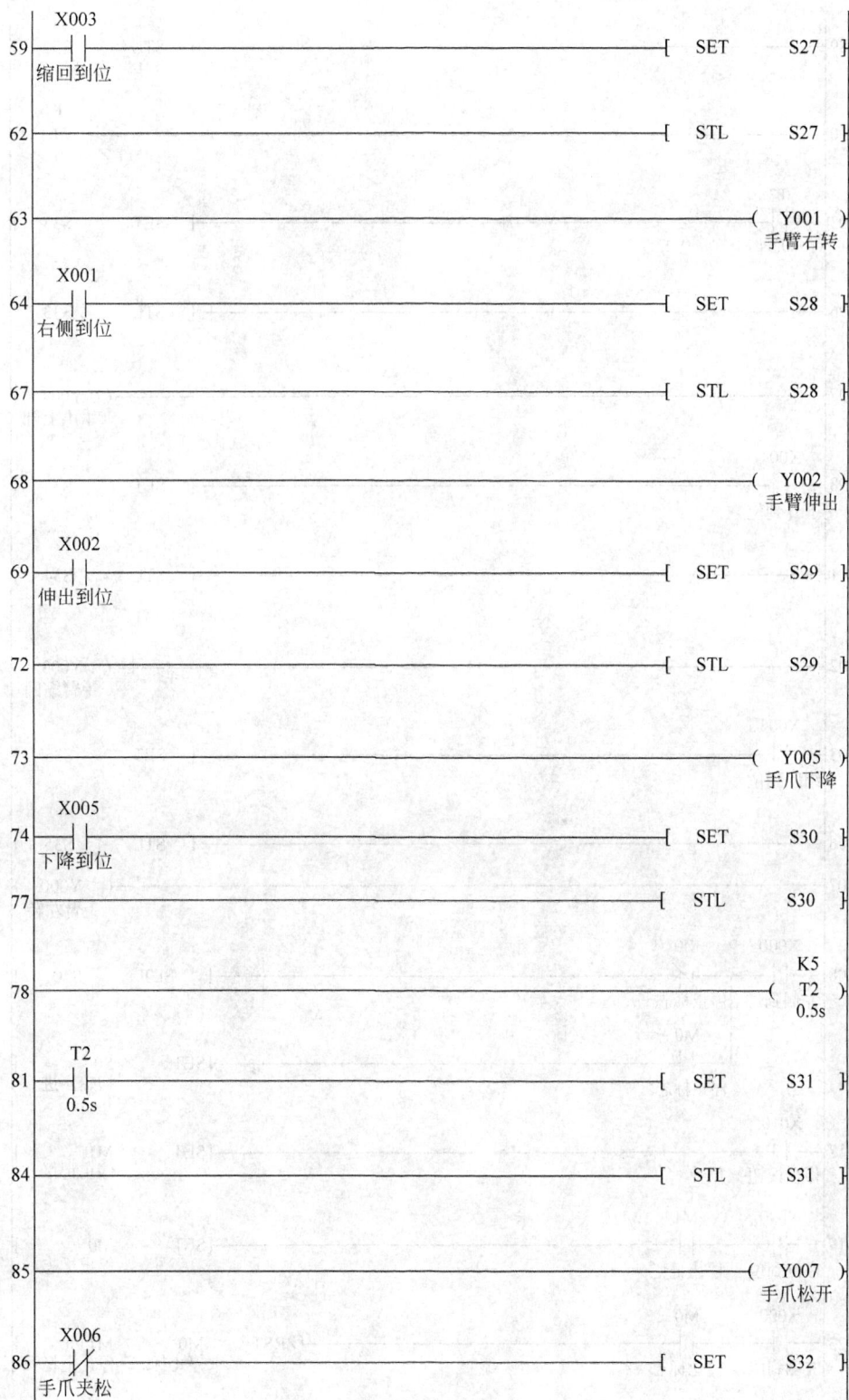

```
        X003
59      | |                                          [ SET    S27 ]
      缩回到位

62      |————————————————————————————————————————————[ STL    S27 ]

63      |————————————————————————————————————————————( Y001 )
                                                        手臂右转
        X001
64      | |                                          [ SET    S28 ]
      右侧到位

67      |————————————————————————————————————————————[ STL    S28 ]

68      |————————————————————————————————————————————( Y002 )
                                                        手臂伸出
        X002
69      | |                                          [ SET    S29 ]
      伸出到位

72      |————————————————————————————————————————————[ STL    S29 ]

73      |————————————————————————————————————————————( Y005 )
                                                        手爪下降
        X005
74      | |                                          [ SET    S30 ]
      下降到位

77      |————————————————————————————————————————————[ STL    S30 ]

                                                         K5
78      |————————————————————————————————————————————( T2  )
                                                        0.5s
        T2
81      | |                                          [ SET    S31 ]
      0.5s

84      |————————————————————————————————————————————[ STL    S31 ]

85      |————————————————————————————————————————————( Y007 )
                                                        手爪松开
        X006
86      |/|                                          [ SET    S32 ]
      手爪夹松
```

图　20.13(续)

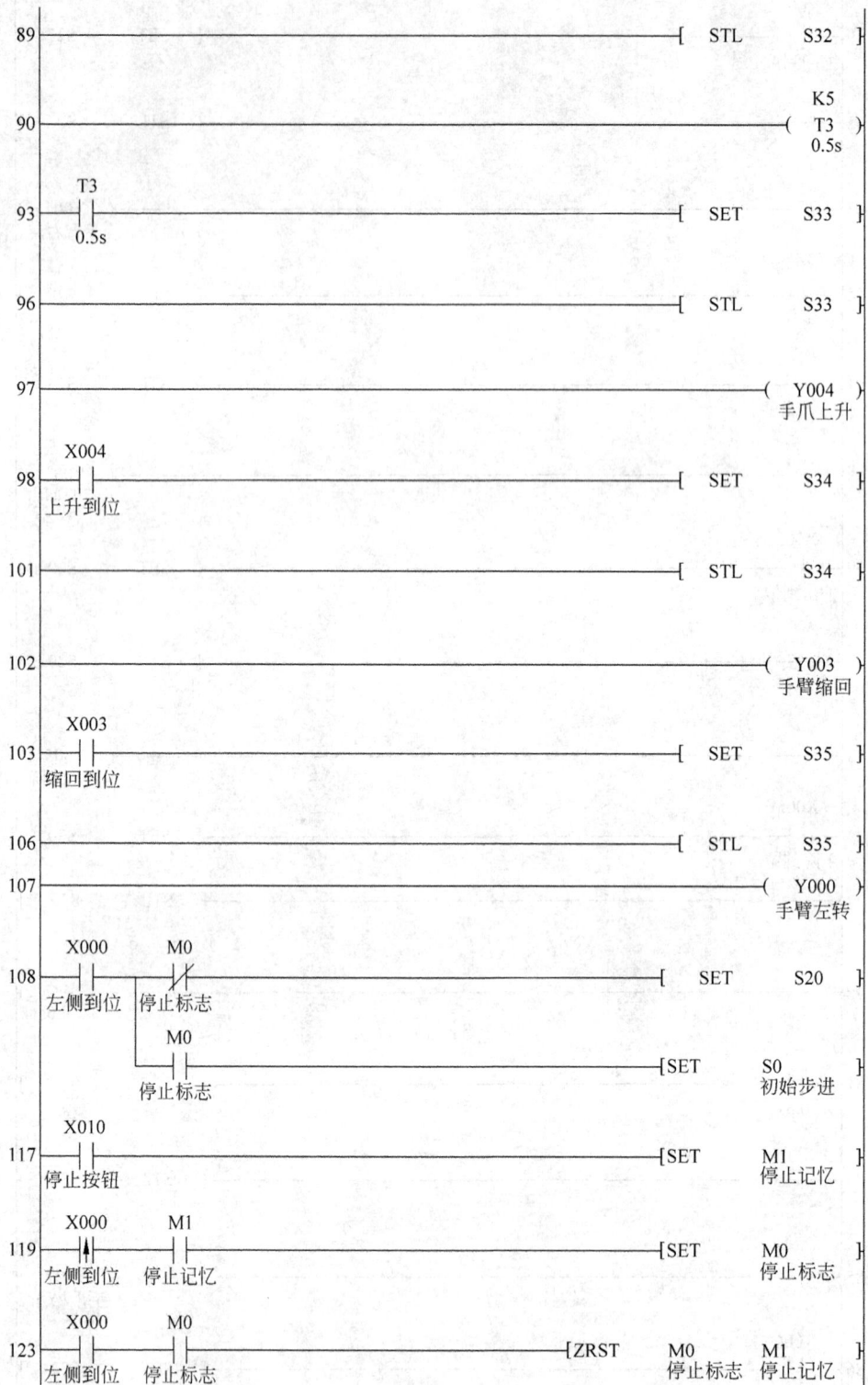

```
89 ─────────────────────────────────────────────[ STL    S32 ]

                                                            K5
90 ──────────────────────────────────────────────────(  T3   )
                                                           0.5s

      T3
93 ───┤├──────────────────────────────────────────[ SET    S33 ]
     0.5s

96 ─────────────────────────────────────────────[ STL    S33 ]

97 ────────────────────────────────────────────────(  Y004  )
                                                       手爪上升

      X004
98 ───┤├──────────────────────────────────────────[ SET    S34 ]
    上升到位

101 ────────────────────────────────────────────[ STL    S34 ]

102 ───────────────────────────────────────────────(  Y003  )
                                                       手臂缩回

      X003
103 ───┤├─────────────────────────────────────────[ SET    S35 ]
    缩回到位

106 ────────────────────────────────────────────[ STL    S35 ]

107 ───────────────────────────────────────────────(  Y000  )
                                                       手臂左转

      X000      M0
108 ───┤├──────┤/├──────────────────────────────[ SET    S20 ]
    左侧到位   停止标志
              M0
         ──────┤├────────────────────────────────[SET    S0   ]
             停止标志                                     初始步进

      X010
117 ───┤├────────────────────────────────────────[SET    M1   ]
    停止按钮                                              停止记忆

      X000      M1
119 ───┤↑├─────┤├───────────────────────────────[SET    M0   ]
    左侧到位   停止记忆                                    停止标志

      X000      M0
123 ───┤├──────┤├──────────────────────[ZRST    M0        M1  ]
    左侧到位   停止标志                           停止标志   停止记忆
```

图　20.13(续)

5）调试步骤

按照项目要求连接好电气线路,实物图如图 20.14 所示。

编写梯形图写入 PLC 中后,将梯形图切换到"监视模式",然后按照如下步骤进行调试。

① 观察 PLC 运行指示灯是否点亮。若未亮,将控制开关拨下后重新拨上,并检查电气线路 PLC 电源。

② 系统启动后,观察机械手是否复位:手臂左转到位、手臂缩回到位、手爪上升到位、手爪松开。

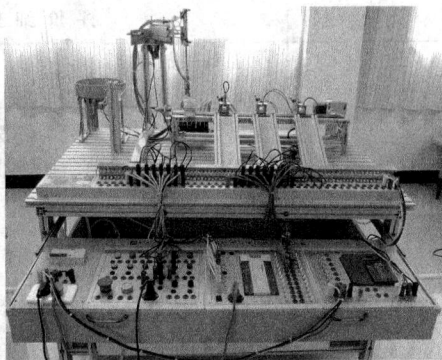
图 20.14　电气线路连接实物图

③ 按下"启动"按钮,机械手按照设定的规律循环工作。

④ 按下"停止"按钮,机械手完成这一周期后停止。

⑤ 调试过程中,如果没有按照要求实现功能,尝试进一步改进。

😊 项目评价

项目完成之后,按表 20.4 中的内容进行评价,"自我评定"由自己填写,"小组评定"由小组组长填写,"教师评定"由任课教师进行总评。优秀的为"A",良好的为"B",合格的为"C",不合格的为"D"。

表 20.4　项目完成评价表

序号	评价内容	评 价 细 则	自我评定	小组评定	教师评定
1	工具准备	① 学习基本工具——书籍、实训报告、笔 ② 线路连接工具——螺丝刀、尖嘴钳、剥线钳等 ③ 电路检测工具——万用表、验电笔			
2	电气线路	① 电动机控制主电路的连接 ② 根据 PLC 输入、输出地址分配正确连接相关线路 ③ 电动机及 PLC 接地线			
3	程序编写	① 选择正确的 PLC 的型号 ② 熟练使用梯形图编程软件 ③ 根据项目要求,完成梯形图的正确编写			
4	程序调试	① 机械手的初始化 ② 机械手的启动与循环工作 ③ 机械手的停止			
5	安全操作	① 在操作过程中,注意安全,尤其是不允许带电进行线路连接、更改 ② 线路通电之前用万用表正确检测 ③ 出现故障时,要正确使用仪表进行检测			

序号	评价内容	评价细则	自我评定	小组评定	教师评定
6	3Q7S	① 工具摆放整齐 ② 线路板及桌面清理干净 ③ 电源关闭,计算机、桌椅摆放整齐 ④ 线路连接过程中的连接线有无浪费			

🧍 项目拓展

在某一生产线上,将工件从位置 A 搬运到位置 B 上采用机械手来完成。在正常生产时,机械手的工作按本项目的要求进行。但是有时为了提高机械手的工作效率,机械手需要高效运行,规律如下:手臂伸出的同时手爪下降→手爪夹紧→等待 0.5s→手爪上升的同时手臂缩回→手臂右转→手臂伸出的同时手爪下降→手爪松开→等待 0.5s→手爪上升的同时手臂缩回→手臂左转。为了区分两种工作模式,采用一个转换开关 SA 来控制。SA 转到左边时,机械手正常运行;转到右侧时,机械手高效运行。工业机械手多方式运行示意图如图 20.15 所示。

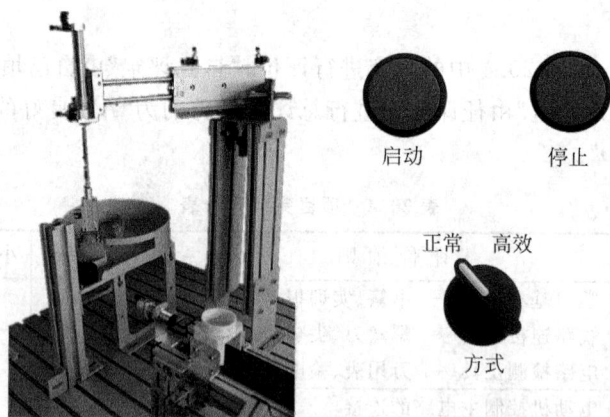

图 20.15 工业机械手多方式运行示意图

📖 知识巩固

1. 在步进梯形图中,在不同状态之间,输出继电器可以使用( )次。
   A. 1 　　　　　　　B. 8 　　　　　　　C. 10 　　　　　　　D. 无数
2. 每个初始状态下面的分支数总和不能超过( )个。
   A. 1 　　　　　　　B. 2 　　　　　　　C. 16 　　　　　　　D. 无数
3. 下列属于初始化状态继电器的是( )。
   A. S3 　　　　　　　B. S21 　　　　　　　C. S134 　　　　　　　D. S236
4. 步进返回指令是( )。
   A. STL 　　　　　　　B. RST 　　　　　　　C. RET 　　　　　　　D. ZRST

FX$_{2N}$系列PLC基本指令简表

类型	指令	操作元件	步数	执行时间/μs		类型	指令	操作元件	步数	执行时间/μs	
				ON	OFF					ON	OFF
触点指令	LD	X、Y、M、S、T、C、特殊M	1	0.74		输出指令	OUT	Y、M	1	0.74	
	LDI		1	0.74				S	2	50.0	48.1
	AND		1	0.74				特殊M	2	38.1	38.8
	SNI		1	0.74				T、K、D	3	77	59
	OR		1	0.74				C~K、D（16位）	3	67.9	40.6
	ORI		1	0.74				C~K、D（16位）	5	86	40.3
连接指令	AND	无	1	0.74			SET	Y、M	1	0.74	
	ORB		1	0.74				S	2	39.0	25.5
	MPS		1	0.74				特殊M	2	41.9	28.5
	MRD		1	0.74			SET	Y、M	1	0.74	
	MPP		1	0.74				S	2	40.5	25.5
其他指令	MC	N~Y、M	3	42.8	47.8	输出指令	RST	特殊M	2	41.8	28.9
	MCR	N(嵌套)	2	40.4				T、C	2	50.1	38.3
	NOP	无	1	0.74				D、V、Z、特殊D	3	35.5	25.5
	END	无	1	960			PLS	Y、M	2	41.9	41.5
步进	STL	S	1	39.1+21.4			PLF	Y、M	2	42.7	40.6
	RET	无	1	40.5		指针	P	0~63	1	0.74	
							I	0~8	1	0.74	

FX₂ₙ系列PLC特殊辅助继电器功能简表

类　别	地址号	动作和功能
PLC 状态	M8000	运行后一直为"ON"
	M8001	运行后一直为"OFF"
	M8002	运行后第一周期为"ON",之后为"OFF"
	M8003	运行后第一周期为"OFF",之后为"ON"
	M8004	当 M8060~M8067 中任意一个处于"ON"时动作(M8062 除外)
	M8005	当 PLC 电池电压过低时动作
	M8006	当 PLC 电池电压过低时锁存状态
	M8007	若 M8007 动作,且在 D8008 时间范围内,则 PLC 继续运行
	M8008	当 M8008 从"ON"变为"OFF"时,M8000 变为"OFF"
	M8009	当扩展单元、扩展模块出现 DC 24V 失电时动作
PLC 时钟	M8011	以 10ms 的周期振荡
	M8012	以 100ms 的周期振荡
	M8013	以 1s 的周期振荡
	M8014	以 1min 的周期振荡
	M8015	时钟停止和预置(实时时钟时使用)
	M8016	时间读取显示停止(实时时钟时使用)
	M8017	±30s 修正(实时时钟时使用)
	M8018	安装检测(实时时钟时使用)
	M8019	实时时钟 RTC 出错(实时时钟时使用)
PLC 标志	M8020	清零标志:加减运算结果为 0 时
	M8021	借位标志:减法运算结果小于负的最大值时
	M8022	进位标志:加法运算结果发生进位,进位结果溢出发生时
	M8024	BMOV 方向指定
	M8025	HSC 模式
	M8026	RAMP 模式
	M8027	PR 模式
	M8028	在执行 FROM/TO 指令过程中中断允许
	M8029	当 DSW 等操作完成时动作

续表

类　别	地址号	动作和功能
PLC 模式	M8030	驱动 M8030 后,即使电池电压过低,PLC 面板指示灯也不会亮
	M8031	驱动 M8031 时,可以将非断电保持型 Y、M、S、T、C 的 ON/OFF 影像存储器和 T、C、D 的当前值全部清零。特殊寄存器和文件寄存器不清除
	M8032	驱动 M8032 时,可以将断电保持型 Y、M、S、T、C 的 ON/OFF 影像存储器和 T、C、D 的当前值全部清零。特殊寄存器和文件寄存器不清除
	M8033	当 PLC 由"RUN"状态转换为"STOP"状态时,将影像存储器和数据存储器中的内容保留下来
	M8034	将 PLC 的外部输出接点全部置于"OFF"状态
	M8038	通信参数设定状态
	M8039	当 M8039 为"ON"时,PLC 直至 D8039 指定的扫描时间到达后才执行循环运算
步顺控制	M8040	当 M8040 驱动时,禁止状态之间的转移
	M8041	自动运行时,能够进行初始状态开始的转移
	M8042	对应启动输入的脉冲输出
	M8043	在原点回归模式的结束状态时动作
	M8044	检测出机械原点时动作
	M8045	在模式切换时,所有输出复位禁止
	M8046	当 S0～S899 中有任何元件变为"ON"时,M8046 动作
	M8047	驱动 M8047 时,D8040～D8047 有效
	M8048	当 S900～S999 中有任何元件变为"ON"时,M8048 动作
中断禁止	M8050	当 M8050 处于"ON"时,禁止中断 I00×
	M8051	当 M8051 处于"ON"时,禁止中断 I10×
	M8052	当 M8052 处于"ON"时,禁止中断 I20×
	M8053	当 M8053 处于"ON"时,禁止中断 I30×
	M8054	当 M8054 处于"ON"时,禁止中断 I40×
	M8055	当 M8055 处于"ON"时,禁止中断 I50×
	M8056	当 M8056 处于"ON"时,禁止中断 I60×
	M8057	当 M8057 处于"ON"时,禁止中断 I70×
	M8058	当 M8058 处于"ON"时,禁止中断 I80×
错误检测	M8060	I/O 构成错误　　　　PROG—E LED 指示灯"OFF"　　PLC 状态为"RUN"
	M8061	PLC 硬件错误　　　　PROG—E LED 指示灯闪烁　　PLC 状态为"STOP"
	M8062	PLC/PP 通信错误　　PROG—E LED 指示灯"OFF"　　PLC 状态为"RUN"
	M8063	并联连接出错　　　　PROG—E LED 指示灯"OFF"　　PLC 状态为"RUN" RS—232C 通信错误
	M8064	参数错误　　　　　　PROG—E LED 指示灯闪烁　　PLC 状态为"STOP"
	M8065	语法错误　　　　　　PROG—E LED 指示灯闪烁　　PLC 状态为"STOP"
	M8066	回路错误　　　　　　PROG—E LED 指示灯闪烁　　PLC 状态为"STOP"
	M8067	运算错误　　　　　　PROG—E LED 指示灯"OFF"　　PLC 状态为"RUN"
	M8069	I/O 总线检测
	M8109	输出刷新错误　　　　PROG—E LED 指示灯"OFF"　　PLC 状态为"RUN"

FX$_{2N}$系列PLC特殊数据寄存器功能简表

类　别	地址号	寄存器的内容
PLC 状态	D8000	监视定时器：初始值为 200ms；利用程序更改，必须在 END、WDT 指令执行后方才有效
	D8001	PLC 类型和系统版本号
	D8002	寄存器容量：2——2k 步；4——4k 步；8——8k 步
	D8003	寄存器类型：保存不同 RAM/ROM /存储盒和存储器保护开关的 ON/OFF 状态
	D8004	错误 M 地址号
	D8005	电池电压的当前值
	D8006	电池电压过低检测电平，初始值为 3.0V(以 0.1V 为单位)
	D8007	瞬停检测：保存 M8007 的动作次数。当电源切断时，该数值将被清除
	D8008	停电检测时间：初始值为 10ms
	D8009	DC 24V 失电单元号
PLC 时钟	D8010	当前扫描值：由第 0 步开始的累计执行时间(以 0.1ms 为单位)
	D8011	扫描时间的最小值(以 0.1ms 为单位)
	D8012	扫描时间的最大值(以 0.1ms 为单位)
	D8013	0～59 秒(实时时钟用)
	D8014	0～59 分(实时时钟用)
	D8015	0～23 小时(实时时钟用)
	D8016	0～31 日(实时时钟用)
	D8017	0～12 月(实时时钟用)
	D8018	公历两位(00～99)(实时时钟用)
	D8019	0(日)～6(六)(实时时钟用)
PLC 标志	D8028	Z0(Z)寄存器内容
	D8029	V0(V)寄存器内容
PLC 模式	D8039	恒定扫描时间：初始值为 0ms(以 1ms 为单位)，能够通过程序来更改

续表

类 别	地址号	寄存器的内容
步顺控制	D8040	将状态 S0～S899 的动作中的状态最小地址号存入 D8040,将紧随其后的 "ON"状态地址号存入 D8041,以下依此顺序保存 8 点元件,将其中的最大元件存入 D8047
	D8041	
	D8042	
	D8043	
	D8044	
	D8045	
	D8046	
	D8047	
	D8049	保存在处于"ON"状态的报警继电器 S0～S999 的最小地址号
错误检测	D8060	I/O 构成错误的未安装 I/O 起始地址号
	D8061	PLC 硬件错误的错误代码序号
	D8062	PLC/PP 通信错误的错误代码序号
	D8063	关联链接通信错误的错误代码序号,RS—232C 通信错误的错误代码序号
	D8064	参数错误的错误代码序号
	D8065	语法错误的错误代码序号
	D8066	回路错误的错误代码序号
	D8067	运算错误的错误代码序号
	D8068	锁存发生运算错误的步序号
	D8069	M8065～M8067 的错误发生的步序号
	D8109	发生输出刷新错误的 Y 地址号

附录 D

2010年全国职业院校技能大赛中职组
机电一体化设备的组装与调试赛题

一、工作任务与要求

1. 按《警示灯与接料平台组装图》(附页图号 01)组装警示灯和接料平台。

2. 按《配料装置组装图》(附页图号 02)组装配料装置,并满足图纸提出的技术要求。

3. 按《配料装置气动系统图》(附页图号 03)连接配料装置的气路,并满足图纸提出的技术要求。

4. 根据 PLC 输入、输出端子(I/O)分配表,如表 D.1 所示,在赛场提供的图纸(附页图号 04)上画出配料装置电气控制原理图并连接电路。你画的电气控制原理图和连接的电路应符合下列要求。

表 D.1 PLC 输入、输出端子(I/O)分配表

输入端子				输出端子			
三菱 PLC	西门子 PLC	松下 PLC	功能说明	三菱 PLC	西门子 PLC	松下 PLC	功能说明
X0	I0.0	X0	执行或启动按钮 SB₅	Y0	Q0.0	Y2	皮带正转
X1	I0.1	X1	复位或停止按钮 SB₆	Y1	Q0.1	Y3	皮带低速
X2	I0.2	X2	急停按钮	Y2	Q0.2	Y4	皮带中速
X3	I0.3	X3	参数选择/废料按钮 SB₄	Y3	Q0.3	Y5	皮带高速
X4	I0.4	X4	功能选择开关 SA₁	Y4	Q0.4	Y0	(空)
X5	I0.5	X5	功能选择开关 SA₂	Y5	Q0.5	Y1	送料直流电机
X6	I0.6	X6	接料平台光电传感器	Y6	Q0.6	Y6	蜂鸣器
X7	I0.7	X7	接料平台电感式传感器	Y7	Q0.7	Y7	指示灯 HL₃(红)
X10	I1.0	X8	接料平台光纤传感器	Y10	Q1.0	Y8	指示灯 HL₄(黄)
X11	I1	X9	传送带进料口来料检测	Y11	Q1	Y9	指示灯 HL₅(绿)
X12	I2	XA	位置 A 来料检测	Y12	Q2	YA	指示灯 HL₆(红)

续表

输入端子			功能说明	输出端子			功能说明
三菱 PLC	西门子 PLC	松下 PLC		三菱 PLC	西门子 PLC	松下 PLC	
X13	I3	XB	旋转气缸左到位检测	Y13	Q3	YB	手指夹紧
X14	I1.4	XC	旋转气缸右到位检测	Y14	Q1.4	YC	手指松开
X15	I1.5	XD	悬臂伸出到位检测	Y15	Q1.5	YD	旋转气缸左转
X16	I1.6	XE	悬臂缩回到位检测	Y16	Q1.6	YE	旋转气缸右转
X17	I1.7	XF	手臂上升到位检测	Y17	Q1.7	YF	悬臂伸出
X20	I2.0	X10	手臂下降到位检测	Y20	Q2.0	Y10	悬臂缩回
X21	I4	X11	手指夹紧到位检测	Y21	Q4	Y11	手臂上升
X22	I5	X12	气缸Ⅰ伸出到位检测	Y22	Q5	Y12	手臂下降
X23	I6	X13	气缸Ⅰ缩回到位检测	Y23	Q6	Y13	气缸Ⅰ伸出
X24	I7	X14	气缸Ⅱ伸出到位检测	Y24	Q7	Y14	气缸Ⅱ伸出
X25	I8	X15	气缸Ⅱ缩回到位检测	Y25	Q8	Y15	气缸Ⅲ伸出
X26	I9	X16	气缸Ⅲ伸出到位检测	Y26	Q9	Y16	
X27	I2.7	X17	气缸Ⅲ缩回到位检测	Y27	Q2.7	Y17	

(1) 在电气控制原理图中,各元器件的图形符号按"关于2008年全国中等职业学校电工电子技术技能大赛机电一体化设备组装与调试竞赛项目使用统一图形符号的通知"(教职成司函〔2008〕31号)中指定的图形符号绘制。通知中没有指定图形符号的元器件,可自行编定其图形符号,但要在电气控制原理图中用图例的形式予以说明。

(2) 凡是你连接的导线,必须套上写有编号的编号管。交流电机金属外壳与变频器的接地极必须可靠接地。

(3) 工作台上各传感器、电磁阀控制线圈、送料直流电机、警示灯的连接线,必须放入线槽内;为减小对控制信号的干扰,工作台上交流电机的连接线不能放入线槽。

5. 请你正确理解配料装置的调试、配料要求以及指示灯亮灭方式、正常工作过程和故障状态的处理等。编写配料装置的PLC控制程序和设置变频器的参数。

注意:在使用计算机编写程序时,请你随时保存已编好的程序,保存的文件名为工位号+A(如3号工位文件名为"3A")。

6. 请你调整传感器的位置和灵敏度,调整机械部件的位置,完成配料装置的整体调试,使配料装置能按照要求完成调试与配料。

二、配料装置说明

配料装置各部件和器件名称及位置如图D.1所示。

配料装置设置了"调试"和"配料"两种功能。用转换开关SA₁进行功能变换,用SA₂设置功能的参数和锁定选择的功能。

当SA₁在左挡位时(常闭触点闭合,常开触点断开),选择的功能为调试;当SA₁在右挡位时(常闭触点断开,常开触点闭合),选择的功能为配料。当SA₂在左挡位时(常闭

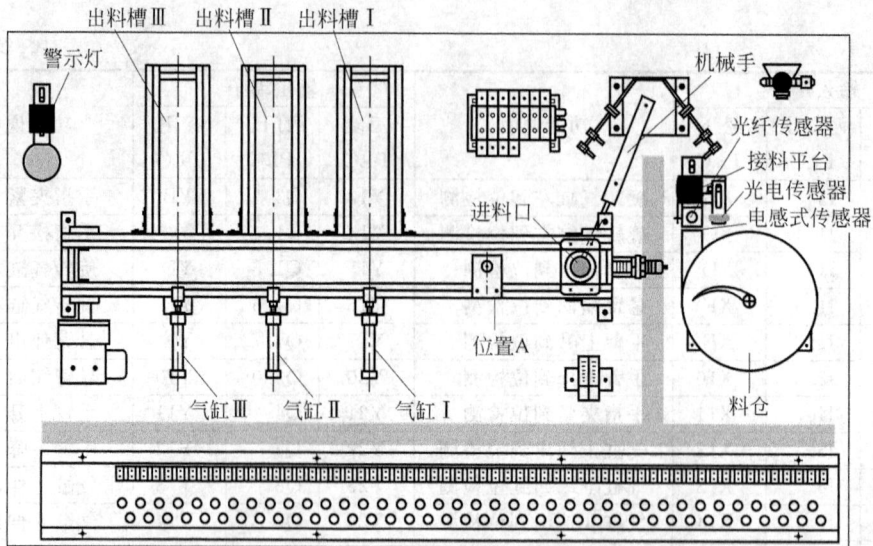

图 D.1　配料装置部件示意图

触点闭合，常开触点断开)，为功能参数设置；当 SA_2 在右挡位时(常闭触点断开，常开触点闭合)，为功能锁定，如图 D.2 所示。

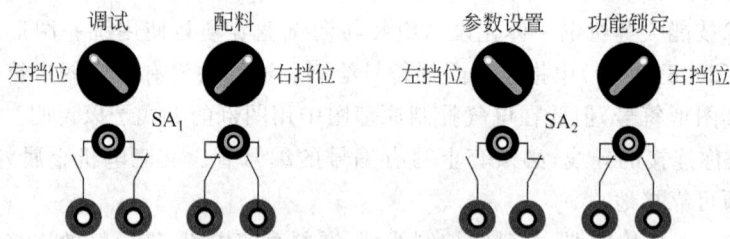

图 D.2　SA_1 与 SA_2 的挡位与功能

1. 配料装置的调试

配料装置在安装、更换元器件后和每次配料前，都必须对配料装置进行调试。

接通配料装置电源后，绿色警示灯闪烁，指示电源正常。将 SA_1 置"调试"挡位，SA_2 置"参数设置"挡位(SA_1、SA_2 在该挡位简称调试参数选择挡位)，然后按按钮 SB_4 进行调试参数(需要调试的元件或部件)选择，并用由 HL_4、HL_5、HL_6 组成的指示灯组的状态指示调试参数。调试参数对应的指示灯组状态如表 D.2 所示。在调试参数选择挡位，按一次 SB_4，选择一个调试参数。用 SB_4 切换调试参数的方式自行确定。

表 D.2　调试参数对应指示灯组的状态

状态	HL_4	HL_5	HL_6	调 试 参 数
0	循环闪烁	循环闪烁	循环闪烁	调试皮带输送机
1	灭	灭	亮	调试送料直流电机
2	灭	亮	灭	调试机械手
3	亮	灭	灭	调试气缸Ⅰ、Ⅱ、Ⅲ

确定调试参数后,再通过操作 SB₅ 和 SB₆ 两个按钮进行调试。按下 SB₅ 为执行或启动,按下 SB₆ 为复位或停止。

完成调试,皮带输送机停止,送料直流电机停止;机械手停留在右限止位置、悬臂缩回到位、手臂上升到位、手指夹紧;气缸Ⅰ、Ⅱ、Ⅲ活塞杆处于缩回的状态。这些部件在完成调试的位置称为初始位置。

(1) 皮带输送机的调试

要求皮带输送机在调试的每一个频率段都不能有不转、打滑或跳动过大等异常情况。

在调试参数选择挡位,按参数选择按钮 SB₄,选择指示灯组为"0"状态,指示灯 HL₄、HL₅、HL₆ 均以亮 0.5s、灭 1s,并以流水灯的方式循环闪烁(按 HL₄ → HL₅ → HL₆ → HL₄ → …… 的顺序循环),即为皮带输送机的调试。然后按下按钮 SB₅,皮带输送机的三相交流异步电动机(以下简称交流电机)以 5Hz 的频率转动;接着按下按钮 SB₆,交流电机停止运行;再按下按钮 SB₅,交流电机以 20Hz 的频率转动;然后按下按钮 SB₆,交流电机停止运行。以此方式操作,可调试交流电机分别在 5Hz、20Hz、40Hz 和 60Hz 频率下的转动。在调试交流电机以 60Hz 的频率转动后,再按 SB₅,调试从 5Hz 的频率开始并如此循环。

(2) 送料直流电机的调试

要求送料直流电机启动后没有卡阻、转速异常或不转等情况。

在调试参数选择挡位,按参数选择按钮 SB₄,选择指示灯组为"1"状态,指示灯 HL₄ 与 HL₅ 灭,HL₆ 常亮,即为送料直流电机的调试。然后按下按钮 SB₅,送料直流电机启动;按下 SB₆ 按钮,送料直流电机停止。如此交替按下 SB₅ 和 SB₆,可调试送料直流电机的运行。

(3) 机械手的调试

要求各气缸活塞杆动作速度协调,无碰擦现象;每个气缸的磁性开关安装位置合理、信号准确;最后,机械手停止在右限止位置,气手指夹紧,其余各气缸活塞杆处于缩回状态。

在调试参数选择挡位,按参数选择按钮 SB₄,选择指示灯组为"2"状态,指示灯 HL₄ 与 HL₆ 灭,HL₅ 常亮,即为机械手的调试。然后,按下按钮 SB₅,旋转气缸转动;按下按钮 SB₆ 按钮,旋转气缸转回原位。再按下按钮 SB₅,悬臂气缸活塞杆伸出;按下按钮 SB₆,悬臂气缸活塞杆缩回。再按下按钮 SB₅,手臂气缸活塞杆下降;按下按钮 SB₆,手臂气缸活塞杆上升。再按下按钮 SB₅,手指松开;按下按钮 SB₆,手指夹紧。如此交替操作按钮 SB₅、SB₆,可调试各个气缸的运动情况。

(4) 气缸Ⅰ、Ⅱ、Ⅲ的调试

要求各气缸活塞杆动作速度协调,无碰擦现象。最后,各个气缸活塞杆处于缩回状态。

在调试参数选择挡位,按参数选择按钮 SB₄,选择指示灯组为"3"状态,指示灯 HL₄ 常亮,HL₅ 与 HL₆ 灭,即为气缸Ⅰ、Ⅱ、Ⅲ的调试。然后按下按钮 SB₅,气缸Ⅰ活塞杆伸出;按下按钮 SB₆,气缸Ⅰ活塞杆缩回。再按下按钮 SB₅,气缸Ⅱ活塞杆伸出;按下按钮 SB₆,气缸Ⅱ活塞杆缩回。再按下按钮 SB₅,气缸Ⅲ活塞杆伸出;按下按钮 SB₆,气缸Ⅲ活塞杆缩回。如此交替操作按钮 SB₅、SB₆,可调试各个气缸的运动情况。

2. 配料装置的配料

某材料由金属、白色非金属和黑色非金属原料按一定比例配置,再经过其他生产工艺加工而成。配料装置仅为该材料配料。

金属、白色非金属和黑色非金属原料配置的比例不同,构成该材料系列中的不同类型。该配料装置为系列材料中的 M 型和 F 型材料配料。

先将 SA_1 置于右挡位(配料挡位)、SA_2 置于左挡位(参数设置挡位),然后用按钮 SB_4 进行配料类型选择,并用由 HL_4、HL_5、HL_6 组成的指示灯组的状态指示配料类型。配料类型对应的指示灯组状态如表 D.3 所示。在此挡位,按一次 SB_4,选择一个配料类型。用 SB_4 切换配料类型的方式自行确定。

表 D.3　配料类型对应指示灯组的状态

序号	HL_4	HL_5	HL_6	运 行 功 能
1	亮	亮	灭	为 M 型材料配料
2	灭	亮	亮	为 F 型材料配料

选定配料类型后,SA_1 不变,将 SA_2 置于右挡位,锁定配料类型。然后按启动按钮 SB_5,配料装置才能为选定的材料类型配料。

为了保证配料装置在为每一种类型的材料配料的可靠性和正确显示,避免由于误操作可能带来的不良后果,要求编写程序时必须考虑以下要求。

① 配料装置相关部件必须停留在初始位置时,才能选择配料类型。

② SA_2 置于左挡位(参数设置挡位)时,按下 SB_5 启动按钮,配料装置不能启动。

③ SA_2 置于右挡位(锁定挡位)后,再按 SB_4 参数选择按钮,不能选择配料类型。

(1) 为 M 型材料配料

在 M 型材料中,金属、白色非金属和黑色非金属原料的比例是 1∶1∶1,数量和送达要求是:每个槽中的数量为 2,送达出料槽Ⅰ中的为金属原料,出料槽Ⅱ中的为黑色非金属原料,出料槽Ⅲ中的为白色非金属原料。对于送达原料,没有先后顺序的要求。

配料装置的动作及要求为:

按下启动按钮 SB_5,指示灯 HL_4 由常亮变为亮 1s、灭 1s 的闪烁方式,指示灯 HL_5 保持常亮,指示配料装置处在“为 M 型材料配料”运行状态,交流电机以 20Hz 频率运行。

当接料平台无原料时,送料直流电机转动,将原料送达接料平台后停止。若送料直流电机连续转动 5s 仍没有原料送到接料平台,则蜂鸣器鸣叫报警,提示料仓中没有原料。将原料放入料仓且有原料送达接料平台后,蜂鸣器停止鸣叫。

原料送达接料平台后,机械手手指松开→手臂下降→手指合拢夹持原料→延时 0.5s→手臂上升。若抓取的原料符合分送要求,则机械手转动到左限止位置→悬臂伸出→手臂下降→手指松开,将原料从传送带进料口,放上皮带输送机→手臂上升→悬臂缩回→手指合拢→机械手转动到右限止位置停止,完成一次原料的搬运。若抓取的原料不符合分送要求,则悬臂伸出→手指松开,将原料重新放回料仓→悬臂缩回→手指合拢,停止在初始位置。

机械手将原料搬离接料平台,送料直流电机立即转动,送出下一原料。

原料搬运到传送带上,到达指定的出斜槽位置后,直接推出,皮带输送机不需要停止。完成配料后,配料装置自动停止。

提示:接料平台处装有一个光电传感器、一个光纤传感器和一个电感式传感器,可通过检测到的信号区别送达接料平台的原料种类。

(2) 为F型材料配料

在F型材料中,金属、白色非金属和黑色非金属原料的比例是1:2:3,数量和送达要求是:送达出料槽Ⅰ和出料槽Ⅱ各1组(1个金属、2个白色、3个黑色为1组),先送出料槽Ⅰ,送完出料槽Ⅰ再送出料槽Ⅱ。送料顺序为:先黑色再金属,最后白色。

配料装置的动作及其要求如下:

按下启动按钮SB_5,HL_6指示灯由常亮变为亮1s、灭1s的闪烁方式,HL_5保持常亮,指示配料装置处在为"F型材料配料"运行状态。皮带输送机以20Hz频率运行。

送料与机械手搬运原料的动作及其要求,与为M型材料配料的动作及其要求相同。

原料到达传送带上,重量合格才能被送到出料槽Ⅰ和出料槽Ⅱ。

原料到达位置A,皮带输送机停止对原料进行重量检测,HL_3以亮1s灭1s的方式指示原料在进行重量检测,重量检测时间为5s;重量检测完毕,HL_3熄灭。重量检测期间,机械手搬运的原料到达传送带进料口上方时,应停止在此位置,待被检测原料的重量检测完毕,再将原料放上传送带。若重量检测完毕后没有原料送到传送带,则被检测原料在此处等待。当下一原料被放入传送带上后,交流电机重新以20Hz的频率转动,带动皮带输送机输送原料。当经过重量检测并合格的原料到达指定的出斜槽位置后,直接推出,皮带输送机不需要停止。

若在重量检测期间按按钮SB_4,表示原料重量不合要求,此时,该原料送入出料槽Ⅲ。

送达出料槽Ⅰ和出料槽Ⅱ中的原料数量符合要求后,配料装置自动停止。

3. 装置停止

(1) 正常停止:在配料过程中,按停止按钮SB_6,装置应完成当前配料工作(即出料槽中送达的原料数量达到配料要求)后停止。

(2) 紧急停止:配料装置运行过程中如果遇到各类意外事故,需要紧急停止时,请按下急停开关QS,配料装置立刻停止运行并保持急停瞬间的状态,同时蜂鸣器鸣叫报警。再启动时,必须复位急停开关,再按启动按钮SB_5,配料装置接着急停瞬间的状态继续运行,同时蜂鸣器停止鸣叫。

(3) 突然断电:配料装置运行过程中突然断电时,配料装置停止运行并保持断电瞬间的状态。恢复供电后,蜂鸣器鸣叫报警。再次按下启动按钮SB_5,蜂鸣器停止鸣叫,配料装置接着断电瞬间保持的状态继续运行。

4. 意外情况处理

在本次工作任务中,只考虑以下意外情况:机械手搬运过程中有可能出现手指没有抓稳原料的情况,造成原料不能被搬离接料平台,或搬离接料平台后在搬运途中掉下。如果出现上述情况,机械手应立刻返回到初始位置停止,同时蜂鸣器鸣叫报警。待查明原因并排除故障后,按启动按钮SB_5,机械手才能继续运行,同时蜂鸣器停止鸣叫。

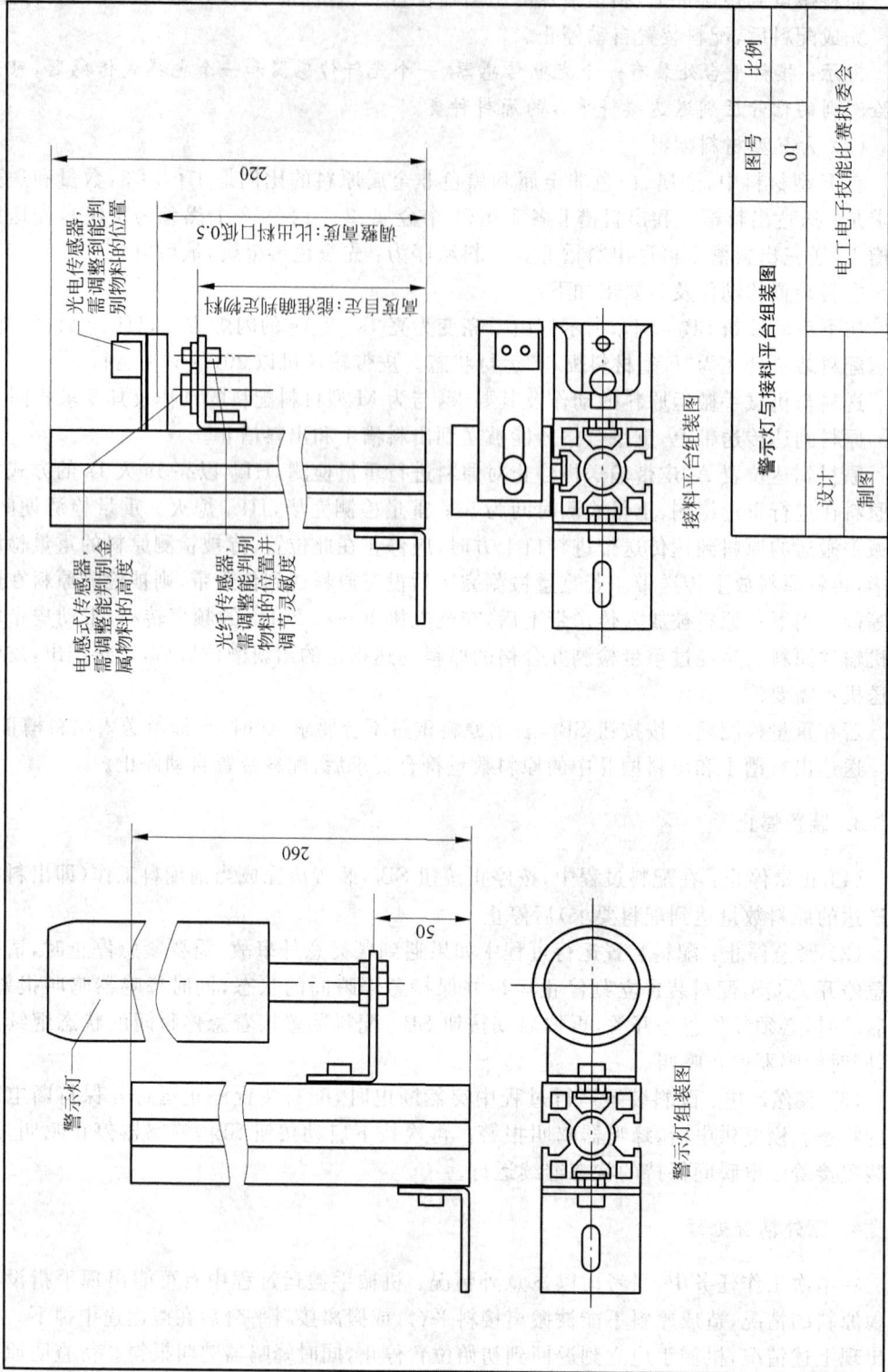

电感式传感器，金
需调整能判别
属物料的高度

光电传感器，
需调整到能判
别物料的位置

标准取集光缆：若选用光缆扣住0.5

光纤传感器，能判别
需调整料的位置并
物料的灵敏度
调节

接料平台组装图

		比例		电工电子技能比赛执委会
图号				
	01			
警示灯与接料平台组装图				
设计				
制图				

警示灯

警示灯组装图

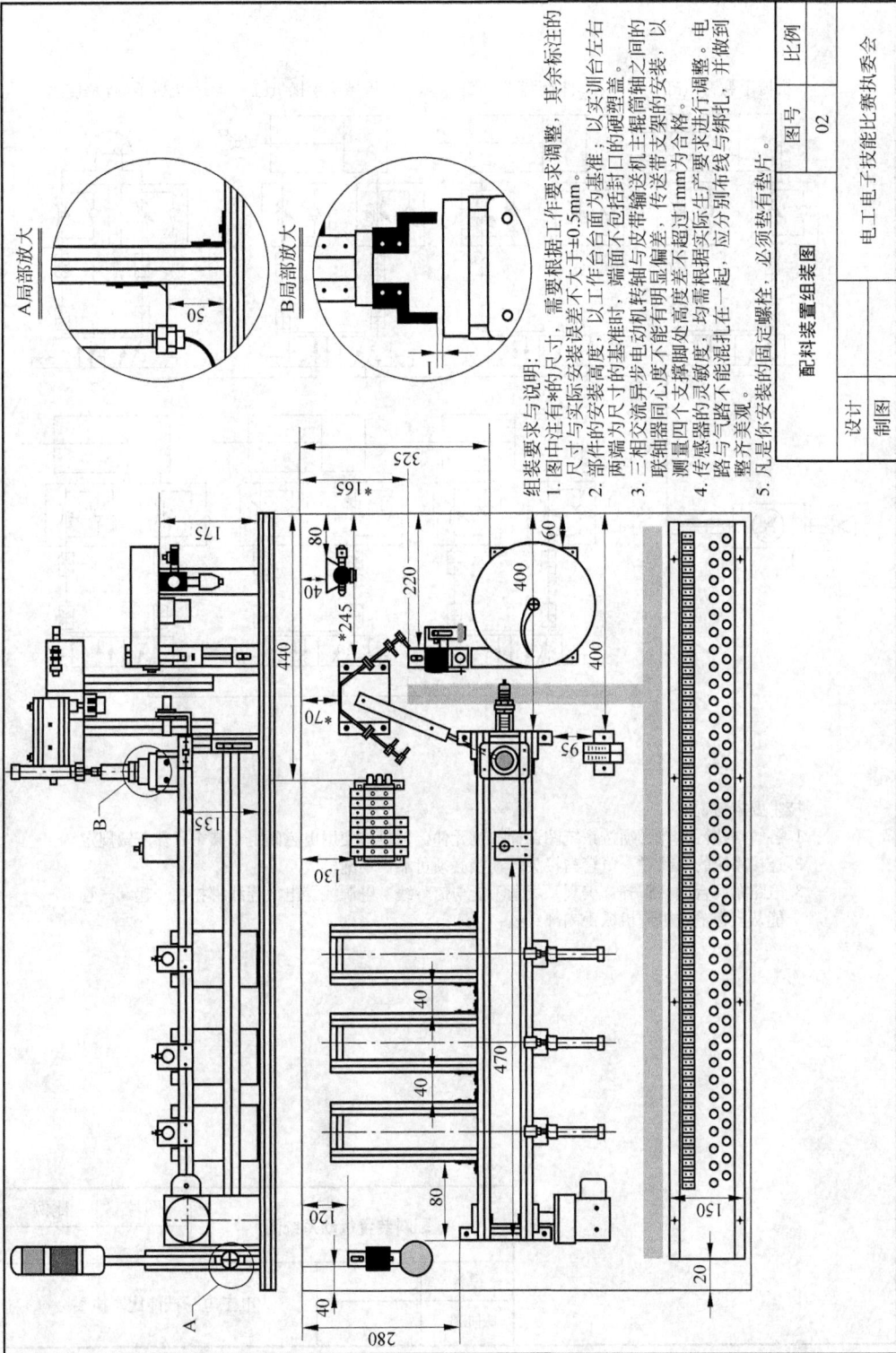

A局部放大

B局部放大

组装要求与说明：

1. 图中注有*的尺寸，需要根据工作要求调整，其余标注的尺寸与实际安装尺寸大于大于±0.5mm。

2. 部件的安装高度，以实训台左右两端为尺寸安装基准；以工作台面为基准的嵌塑盖。尺寸与实际安装高度，以工作台面为基准时，端面不包括封口的嵌塑盖。

3. 三相交流异步电动机转轴与皮带输送机主辊筒轴之间的联轴器同心度不能有明显偏差，传送带支架的安装，以测量四个支撑脚的高度差不超过1mm为合格。

4. 传感器的灵敏度、均需根据实际生产要求进行调整。电路与气路不能混在一起，应分别布线与捆扎，并做到整齐美观。

5. 凡是你安装的固定螺栓，必须垫有垫片。

配料装置组装图		图号	02
		比例	
		电工电子技能比赛执委会	
设计			
制图			

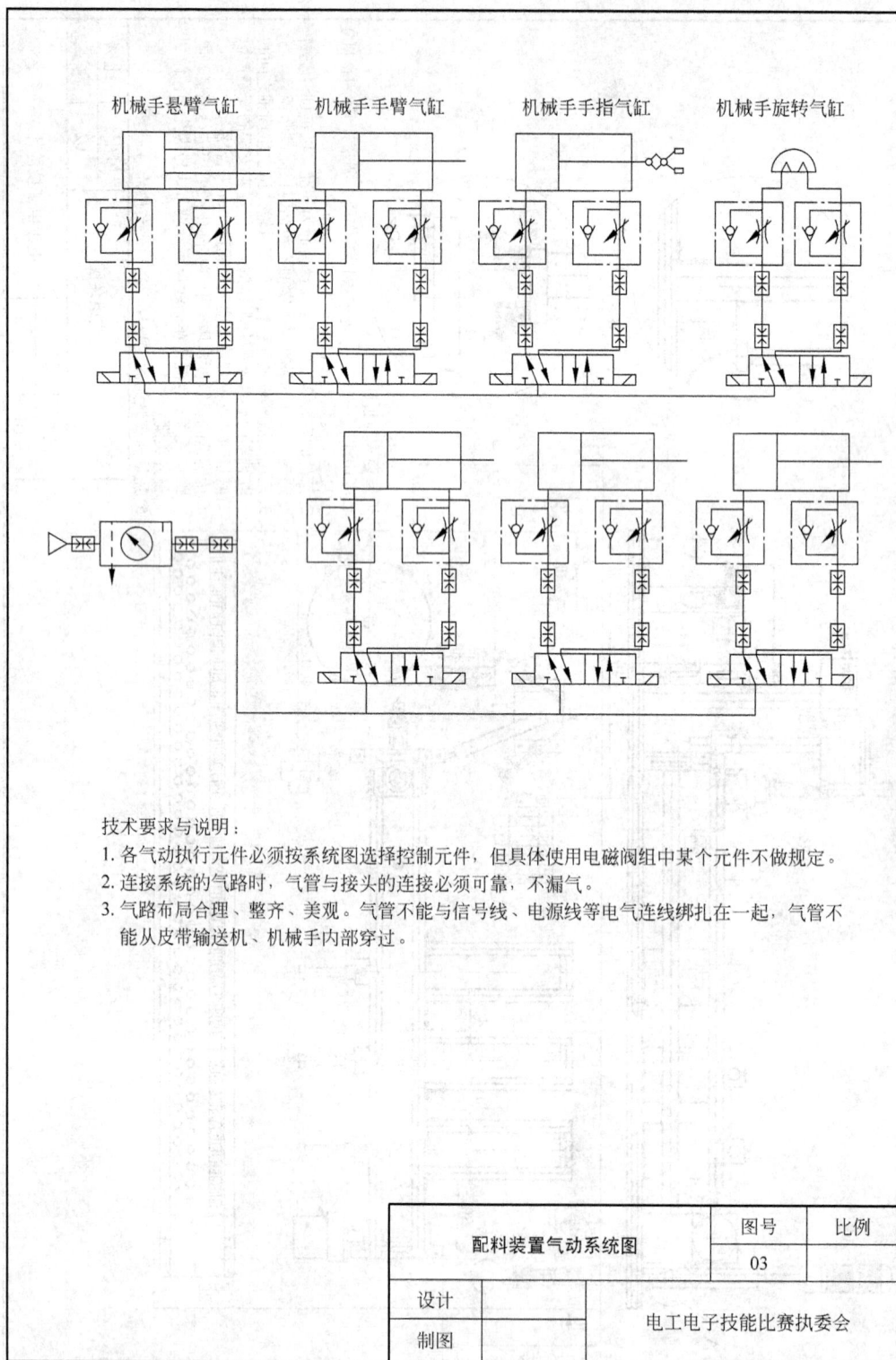

机械手悬臂气缸　　机械手手臂气缸　　机械手手指气缸　　机械手旋转气缸

技术要求与说明：

1. 各气动执行元件必须按系统图选择控制元件，但具体使用电磁阀组中某个元件不做规定。
2. 连接系统的气路时，气管与接头的连接必须可靠，不漏气。
3. 气路布局合理、整齐、美观。气管不能与信号线、电源线等电气连线绑扎在一起，气管不能从皮带输送机、机械手内部穿过。

	配料装置气动系统图	图号	比例
		03	
设计			
制图		电工电子技能比赛执委会	

		比例	
		图号	04
配料装置电气控制原理图			电工电子技能比赛执委会
设计			
制图			

组装及绘图部分评分表

工位号＿＿＿＿＿　　（完成任务后将此评分表放工作台上,不能将此表丢失）

项　目	评分点	配分	评 分 标 准	扣分	得分	评委
部件组装 (23分)	皮带输送机安装(包括出料槽与传感器)	6	尺寸超差0.5mm以上、螺栓松动、螺栓未放垫片,扣,0.5分/处。电机同轴度、皮带机水平度、皮带松紧有偏差,扣1分			
	机械手安装	6	螺栓松动、螺栓未放垫片,扣0.5分/处;水平或竖直误差明显,各扣1分;不能准确抓料与放入进料口,动作明显不协调,各扣2分			
	料仓	2	尺寸超差0.5mm以上、螺栓松动、螺栓未放垫片,扣0.5分/处。出料口方向错误,扣1分			
	接料平台(包括传感器)	2.5	尺寸超差0.5mm以上、螺栓松动、螺栓未放垫片,扣0.5分/处;与料仓出料口配合不好、传感器安装调节不合要求,各扣1分			
	气源组件、电磁阀组、光纤传感器安装	4	尺寸超差0.5mm以上、螺栓松动、螺栓未放垫片,扣0.5分/处。L型支架方向错误,扣1分			
	警示灯安装	1.5	尺寸超差0.5mm以上、螺栓松动、螺栓未放垫片,扣0.5分/处。L型支架方向错误,扣1分			
	端子排及线槽	1	尺寸超差0.5mm以上、螺栓松动、螺栓未放垫片,扣0.5分/处			
气路连接 (8分)	电磁阀选择	2	每选错一个电磁阀,各扣1分,最多扣2分			
	气路连接	2	连接错误,接头漏气,扣0.5分/处			
	连接工艺	4	气路与电路绑扎在一起,扣1分;使气动元件受力、绑扎间距不合要求,气路走向不合理,扣1分/处			
电路连接 (9分)	元器件接口	3	与电路图不符,扣0.5分/处,最多扣3分			
	连接工艺	3	绑扎间距不合要求,动力线与其他导线放入同一线槽,同一接线端子超过两个线头,露铜超2mm,扣0.5分/处,最多扣3分			
	套异形管及写编号	2	每少套一个线管,扣1分;有异形管,但未写编号,扣0.5分/处,最多扣2分			
	保护接地	1	接地每少一处,各扣0.5分。			
电路图绘制 (10分)	元件选择	4	与PLC的I/O分配表不符,漏画元件,扣0.5分/处,最多扣4分			
	图形符号	3	非推荐符号没有图例说明,扣1分/处,最多扣3分			
	制图规范	3	图形符号比例不对,徒手绘图,扣0.5分/处;布局零乱、字迹潦草,各扣1分			
总分			统分签名:			

功能评分表

工位号_____ （完成任务后将此评分表放工作台上，不能将此表丢失）

项目及项目配分	评分点	配分	扣分说明	点得分	项目得分	评委签名
装置调试（15分）	接通电源	1	警示灯不按要求闪亮，扣1分			
	调试参数	2	SA_1与SA_2，使用按钮合要求，指示灯使用不合要求，扣0.2分/个			
	皮带输送机调试	3	交流电机不能转动，扣2分；指示灯亮灭不合要求，SB_5、SB_6作用不合要求，不能循环调试，各扣1分；交流电机转动频率不合要求，0.5分/个			
	送料直流电机调试	3	送料直流电机不能转动，扣2分；转动却不能停止，指示灯亮灭不合要求，扣1分			
	机械手调试	3	机械手不能动作，扣2分；指示灯亮灭不合要求，不能循环调试，扣1分；机械手各气缸不能回到初始位置，扣0.5分/个			
	气缸Ⅰ、Ⅱ、Ⅲ调试	3	气缸不动作，扣1分/个；指示灯亮灭不合要求，不能循环调试，扣1分，气缸不能回到初始位置，扣0.5分/个			
M配料（14分）	配料类型选择	2	不能选择与锁定配料类型，扣1分；指示灯亮灭不合要求，扣1分			
	送料直流电机	2	不能按要求启动和停止，不能按要求送料，扣2分；不能报警，扣1分			
	机械手动作	4	不能将原料送回料仓，扣2分；不能将原料送传送带，扣2分；送传送带原料不合要求，扣1分/个			
	原料送达位置与数量	6	送入出料槽的原料不合要求，数量不合要求，运行频率不合要求，送入出料槽皮带停止，不能自动停止，扣1分/个			
F配料（13分）	配料类型选择	1	指示灯亮灭不合要求，扣1分			
	机械手动作	4	不能将原料送回料仓，扣2分；不能将原料送传送带，扣2分；送传送带原料不合要求，扣1分/个			
	原料送达位置与数量	8	送达出料槽Ⅰ、Ⅱ的原料数量、原料种类不合要求，重量检测时间不合要求，指示灯亮灭不合要求，进料不合要求，不合格原料不能送达出料槽Ⅲ，运行频率不合要求，送入出料槽皮带停止，配料完毕不能自动停止等，扣1分/个			
停止（4分）	正常停止	1	按SB_6，不能完成配料停止，扣1分			
	急停	1.5	不能停止，不能报警，不能保持状态，不能按急停瞬间状态继续运行，各扣0.5分			
	突然断电	1.5	不能停止，不能报警，不能保持状态，不能按停电瞬间状态继续运行，各扣0.5分			
意外情况（4分）	机械手动作	2	不能回到初始位置，扣2分；不能立即回到初始位置，扣1分，最多扣2分			
	报警	1	蜂鸣器不鸣叫，扣1分；按SB_5不能停止，扣0.5分			
	排除故障后动作	1	按SB_5不能继续运行，扣1分			

机电一体化设备组装与调试配分表

工位号_____　　（完成任务后将此评分表放工作台上,不能将此表丢失）

项　目	项目配分	评　分　点	点配分	点得分	项目得分	评委签名
部件组装	23	皮带输送机安装	6			
		机械手装置组装	6			
		料仓	2			
		接料平台(包括传感器器)	2.5			
		气源组件、电磁阀组、光纤传感器安装	4			
		警示灯安装	1.5			
		端子排及线槽	1			
气路连接	8	电磁阀选择	2			
		气路连接	2			
		连接工艺	4			
电路连接	9	元器件接口	2			
		连接工艺	2			
		套异形管及编写线号	4			
		保护接地	1			
电路图	10	元件选择	4			
		图形符号	3			
		制图规范	3			
装置调试	15	接通电源	1			
		调试参数	2			
		皮带输送机调试	3			
		送料直流电机调试	3			
		机械手调试	3			
		气缸Ⅰ、Ⅱ、Ⅲ调试	3			
M配料	14	配料类型选择	2			
		送料直流电机	2			
		机械手动作	4			
		原料送达位置与数量	6			
F配料	13	配料类型选择	1			
		机械手动作	4			
		原料送达位置与数量	8			
停止	4	正常停止	1			
		急停	1.5			
		突然断电	1.5			
意外情况处理	4	机械手动作	2			
		报警	1			
		排除故障后动作	1			

2011年全国职业院校技能大赛中职组 机电一体化设备的组装与调试赛题

一、工作任务与要求

1. 按《分装机料仓组装图》(附页图号01)组装分装机的料仓。

2. 按《分装机部件组装图》(附页图号02)组装分装机,并满足图纸提出的技术要求。

3. 按《分装机气动系统图》(附页图号03)连接分装机气路,并满足图纸提出的技术要求。

4. 根据如表E.1所示的PLC输入、输出端子(I/O)分配,在赛场提供的图纸(附页图号04)上画出分装机电气原理图并连接电路。你画的电气原理图和连接的电路应符合下列要求。

表 E.1   PLC 输入、输出端子(I/O)分配表

输入端子				输出端子			
三菱 PLC	西门子 PLC	松下 PLC	功能说明	三菱 PLC	西门子 PLC	松下 PLC	功能说明
X0	I0.0	X0	启动按钮 SB₅	Y0	Q0.0	YA	皮带正转
X1	I0.1	X1	停止按钮 SB₆	Y1	Q0.1	YB	皮带反转
X2	I0.2	X2	急停开关 QS	Y2	Q0.2	YC	皮带低速
X3	I0.3	X3	质量不合格按钮 SB₄	Y3	Q0.3	YD	皮带中速
X4	I0.4	X4	功能选择开关 SA₁	Y4	Q0.4	Y0	红色警示灯
X5	I0.5	X5	调试部件选择 SB₁	Y5	Q0.5	Y1	料仓送料电机
X6	I0.6	X6	调试部件选择 SB₂	Y6	Q0.6	Y2	蜂鸣器
X7	I0.7	X7	调试部件选择 SB₃	Y7	Q0.7	Y3	HL₃(红)
X10	I1.0	X8	检测平台光电传感器	Y10	Q1.0	Y4	HL₄(黄)
X11	I1	X9	料仓出口光纤传感器	Y11	Q1	Y5	HL₅(绿)

续表

输入端子			功能说明	输出端子			功能说明
三菱 PLC	西门子 PLC	松下 PLC		三菱 PLC	西门子 PLC	松下 PLC	
X12	I2	XA	料仓出口漫射型光电传感器	Y12	Q2	Y6	HL$_6$（红）
X13	I3	XB	电感式传感器	Y13	Q3	Y7	手爪合拢
X14	I1.4	XC	B口光纤传感器	Y14	Q1.4	Y8	手爪张开
X15	I1.5	XD	B口气缸伸出到位检测	Y15	Q1.5	Y9	旋转气缸左转
X16	I1.6	XE	B口气缸缩回到位检测	Y16	Q1.6	Y10	旋转气缸右转
X17	I1.7	XF	旋转气缸左转到位检测	Y17	Q1.7	Y11	悬臂伸出
X20	I2.0	X10	旋转气缸右转到位检测	Y20	Q2.0	Y12	悬臂缩回
X21	I4	X11	悬臂伸出到位检测	Y21	Q4	Y13	手臂上升
X22	I5	X12	悬臂缩回到位检测	Y22	Q5	Y14	手臂下降
X23	I6	X13	手臂上升到位检测	Y23	Q6	Y15	B口气缸伸出
X24	I7	X14	手臂下降到位检测	Y24	Q7	Y16	C口气缸伸出
X25	I8	X15	手爪合拢到位检测	Y25	Q8	Y17	
X26	I9	X16	C口气缸伸出到位检测	Y26	Q9	Y18	
X27	I2.7	X17	C口气缸缩回到位检测	Y27	Q2.7	Y19	

（1）电气原理图按 2011 年 5 月 29 日武汉说明会的要求绘制。

（2）凡是你连接的导线，必须套上写有编号的编号管。交流电机金属外壳与变频器的接地极必须可靠接地。

（3）工作台上各传感器、电磁阀控制线圈、送料直流电机、警示灯的连接线，必须放入线槽内；为减小对控制信号的干扰，工作台上交流电机的连接线不能放入线槽。

5. 请你正确理解分装机的调试、分装要求以及指示灯的亮灭方式、异常情况的处理等，编写分装机的 PLC 控制程序和设置变频器的参数。

注意：在使用计算机编写程序时，请你随时保存已编好的程序，保存的文件名为工位号＋A（如 3 号工位文件名为"3A"）。

6. 请你按触摸屏界面制作和监控要求的说明，制作触摸屏的 4 个界面，设置和记录相关参数，实现触摸屏对分装机的监控。

7. 请你调整传感器的位置和灵敏度，调整机械部件的位置，完成分装机的整体调试，使分装机能按照要求完成物料的分装。

二、分装机说明

分装机各部件和器件名称及位置如图 E.1 所示。

分装机设置了"调试"和"运行"两种功能。用转换开关 SA$_1$ 在分装机停止的状态进行功能变换。当 SA$_1$ 在左挡位时（常闭触点闭合，常开触点断开），选择的功能为"调试"；当 SA$_1$ 在右挡位时（常闭触点断开，常开触点闭合），选择的功能为"运行"。

调试或运行前，分装机的有关部件必须在原位。各有关部件的原位为：机械手悬臂

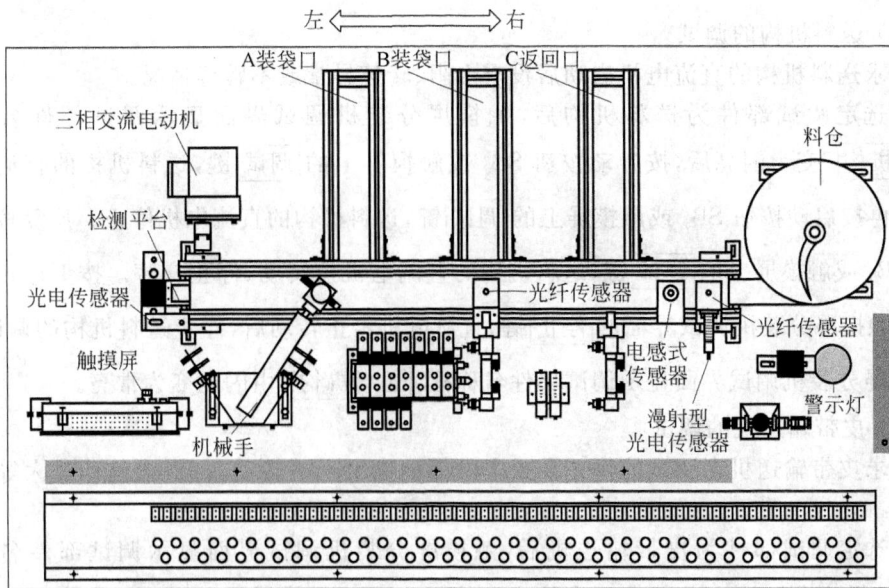

左 ⟺ 右

A装袋口 B装袋口 C返回口

三相交流电动机

料仓

检测平台

光电传感器

光纤传感器

触摸屏

电感式传感器

光纤传感器

警示灯

机械手

漫射型光电传感器

图 E.1 分装机部件示意图

和手臂气缸活塞杆缩回,手爪张开,停留在检测平台上方;B 装袋口和 C 返回口的气缸活塞杆处于缩回状态,皮带输送机的三相交流电机、送料机构的直流电机停止转动。

接通分装机电源后,绿色警示灯闪烁,指示电源正常;运行 PLC,红色警示灯闪烁,指示 PLC 处于运行状态。

1. 分装机的调试

分装机在按规定需要调试时,必须对分装机的相关部件进行调试。

将 SA_1 置"调试"挡位,指示灯 HL_3 按 2 次/s 的方式闪亮,指示分装机的功能为"调试";同时,触摸屏首页界面显示 调试界面 键,隐藏 运行界面 键。

用 SB_1、SB_2 和 SB_3 的组合来选择调试部件(分装机在原位时),然后按按钮 SB_5 或触摸屏分装机调试界面的 调试 键进行调试。由 SB_1、SB_2 和 SB_3 组合状态确定调试的部件后,对应的指示灯显示调试的部件,触摸屏"分装机调试"界面中显示调试部件名称的显示框变为常亮。调试部件选定后 3s 内不再另做选择,显示框由常亮变为闪烁时,方可进行选定部件的调试。SB_1、SB_2 和 SB_3 组合状态确定的调试部件以及对应指示灯的状态如表 E.2 所示。

表 E.2 调试部件对应的按钮和指示灯组状态

按 钮			调试部件	指 示 灯		
SB_1	SB_2	SB_3		HL_4	HL_5	HL_6
0	0	1	送料机构	灭	灭	亮
0	1	0	皮带输送机	灭	亮	灭
0	1	1	机械手	灭	亮	亮
1	0	0	B 装袋口	亮	灭	灭
1	0	1	C 返回口	亮	灭	亮

（1）送料机构的调试

要求送料机构的直流电机启动后没有卡阻、转速异常或不转等情况。

在选定调试部件为送料机构后，触摸屏分装机调试界面显示调试部件名称框"$\boxed{\text{送料机构}}$"变为闪亮后，按启动按钮 SB_5 或触摸屏上的 $\boxed{\text{调试}}$ 键，送料机构的直流电机转动；再按启动按钮 SB_5 或触摸屏上的 $\boxed{\text{调试}}$ 键，送料机构的直流电机停止。反复按启动按钮 SB_5 或触摸屏上的 $\boxed{\text{调试}}$ 键，送料机构的直流电机按转动、停止交替。按下停止按钮 SB_6 或触摸屏分装机调试界面的 $\boxed{\text{停止}}$ 键，直流电机停止转动后，停止送料机构的调试，同时触摸屏分装机调试界面显示调试部件名称框"$\boxed{\text{送料机构}}$"由闪亮变为常亮。

（2）皮带输送机的调试

要求皮带输送机在调试的每一个频率段都不能出现不转动、打滑或跳动过大等异常情况。

在选定调试部件为皮带输送机后，触摸屏分装机调试界面显示调试部件名称框"$\boxed{\text{皮带输送机}}$"变为闪亮后，第一次按启动按钮 SB_5 或触摸屏上的 $\boxed{\text{调试}}$ 键，变频器输出 $10Hz$ 的频率驱动皮带输送机的三相交流电机正向（物料由料仓向检测平台方向运动为正向）转动；第二次按启动按钮 SB_5 或触摸屏上的 $\boxed{\text{调试}}$ 键，变频器输出 $35Hz$ 的频率驱动皮带输送机的三相交流电机正向转动；第三次按启动按钮 SB_5 或触摸屏上的 $\boxed{\text{调试}}$ 键，变频器输出 $45Hz$ 的频率驱动皮带输送机的三相交流电机正向转动；第四次按启动按钮 SB_5 或触摸屏上的 $\boxed{\text{调试}}$ 键，变频器输出 $35Hz$ 的频率驱动皮带输送机的三相交流电机反向转动；再按启动按钮 SB_5 或触摸屏上的 $\boxed{\text{调试}}$ 键，皮带输送机的三相交流电机按第一次的运行方式运行。如此反复按下按钮 SB_5 或 $\boxed{\text{调试}}$ 键，皮带输送机的三相交流电机按上述顺序循环运行。按停止按钮 SB_6 或触摸屏上的 $\boxed{\text{停止}}$ 键，三相交流电机停止运行后，停止对皮带输送机的调试，同时触摸屏分装机调试界面显示调试部件名称框"$\boxed{\text{皮带输送机}}$"由闪亮变为常亮。

（3）机械手的调试

要求各气缸活塞杆动作速度协调，无碰擦现象；每个气缸的磁性开关安装位置合理、信号准确；最后，机械手停止在原位。

在选定调试部件为机械手调试后，触摸屏分装机调试界面显示调试部件名称框"$\boxed{\text{机械手}}$"变为闪亮后，第一次按启动按钮 SB_5 或触摸屏上的 $\boxed{\text{调试}}$ 键，机械手手臂下降→手爪合拢→手臂上升→手爪张开后停止；第二次按启动按钮 SB_5 或触摸屏上的 $\boxed{\text{调试}}$ 键，机械手手爪合拢→机械手右转→悬臂伸出→手臂下降→手爪张开→手臂上升→悬臂缩回→机械手转回原位后停止。反复按下按钮 SB_5 或 $\boxed{\text{调试}}$ 键，按上述方式交替进行。按停止按钮 SB_6 或触摸屏上的 $\boxed{\text{停止}}$ 键，机械手回到原位后停止对机械手的调试，同时触摸屏分装机调试界面显示调试部件名称框"$\boxed{\text{机械手}}$"由闪亮变为常亮。

（4）B 装袋口的调试

要求气缸活塞杆动作速度协调，无碰擦现象；最后，气缸活塞杆处于缩回状态。

在选定调试部件为 B 装袋口后，触摸屏分装机调试界面显示调试部件名称框"B 装袋口"变为闪亮后，按启动按钮 SB₅ 或触摸屏上的 调试 键，B 装袋口的气缸活塞杆伸出；再按启动按钮 SB₅ 或触摸屏上的 调试 键，B 装袋口的气缸活塞杆缩回。反复按启动按钮 SB₅ 或触摸屏上的 调试 键，气缸活塞杆交替伸出和缩回。按停止按钮 SB₆ 或触摸屏上的 停止 键，气缸活塞杆回到原位后停止对 B 装袋口的调试，同时触摸屏分装机调试界面显示调试部件名称框"B 装袋口"由闪亮变为常亮。

（5）C 返回口的调试

要求气缸活塞杆动作速度协调，无碰擦现象；最后，气缸活塞杆处于缩回状态。

在选定调试部件为 C 返回口后，触摸屏分装机调试界面显示调试部件名称框"C 返回口"变为闪亮后，按启动按钮 SB₅ 或触摸屏上的 调试 键，C 返回口的气缸活塞杆伸出；再按启动按钮 SB₅ 或触摸屏上的 调试 键，C 返回口的气缸活塞杆缩回。反复按启动按钮 SB₅ 或触摸屏上的 调试 键，气缸活塞杆交替伸出和缩回。按停止按钮 SB₆ 或触摸屏上的 停止 键，气缸活塞杆回到原位后停止对 C 返回口的调试，同时触摸屏分装机调试界面显示调试部件名称框"C 返回口"由闪亮变为常亮。

2. 分装机的运行

分装机是将料仓中的标称质量（此处的质量是指物质的多少）为 50kg（用黑色塑料圆柱形件代替）、30kg（用金属圆柱形件代替）和 20kg（用白色塑料圆柱形件代替）的物料分送到 A、B 装袋口。两个装袋口的装袋质量均为 100kg。

（1）分装机的正常运行

将 SA₁ 置"运行"挡位，指示灯 HL₃ 常亮，指示分装机的功能为"运行"，触摸屏首页界面上显示 运行界面 键，隐藏 调试界面 键。

在分装机的"运行"功能下，按下启动按钮 SB₅ 或触摸屏"运行监控"界面上的 启动 键，料仓送料机构直流电机转动，将料仓中的物料送上传送带后停止，同时变频器输出 35Hz 的频率驱动皮带输送机三相交流电机正向运行，将物料送到检测平台后停止。

物料在检测平台停止 3s，检测物料的质量是否与标称质量相符。在检测过程中按按钮 SB₄，表示检测质量与标称质量不相符，然后用手拿走该物料，同时在触摸屏异常记录界面的"质量检测不合格次数"栏中显示累计不合格的次数；若检测质量与标称质量相符，则分送到 A、B 装袋口。分送到 A 装袋口的物料，由机械手直接搬运；分送到 B 装袋口的物料，先由机械手将物料搬运到传送带上，变频器输出 35Hz 的频率驱动皮带输送机的三相交流电机反转，将物料送到 B 装袋口位置时，皮带输送机停止，该位置的气缸活塞杆伸出，将物料推入 B 装袋口后，气缸活塞杆缩回。

当物料满足两个装袋口的分送条件时，在两个装袋口质量相同的情况下，优先分送 A

装袋口;两个装袋口质量不同时,优先分送质量较大的装袋口。不符合分送到两个装袋口条件的物料,先由机械手将物料搬运到传送带上,变频器输出35Hz的频率驱动皮带输送机的三相交流电机反转,将物料送到C返回口位置时,皮带输送机停止,该位置的气缸活塞杆伸出,将物料推入C返回口后,气缸活塞杆缩回(返回口物料返回料仓的调试不在本次任务范围)。完成物料处理后,送料机构重新送料。

物料到达装袋口后,运行监控界面中的"A装袋口分装质量"和"B装袋口分装质量"栏应分别显示已经进入该装袋口物料的总质量。当某装袋口的总质量达到100kg时,用10s完成装袋,装袋时不能向该装袋口送料。完成装袋后,运行监控界面中的"分装机装袋数"栏应显示两个装袋口累计完成的装袋数量,并清除触摸屏运行监控界面上记录的该装袋口的分装质量。

(2) 正常停止

在分装机上有正在分送物料的情况下,按下停止按钮SB₆或触摸屏运行监控界面的 停止 键,未完成装袋的装袋口都完成装袋后停止。若在分装机(包括装袋口)上没有需要处理的物料情况下,按下停止按钮SB₆或触摸屏运行监控界面的 停止 键,分装机应立即停止。

(3) 异常情况

在本次任务中,只考虑下列异常情况。

① 紧急停止:若在运行过程中遇到需要紧急停止的意外情况,可按急停开关QS或触摸屏运行监控界面的 紧急停止 键。此时,分装机应保持停止时的状态,蜂鸣器鸣叫,同时触摸屏异常记录界面的"紧急停止次数"栏中显示累计紧急停止的次数。待意外消除,松开急停开关或再按一次触摸屏运行监控界面的 紧急停止 键,蜂鸣器停止鸣叫。按下启动按钮SB₅或触摸屏运行监控界面的 启动 键,分装机继续运行。

② PLC供电异常:PLC断电或电压过低,为供电异常。此时,分装机应保持刚出现异常时的状态,红色警示灯熄灭,同时触摸屏异常记录界面的"PLC供电异常次数"栏中显示累计PLC供电异常的次数。待供电正常时,按下启动按钮SB₅或触摸屏运行监控界面的 启动 键,分装机继续运行。

③ 机械手异常:没有抓取检测平台上的物料或在搬运过程中物料从机械手上脱落,为机械手异常。此时,机械手应停止未完成的动作回到原位,重新抓取或等待下一物料,同时触摸屏异常记录界面的"机械手异常次数"栏中显示累计机械手异常的次数。

④ 送料机构异常:送料机构直流电机转动后5s还没有物料到达皮带输送机,为送料机构异常。此时,送料机构直流电机停止转动,触摸屏异常记录界面的"送料机构异常次数"栏中显示累计送料机构异常的次数。待处理异常情况后,按下启动按钮SB₅或触摸屏运行监控界面的 启动 键,送料机构直流电机转动送料。

三、触摸屏说明

1. 触摸屏的界面

触摸屏有首页、分装机调试、运行监控和异常情况记录4个界面。各界面制作的内容和元件摆放位置如图 E.2 所示。

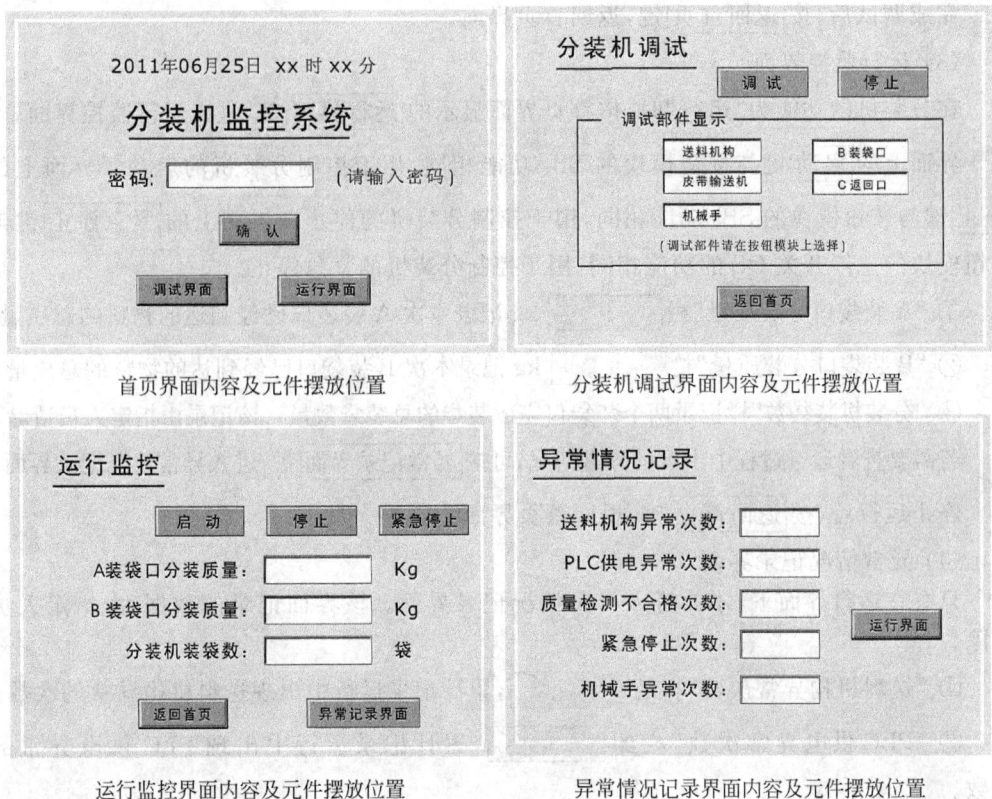

首页界面内容及元件摆放位置　　　　　　　分装机调试界面内容及元件摆放位置

运行监控界面内容及元件摆放位置　　　　　　异常情况记录界面内容及元件摆放位置

图 E.2　触摸屏各界面内容及元件摆放位置

2. 各界面的功能说明

（1）首页

触摸屏启动后，进入首页界面。此时，若分装机选择的功能为"调试"，则显示 调试界面 键，隐藏 运行界面 键；若分装机选择的功能为"运行"，则显示 运行界面 键，隐藏 调试界面 键。

输入密码后，按 确认 键，输入密码生效。若输入密码再按 确认 键后，弹出"请重新输入密码"的提示框，说明输入的密码不对，需重新输入正确的密码。

请将密码设置为"235"。

输入正确的密码后，按显示的键，进入对应的界面。

（2）调试界面

在分装机的功能为"调试"时，按首页界面显示的 调试界面 键，进入分装机调试界面。

由按钮模块上 SB_1、SB_2 和 SB_3 的组合状态来确定调试部件后，在该界面的调试部件显示栏的部件名称显示框 _____ 常亮 3s 后变为闪亮。

界面上的 调试 键与按钮模块的 SB_5 功能相同，用于调试选定的部件；界面上的停止键与按钮模块的 SB₆ 功能相同,用于停止对该部件的调试。

完成调试后,按返回首页键,返回首页界面。

(3) 运行监控界面

在分装机的功能为"运行"时,按首页界面显示的运行界面键,进入运行监控界面。

界面上的启动键与按钮模块的 SB₅ 功能相同,用于控制分装机的启动。界面上的停止键与按钮模块的 SB₆ 功能相同,用于控制分装机的停止。界面上的紧急停止键与按钮模块的急停开关 QS 的功能相同,用于控制分装机的紧急停止。

①"A 装袋口分装质量"栏 ⬚⬚⬚⬚ kg 记录本次 A 装袋口已经到达的物料的总质量。

②"B 装袋口分装质量"栏 ⬚⬚⬚⬚ kg 记录本次 B 装袋口已经到达的物料的总质量。

③"分装机装袋数"栏记录两个装袋口完成装袋的总装袋数量。该记录由指定人员清除。若需要查看运行过程中出现的异常情况,可按异常记录界面键,进入异常情况记录界面。

停止运行后,按返回首页键,返回首页界面。

(4) 异常情况记录界面

只有在运行界面下,才能进入异常情况记录界面。该界面记录的数据,由指定人员清除。

①"送料机构异常次数"栏的 ⬚⬚⬚⬚,累计记录运行中出现送料机构异常的次数。

②"PLC 供电异常次数"栏的 ⬚⬚⬚⬚,累计记录运行中出现 PLC 供电异常的次数。

③"质量检测不合格次数"栏的 ⬚⬚⬚⬚,累计记录运行中出现质量检测不合格的次数。

④"紧急停止次数"栏的 ⬚⬚⬚⬚,累计记录运行中紧急停止的次数。

⑤"机械手异常次数"栏的 ⬚⬚⬚⬚,累计记录运行中出现机械手异常的次数。

按运行界面键,回到运行界面。

3. 你需要记录的文字和数据

你使用的 PLC 型号是:＿＿＿＿＿＿

你使用的触摸屏型号是:＿＿＿＿＿＿

(1) 制作首页的运行界面键的功能是＿＿＿＿＿＿。按首页界面的运行界面键,进入运行监控界面的条件是＿＿＿＿＿＿、＿＿＿＿＿＿。

(2) 在运行监控界面中的"A 装袋口分装质量"栏显示该装袋口分装质量的元(构)件＿＿＿＿＿＿ kg,该元(构)件的功能是＿＿＿＿＿＿,你选择的数据类型(输出格式)为＿＿＿＿＿＿,整数位选择为＿＿＿＿＿＿位,小数位选择为＿＿＿＿＿＿位。

(3) 在设置触摸屏与 PLC 通信的参数时,你设置触摸屏的波特率为＿＿＿＿＿＿,数据位为＿＿＿＿＿＿,奇偶校验方式为＿＿＿＿＿＿。

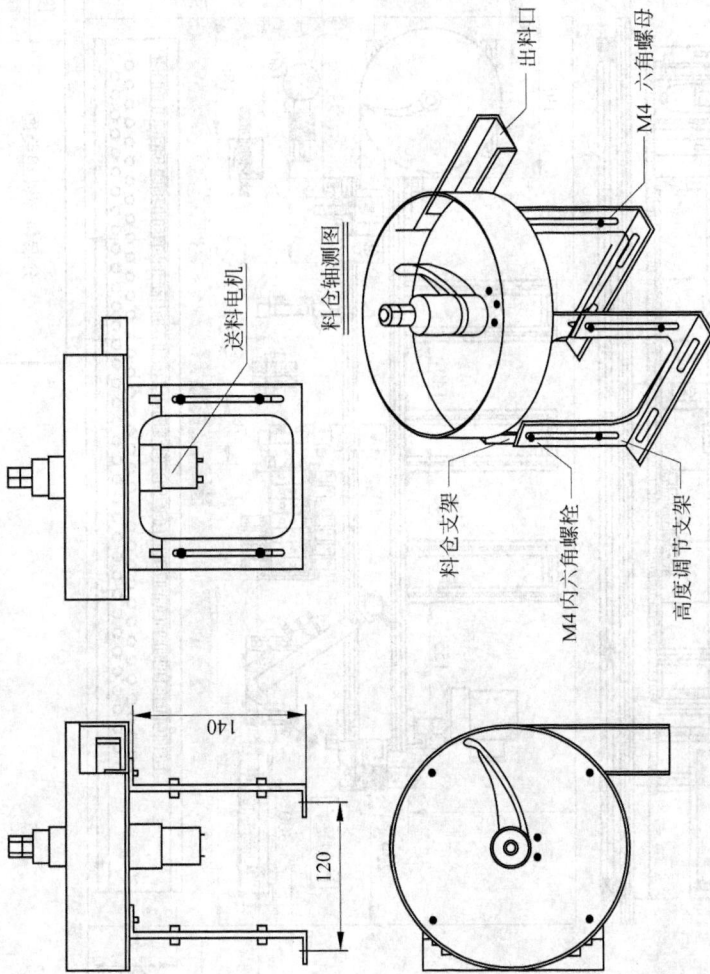

料仓轴测图

出料口

M4 六角螺母

送料电机

料仓支架

M4内六角螺栓

高度调节支架

140

120

	比例	
	图号	01
分装机料仓组装图		电工电子技术技能比赛执委会
设计		
制图		

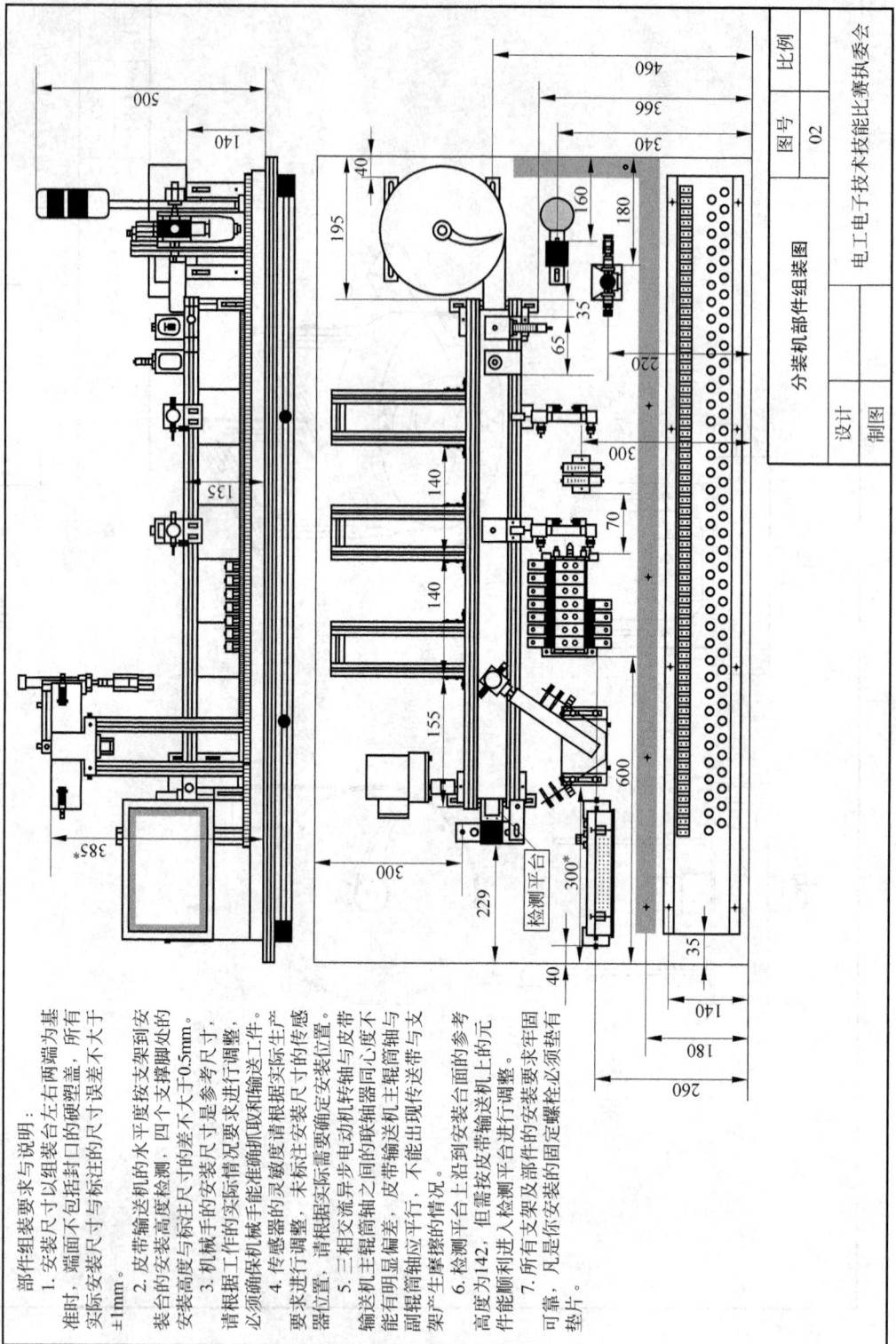

部件组装要求与说明:

1. 安装尺寸以组装台左右两端为基准时,端面不包括封口的硬塑堵盖,所有实际安装尺寸与标注的尺寸误差不大于±1mm。

2. 皮带输送机的水平度按支架到安装台的安装高度检测。四个支撑脚处的安装高度与标注尺寸的差不大于0.5mm。

3. 机械手的实际安装尺寸是参考尺寸,请根据工作的实际情况要求进行调整,必须确保机械手能准确抓取和输送工件。

4. 传感器的灵敏度请根据实际生产要求进行调整。未标注安装尺寸的传感器位置,请根据实际需要确定安装位置。

5. 三相交流异步电动机转轴与皮带输送机主辊筒轴之间的联轴器同心度不能有明显偏差。皮带输送机主辊筒轴与副辊筒轴应平行,不能出现皮带送带与支架产生摆擦的情况。

6. 检测平台上沿到安装面的参考高度为142,但需按皮带及部件的安装要求进行调整。

7. 所有支架及部件的固定螺栓必须基有可靠检测平台顺利进入检测平台上的元件,凡是你安装的螺栓固定螺栓必须基有可靠垫片。

设计		分装机部件组装图	电工电子技术技能比赛执委会
制图			
	图号	02	
	比例		

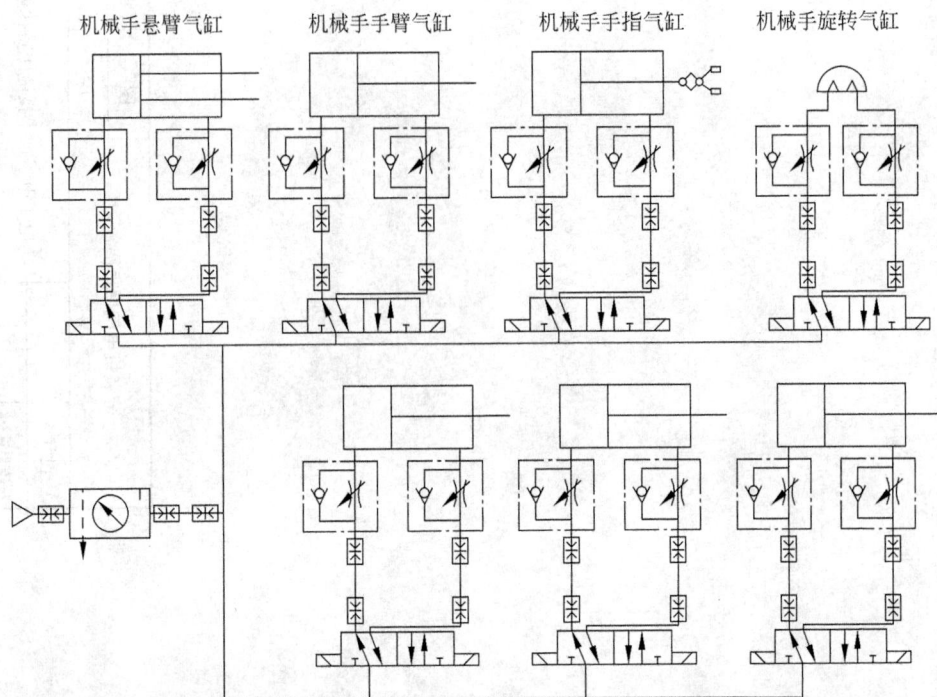

机械手悬臂气缸　　　机械手手臂气缸　　　机械手手指气缸　　　机械手旋转气缸

技术要求与说明：
1. 各气动执行元件必须按系统图选择控制元件，但具体使用电磁阀组中某个元件不做规定。
2. 连接系统的气路时，气管与接头的连接必须可靠，不漏气。
3. 气路布局合理、整齐、美观。气管不能与信号线、电源线等电气连线绑扎在一起，气管不能从皮带输送机、机械手内部穿过。

分装机气动系统图	图号	比例
	03	
设计		电工电子技术技能比赛执委会
制图		

	设计		分装机电气原理图	图号	04
	制图			比例	
				电工电子技术技能比赛机委会	

组装及理论考核部分评分表

工位号＿＿＿＿＿　（完成任务后将此评分表放工作台上，不能将此表丢失）

项　目		评分点	配分	评分标准	扣分	得分
实际操作	机械部件组装（20分）	部件安装尺寸	9	本次部件安装共标注30个尺寸，每个尺寸0.3分。尺寸超允许偏差，扣0.3分/个		
		部件调整	6	进料偏离传送带中心，扣1分；皮带输送机支架4个角的高度差超1mm，扣1分；三相电机轴与皮带机主轴明显不同轴，扣1分；皮带机传送带与支架摩擦，扣1分；机械手组装不合要求、不能准确抓取和放置物料，各扣1分		
		组装工艺	5	螺栓松动，螺栓未放垫片，支架安装与图纸不符，扣0.5分/处		
	气路连接（8分）	气路连接	4	每选错一个电磁阀，各扣1分，最多扣2分；连接错误，接头漏气，扣0.5分/处		
		气路连接工艺	4	气路与电路绑扎在一起，扣1分；使气动元件受力，绑扎间距不在50～80mm范围，气管过长或过短，气路走向不合理，各扣1分		
	电路连接（12分）	元器件	4	缺少或错误，扣0.2分/处，最多扣4分		
		连接工艺	3	绑扎间距不在50～80mm范围，动力线与其他导线放入同一线槽，同一接线端子超过两个线头，露铜超2mm，扣0.5分/处，最多扣3分		
		套异形管及写编号	3	每少套一个线管，扣0.1分；有异形管但未写编号，扣0.05分，最多扣3分		
		保护接地	2	接地每少一处，各扣1分		
理论考核	电路图绘制（10分）	电路原理	4	与PLC的I/O分配表不符，漏画元件，扣0.5分/处，最多扣4分		
		图形符号	3	非推荐符号没有图例说明，扣1分/处，最多扣3分		
		制图规范	3	图形符号比例不对，徒手绘图，扣0.5分/处；布局凌乱、字迹潦草，各扣1分		
	触摸屏（5分）	键的功能与切换条件	1.5			
		元件功能与参数	2			
		通信参数设置	1.5			
职业与安全意识（10分）		安全意识	4	操作符合安全操作规程，不带电装拆电路，按正确的路径及时保存编写的PLC程序		
		遵守纪律	2	遵守赛场纪律，尊重赛场工作人员		
		职业素养	4	工具摆放、包装物品、导线线头等的处理，符合职业岗位的要求；爱惜赛场的设备和器材，保持工位的整洁		
总分				统分签名：		

功能评分表

工位号＿＿＿＿　（完成任务后将此评分表放工作台上，不能将此表丢失）

项目与配分	评 分 点	配分	扣 分 说 明	扣分	得分
调试功能 （15分）	接通电源	3	红、绿警示灯、HL₃ 不按要求闪亮，SAI 不能切换功能，各扣 1 分		
	调试部件与指示	2	调试部件选定与指示灯亮/灭不对应，扣 0.4 分/处		
	直流电机调试	1	按 SB₅ 电机不能转动、停止，按 SB₆ 不能停止调试，各扣 0.5 分		
	皮带输送机调试	4	不能调试，扣 4 分；缺少一个速度，扣 1 分/个		
	机械手调试	3	机械手不能动作，扣 3 分；按 SB₅ 时，动作不符要求，各扣 1.5 分。按 SB₆ 不能停止调试，各扣 0.5 分		
	B 装袋口调试	1	按 SB₅ 活塞杆不能伸出、缩回，按 SB₆ 不能停止调试，各扣 0.5 分		
	C 返回口调试	1	按 SB₅ 活塞杆不能伸出、缩回，按 SB₆ 不能停止调试，各扣 0.5 分		
运行功能 （20分）	分送方式	12	两个装袋口共 50＋50、20＋30＋50、20＋30＋20＋30、5×20 四种分送方式，少一种扣 3 分		
	优先分送	2	两个装袋口情况相同，不能优先；两个装袋口情况不同，不能优先，各扣 1 分		
	分送到返回口	2	不符合分送到 A、B 装袋口的物料，不能分送到 C 返回口，扣 2 分		
	装袋	1	装袋时间不符合要求，装袋期间有物料到达该装袋口，各扣 0.5 分		
	停止	1	按下按钮 SB₆，不能停止，扣 1 分；不能按要求停止，扣 0.5 分		
	意外情况	2	①按 QS，不能停止，扣 0.5 分。能停止，蜂鸣器不鸣叫；松开 QS，不按 SB₅ 就继续运行；不能按要求继续运行，各扣 0.2 分，最多扣 0.5 分。②PLC 供电异常，红色警示灯不灭；正常供电后，不能按要求继续运行，不按 SB₅ 就继续运行，各扣 0.2 分，最多扣 0.5 分。③机械手异常，没有抓住物料或物料脱落；机械手不能停止，不能回到原位，下一物料到来不能抓取，各扣 0.2 分，最多扣 0.5 分。④送料机构异常，直流电机不停转；按下 SB₅ 不送料，各扣 0.3 分，最多扣 0.5 分		

续表

项目与配分	评 分 点	配分	扣 分 说 明	扣分	得分
触摸屏及功能（10分）	首页	2	输入文字错误，每个扣0.1分；元件缺少，每个扣0.2分；密码操作不合要求，调试界面与运行界面不能按要求出现，不能切换页面，各扣0.5分。本界面最多扣2分		
	分装机调试界面	3	输入文字错误，每个扣0.1分；元件缺少，调试部件显示不正确，每个扣0.2分；按调试、停止键不能进行调试操作，按返回首页键不能切换页面，各扣0.5分。本界面最多扣3分		
	运行监控界面	3	输入文字错误，每个扣0.1分；元件缺少，每个扣0.2分；按启动、停止、紧急停止键不能实现操作，按返回首页、异常记录界面键不能切换页面，各扣0.3分；各记录栏不能记录，每个扣1分；记录错误，每个扣0.5分。本界面最多扣3分		
	异常情况记录	2	输入文字错误，每个扣0.1分；元件缺少，每个扣0.2分；按运行界面键不能切换页面，扣0.3分；记录错误或不能记录0.4分/个，本界面最多扣2分		

电路过载、短路情况记录	记录工作人员签名：		选手签工位号确认
赛场环境保护	记录工作人员签名：		选手签工位号确认
安全操作情况记录	记录工作人员签名：		选手签工位号确认
元器件更换情况记录	记录工作人员签名：		选手签工位号确认
赛场纪律情况记录	记录工作人员签名：		选手签工位号确认
选手离开赛场时间		离开赛场原因	选手签工位号确认
选手完成任务报告结束竞赛时间	记录工作人员签名：		选手签工位号确认

机电一体化设备组装与调试配分表

工位号_____ （完成任务后将此评分表放工作台上，不能将此表丢失）

项　目		项目配分	评分点	要　求
设备组装	部件组装	20	安装尺寸	与图号02中标注的尺寸偏差不超过要求值
			部件调整	进料在传送带中心，皮带输送机支架四个角的高度差不超1mm，三相电机轴与皮带机主轴同轴，皮带机传送带不与支架摩擦，机械手组装合要求，能准确抓取和放置物料
			安装工艺	连接牢固可靠，垫上垫片
	气路连接	8	气路连接	电磁阀选择正确，气路连接正确，接头不漏气，不使气动元件受力
			连接工艺	气路与电路分开绑扎，绑扎间距50～80mm，气管长短合适，气路走向合理
	电路连接	12	元器件	不缺少、连接正确
			连接工艺	绑扎间距50～80mm，动力线与其他导线不放在同一线槽，同一接线端子不超过两个线头，不露铜
			套异形管及写编号	所有你连接的导线都应套上编号管并按要求编号
			保护接地	应该接地的元件与器件，必须接地
理论知识	电路原理图	10	电路原理	元器件选择正确，与PLC的I/O分配端口相符，电路原理正确
			图形符号	使用符合国家标准规定的图形符号
			制图规范	使用文字、线条符合规范要求，布局合理，图面整洁
	触摸屏及参数	5	元(构)件	
			属性	
			通信参数	
设备功能	调试功能	15	原位	原位正确，各种指示灯的指示符合要求
			调试部件选择	能正确选择调试部件，对应的指示正确
			部件调试	能正确调试选择的调试部件
	运行	20	物料分送要求	能按要求分送到各个分送口，不添加，不遗漏
			停止	能按要求停止设备的运行
			意外情况处理	能按要求处理任务书指定的意外情况
	触摸屏	10	文字及元(构)件	文字及符号输入正确，元(构)件摆放位置符合要求，界面美观，整洁
			功能	符合要求，能实现对设备的监控

参 考 文 献

[1] 三菱微型可编程控制器 FX$_{2N}$ 编程手册. MITSUBISHI ELECTRIC CORPORATION,2005.

[2] 三菱微型可编程控制器 FX$_{2N}$ 使用手册. MITSUBISHI ELECTRIC CORPORATION,1999.

[3] 姜治臻.PLC 技术及应用[M].北京:高等教育出版社,2009.

[4] 贾敏.可编程控制器原理与应用[M].长沙:国防科技大学出版社,2010.

[5] 仲崇生.电气控制与 PLC[M].上海:上海科学技术出版社,2009.

[6] 杨少光.机电一体化设备的组装与调试[M].南宁:广西教育出版社,2009.

[7] 张伟林.三菱 PLC、变频器与触摸屏综合应用实例[M].北京:中国电力出版社,2011.

[8] 郭小进,汤晓华.低压电器及可编程控制器应用技术[M].北京:电子工业出版社,2011.